六至
中国城市景观演进

Cities of Aristocrats and Bureaucrats
The Development of
Medieval Chinese Cityscapes

［新加坡］王才强（Heng Chye Kiang） 著

赵淑红 译

曹语芯 张 威 冯立燊 校

中国建筑工业出版社

著作权合同登记图字：01-2025-0505 号

图书在版编目（CIP）数据

六至十二世纪中国城市景观演进 /（新加坡）王才强
著；赵淑红译 . -- 北京：中国建筑工业出版社，2025.
2. -- ISBN 978-7-112-31171-2

Ⅰ . TU-856

中国国家版本馆 CIP 数据核字第 2025L1L314 号

本书为国家自然科学基金（51978616）阶段成果
本书为浙江工业大学人文社科提升计划—校人文社科后期资助项目成果

责任编辑：孙书妍　杜　洁　兰丽婷
书籍设计：锋尚设计
责任校对：赵　力

六至十二世纪中国城市景观演进
Cities of Aristocrats and Bureaucrats The Development of Medieval Chinese Cityscapes

［新加坡］王才强（Heng Chye Kiang）　著

赵淑红　译

曹语芯　张　威　冯立燊　校

*

中国建筑工业出版社出版、发行（北京海淀三里河路9号）

各地新华书店、建筑书店经销

北京锋尚制版有限公司制版

建工社（河北）印刷有限公司印刷

*

开本：787 毫米×1092 毫米　1/16　印张：12½　字数：264 千字

2025 年 6 月第一版　　2025 年 6 月第一次印刷

定价：**58.00**元

ISBN 978-7-112-31171-2

（43627）

献给我的父母

致　谢

这本书的写作经历了一段漫长的时间，在这个过程中我要感谢许多人。

首先，感谢已故的斯皮罗·考斯托夫（Spiro Kostof）教授，是他激发了我对城市史的兴趣，并建议我将中国中世纪城市作为自己在加利福尼亚大学伯克利分校的研究课题。我也非常感谢指导我的戴尔·厄普顿（Dell Upton）教授，他的持续教诲与批评建议不止于我在伯克利求学期间，也贯穿我在新加坡的学术生涯。此外，我还要感谢詹姆斯·卡希尔（James Cahill）、斯蒂文·韦斯特（Stephen West）以及大卫·约翰逊（David Johnson）三位教授的帮助、鼓励与长时间的耐心讨论。

同时，我也想向吴良镛教授表达谢意，在清华大学建筑学院逗留期间，他曾给予我宝贵的建议与支持，他的帮助极大地缓解了我在中国进行研究的压力。我还要感谢已故的葛缘恰教授，此外还有郭黛姮、毛其智、孙凤岐、徐伯安、赵炳时、左川等教授，以及向我提供帮助的清华大学图书管理员。在这里，我也必须向那些在中国各城镇进行田野调查时向我伸出援助之手的人们表达谢意，他们是：傅熹年、单国强（北京）；桂致远、黄元刚、赵立瀛（西安）；李国恩、肖春涛、钟健（洛阳）；常江、吴孔凡、徐伯勇、周宝珠（开封）；孙东嘉（杭州）；李伯先（扬州）；廖志浩、徐民苏、俞绳方（苏州）；梁白泉（南京）；汪庆正（上海）。

感谢Ooi Bee Leng，他阅读了本书的初稿，提出了宝贵建议，并在我述说困难与疑惑时给予鼓励。我还要感谢以下几位的协助：Chan Shue Hur重新绘制了线条图，Wee Hiang Koon和Eunice Seng编制了索引，Teo Nam Siang进行了英文书页面排版，Aw Meng How设计了英文书封面与制作图表，Vivienne Chan确保脚注与参考书目格式一致，Gan Ser Min负责校对及手稿的统筹。本书中的任何不足与缺憾都归因于作者本人。

最后，感谢新加坡国立大学奖学金及太平洋文化基金的资助，正是他们的慷慨才使这一研究成果的英文版有了出版的可能。

本书涉及的主要朝代及其统治者①

朝代	皇帝		统治时期（年）
	庙号	名	
唐 （618—907年）	高祖	李渊	618—626
	太宗	李世民	626—649
	高宗	李治	649—683
	中宗	李显	683—684
	睿宗	李旦	684—690
	武后	武曌	690—705
	玄宗	李隆基	712—756
	肃宗	李亨	756—762
	代宗	李豫	762—779
	德宗	李适	779—805
	顺宗	李诵	805—805
	宪宗	李纯	805—820
	穆宗	李恒	820—824
	敬宗	李湛	824—826
	文宗	李昂	826—840
	武宗	李炎	840—846
	宣宗	李忱	846—859
	懿宗	李漼	859—873
	僖宗	李儇	873—888
	昭宗	李晔	888—904
	景宗	李柷	904—907
北宋 （960—1127年）	太祖	赵匡胤	960—976
	太宗	赵光义	976—997
	真宗	赵恒	997—1022
	仁宗	赵祯	1022—1063
	英宗	赵曙	1063—1067
	神宗	赵顼	1067—1085
	哲宗	赵煦	1085—1100
	徽宗	赵佶	1100—1126
	钦宗	赵恒	1126—1127

① 英文版中本表内容部分有误，本书已调整。——译者注

朝代	皇帝		统治时期（年）
	庙号	名	
南宋 （1127—1279年）	高宗	赵构	1127—1162
	孝宗	赵昚	1162—1189
	光宗	赵惇	1189—1194
	宁宗	赵扩	1194—1224
	理宗	赵昀	1224—1264
	度宗	赵禥	1264—1274
	恭帝	赵㬎	1274—1276
	端宗	赵昰	1276—1278
	怀宗	赵昺	1278—1279

中国古代的王朝时期
Timeline

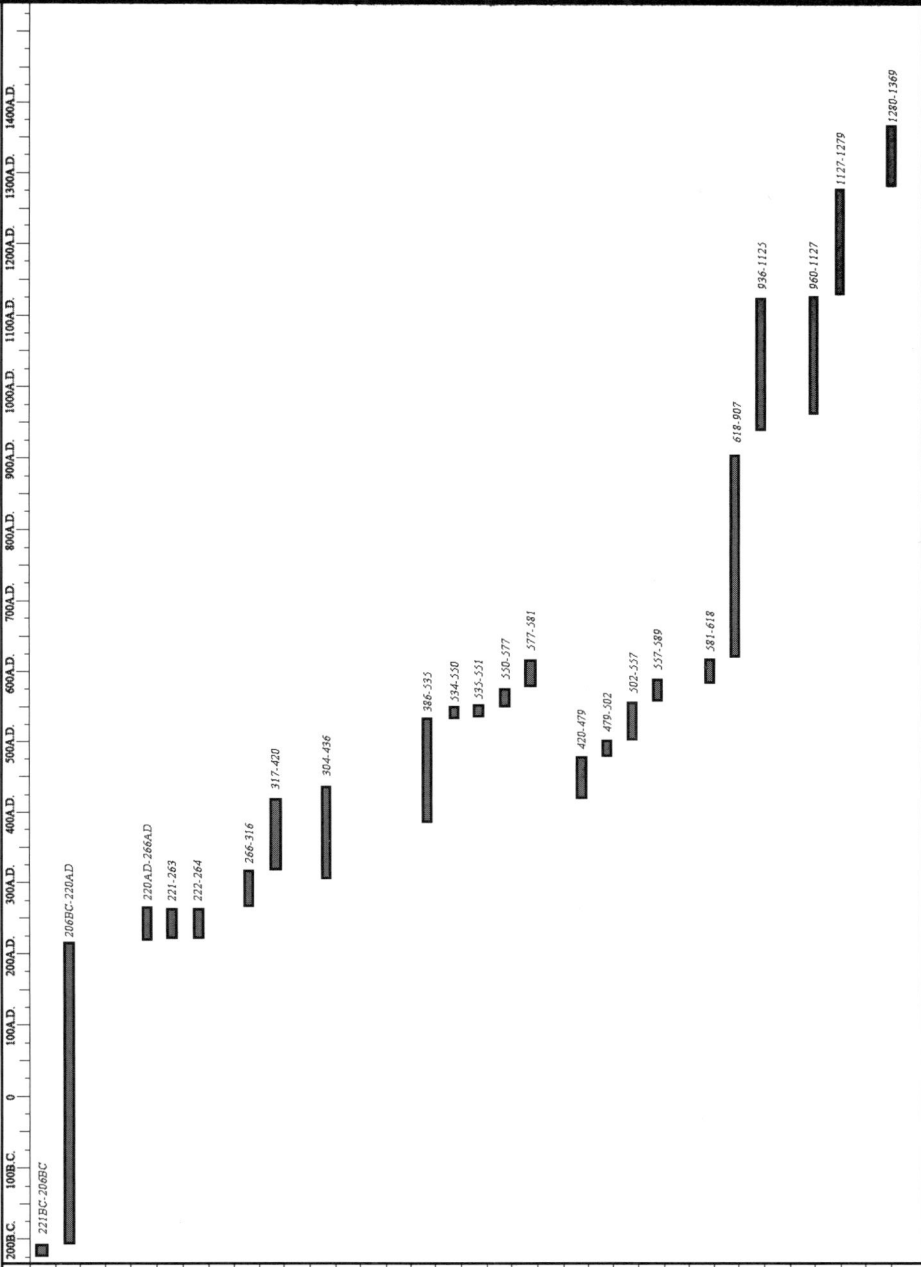

秦 (Qin) 221BC-206BC
汉 (Han) 206BC-220AD

三国 (Three Kingdom Period)
魏 (Wei) 220AD-266AD
蜀 (Shu) 221-263
吴 (Wu) 222-264

西晋 (Western Jin) 266-316
东晋 (Eastern Jin) 317-420

十六国 (Period of Sixteen States) 304-436

南北朝
北中国
北魏 (Northern Wei) 386-535
东魏 (Eastern Wei) 534-550
西魏 (Western Wei) 535-551
北齐 (Northern Qi) 550-577
北周 (Northern Zhou) 577-581

南中国
宋 (Song) 420-479
齐 (Qi) 479-502
梁 (Liang) 502-557
陈 (Chen) 557-589

隋 (Sui) 581-618
唐 (Tang) 618-907
辽 (Liao) 936-1125

北宋 (Northern Song) 960-1127
南宋 (Southern Song) 1127-1279

元 (Yuan) 1280-1369

目　录

绪　论

　　1229年夏天，一幅平江府（今苏州）图在知府李寿鹏的监督下被雕刻在石碑上（图1、图50）[1]，此时距李氏到任尚不足一年，但他却目睹了早在6年前就已开始的城墙与城市肌理修复的结果。对苏州来说，这是它在遭受战争破坏后的首次大修，1130年，就在北宋都城开封沦陷后不久，这座城市曾遭到入侵金兵的洗劫与焚毁，甚至迟至1207年"城市仍处于半废墟状态"。[2]此次修复使苏州再次恢复到它在该地区的首要地位。雕刻的石碑

图1　刻于1229年的苏州石碑地图

高约1.98米，宽约1.34米，忠实地记录着城市重建后的模样。今天，这块石碑被保存在苏州文庙的博物馆内。

上述地图显示了一座以灵活正相交水陆交通网络为基础的城市，路网外围偶尔点缀着或斜或曲的街巷水道。除一些被围墙环绕的矩形封闭区，如行政中心、官方建筑、宗教设施及其他类似所在，地图被6条南北主水道与14条东西主水道构成的复杂交通水网所占据。与这套"水街"网络并行的是由桥梁和街道构成的同样精妙的陆路系统，T形与曲尺形交叉口的存在使这套系统显得极为灵活。重要的交叉路口都设有牌楼标识，上面标有周边街坊的名字。在官署与宗教设施之外，地图上还有一些酒肆、园林之类的休闲设施，图面上刻画的314座桥梁则以它们的名字表明了城市中几处商业区的位置。

确切地说，早在149年前，即1080年，另一幅地图也被详尽地雕刻在石碑上（图2、图17）。那是唐（618—907年）都城长安的城市布局，由吕大防（1027—1097年）制作。遗憾的是，这块石碑如今只有少量碎片保留下来，残存部分显示的是城市北部与东北部，包含城墙北侧的宫殿与皇家园囿。在城墙内部，宽阔的大街将整齐排列的矩形封闭里坊分隔开。这幅地图中占据主导地位的不再是街巷网络，而是大小不等的由围墙包裹的居住里坊。在这些城市建筑区内，偶尔能看到衙署、宗教建筑以及显贵和穷人们的住宅。所有里坊都开有2座或4座坊门。这幅地图描绘的是唐后期的长安城，当时重要的城市变革正在缓慢发生，一点一点地侵蚀着秩序井然的城市结构。[3]

虽然两幅地图都制作于宋代，猛一看也非常相似，但进一步比较就会发现两座城市的

图2　刻于1080年的长安石碑地图

布局有着重要差异。它们的区别不仅是因为城市的地理位置，即一座位于水源充沛的长江下游地区，另一座位于黄河流域；也不在于一座是繁华的州府，另一座是庞大帝国的国际大都会，而是在于它们各自代表着中国城市发展进程中至少相隔300年的两个阶段。如果说长安是中国中世纪[4]城市成熟状态及其背后漫长发展史的缩影，那么苏州就代表了一种新的城市结构雏形以及在近代工业、科技、行政管理到来之前一系列城市的原型，而近代到来后持续近两个世纪的进程又孕育出新的城市形式与景观。尽管地图对中世纪城市空间的刻画常常是程式化的，但我们仍可以清楚地看到长安与苏州布局所揭示的中国中世纪城市的根本差异。长安地图显示的是由封闭里坊所占据的网格形象，街道当然存在，但值得讨论的是它们并非刻意为之，而是里坊排列的结果。在地图制作者的脑海中，封闭里坊才是他们始终关注的焦点。另一方面，苏州的城市布局则是由线性街网架构，相对于散布其间的建筑或围墙组群而言，这套街网有着相当大的独立性。换句话说，地图上刻画的街道是以它们自己恰当的方式存在着，沿街串联着入口大门、建筑、围墙组群与桥梁。此外，街道用图案精心渲染，表明路面是铺砌过的，用的材料或许是石板。

然而，城市不仅仅是石碑上的街道或里坊那样的形式图案。对它的创建者与管理者来说，城市可以承载关键的政治、军事与经济等职能。对它的居住者来说，城市是一个熔炉，人们在其中锻造生命、辛苦谋生、建立有意义的人际关系；自娱自乐、改善环境，并最终塑造出自己的文化。与此同时，他们还受城市法律约束、被城市布局所限制、为城市景观所影响。基于此，对城市历史的研究就不应当仅限于对城市形式演变的描述，尽管这确实构成了城市史研究的一个重要方面。但同样重要的是，要理解城市形式演变背后的原因，理解创建者与居住者如何感知城市，对他们而言城市又意味着什么。

长安与苏州两座城市的性格被它们的居住者清晰体察并记录下来。827年，诗人白居易（772—846年）有感于长安夜晚的整齐与寂静，写道：

> 百千家似围棋局，十二街如种菜畦。
> 遥认微微入朝火，一条星宿五门西。[5]

3个半世纪后，范成大（1126—1193年）乘舟自西南水门盘门夜入苏州城时则描绘了一幅迥然不同的景象，当时这座城市的夜生活依然热闹非凡：

> 人语嘲喧晚吹凉，万窗灯火转河塘。
> 两行碧柳笼官渡，一簇红楼压女墙。
> 何处采菱闻度曲，谁家拜月认飘香。
> 轻裘骏马慵穿市，困倚蒲团入睡乡。[6]

影响唐宋城市的并非只有形式布局的变化，两者的城市景观也有很大不同，城市生活与体验亦如此。如果不是后来宋代城市的一些街道被无数彻夜燃烧的灯火所湮灭，白居易在长安清晨大街上所看到的骑马上朝人的火把可能就不那么重要了。曾经被抑制的夜生活后来蓬勃发展起来。同样，城市生活也从以里坊为中心逐渐转变到以街道为中心，正如两幅地图显示的不同侧重点所暗示的那样。

虽然长安地图制作与新的城市结构出现时间大致相当，但城市从一种形式转变为另一形式的发展路径却绝非线性。官方试图限制某些形式的发展以支持另外一些形式，然而，其他力量也在推动城市并不总是朝着官方希望的方向前进。因此，城市的演变不是形式类型的确定性进程，而是城市所包含的政治、社会、经济力量相互抗争的一个记录。

唐长安与洛阳，以及北宋开封是我研究的主要对象。由于它们都是王朝的都城，并不一定能代表其他城市，因此一些低等级中心城市也被纳入这项研究中，借此我希望能够最大限度地呈现中国中世纪城市发展的更完整图景。长安作为东亚众多城市的典范，其国家意义也在国际层面得到提升，而北宋开封作为一种新型城市的代表，其在中国城市发展史中占据着重要地位。从结构与经验角度来说，宋代以后的前现代中国城市几乎没有什么变化。

我对研究对象及其性质的选择一定程度上也受资料来源的指引。就唐长安与洛阳来说，现存最早的资料来自唐代学者韦述所著《两京新记》留存的章节与孙棨于884年完成的《北里志》。[7] 其他像《长安志》《河南志》等信息丰富的资料都是后来博学的宋元学者完成的地理学专著，他们的兴趣主要聚焦于城墙、城门、宫殿、衙署、寺院与高官住宅的物质性布局等方面。即便如此，许多情况下这些研究也只是给出一些含糊的描述，或仅列出地点与设施的名字，而对日常生活的场所与内容、街道与巷弄、商业与娱乐区或百姓住宅等则没有提供任何细节。在王朝史这类官方编撰的史料中，相关叙述同样非常吝啬。《唐会要》是另外一种资料来源，它收录的主要是与王朝行政管理有关的各类重要正式文件，其中也包含影响唐代城市措施的相关信息，不过这些信息都是官方的规定条例，民众行为只能从中间接推断出来。因此，与城市大众相关的信息唯有从其他形式的作品中筛选获取，如唐诗及后来收录在李昉（925—996年）《太平广记》中当时的故事等。此外，现代考古探测，特别是唐长安考古发掘对充实我们在城市组织方面的认知及确认文献的基本准确性等都有着重要意义。

相比之下，宋开封的研究资料要丰富许多。除正统王朝史相关章节及《宋会要》具体条目外，目前开封还没有像《长安志》《河南志》那样的早期文献存留。《长安志》的作者宋敏求（1019—1079年）曾完成一本名为《东京记》的类似作品，但此书现已遗失。庆幸的是，书中部分内容后来被李濂（1488—1569年）《汴京遗迹志》与周城（活跃于1740年前后）《宋东京考》加以引用。同样特别幸运的是，我们拥有北宋开封居民孟元老撰写的《东京梦华录》，它为我们留下了关于这座城市的节庆、商业娱乐区与大众生活等方面的诸多信息。与那些晦涩难懂的学术成果不同，《东京梦华录》用细节与生活填充了其他作品对这座城市搭建的部分骨骼框架，使我们得以一窥开封的城市风貌。与此同时，补充信息还可以从数百篇宋代笔记或其他学者撰写的杂文节略中获取。此外，我们对宋代城市的理解还得益于唐长安研究所不具备的视觉资料，即绘于北宋末年的《清明上河图》，这幅图描绘的是开封城市景观，它提供的丰富视觉信息可以充实有关叙述内容。[8]

现代考古发掘对我们了解唐长安的布局很有帮助，但遗憾的是它在开封实施起来却没有那么轻松与迫切。开封位于黄泛平原，历史上满载泥沙的黄河曾在自然与人为因素的干预下数次改道，相应这座城市也曾多次淹没于水下。今日，宋都城的遗址深埋于现代开封地下5～12米的地方，虽然新近的考古工作已探明了城墙与一些外城门的位置，但城市内部的布局状况很大程度上仍然不是很清楚。

在本研究中，我将以唐长安与洛阳的城市特质为例，展示植根于高度层级化社会、拥有贵族强权统治的中国中世纪封闭城市在政治与经济力量冲击下逐步瓦解，并于五代（906—960年）末期产生开放城市种子的过程。与之相伴，中世纪贵族阶层逐渐被务实的儒家职业官僚所构成的新兴士绅阶层所取代，在后者的管理下开放城市最终在11世纪蓬勃发展。与此同时，中国进入一个空前发展的历史时期，随之而来的是快速城市化、城市管控放松，以及可识别城市文化的出现。

我希望展现的是，中国城市不仅仅是某个特定王朝或其缔造者抑或建造者创建的产物。虽然我将研究的城市进行了唐与宋的界分，但朝代的前缀不过是便利的时期指向。正如我将在第1章阐释的那样，这些指向并不意味着城市的发展，虽然一定程度上城市确实受到政治事件的影响，但并不表明它的发展与王朝史的清晰划分完全对应。长安不是宇文恺或隋文帝缔造的产物，更不是中国中世纪贵族制度、严格社会等级及法家倾向共同导致的结果。同样，开封新的城市结构也不是周世宗或宋太祖革新的结果，更不因务实文人官僚崛起、繁荣商人阶层产生、城市人口大量流动以及利用一切可能讨生活的贫民而存在。我们将会看到，城市是由政治、社会、经济和文化力量构成的复杂网络交织形塑而成的。由此，当看到隋唐长安与洛阳等新建城市并不与中国城市发展的普遍趋势相背离时，我们不应感到惊讶；当发现这项研究中遇到的城市几乎很少有与经典《考工记》宣示的下述理想图释相符合时（图3），我们也不应感到奇怪："匠人营国，方九里，旁三门，国中九经九纬，经涂九轨，左祖右社，面朝后市，市朝一夫。"[9]

毕竟，城市不仅仅是刻在石碑上的布局形式，更是活生生的实体。

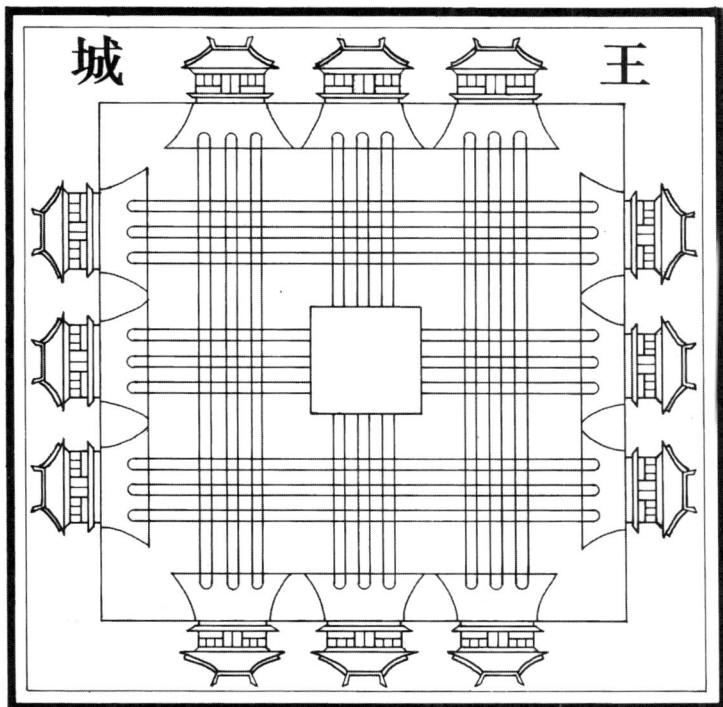

图3 《考工记》中的王城图

注释

1 汪前进，《〈平江图〉的地图学研究》，载于《自然科学史研究》8，第4期（1989）：378–386页。

2 杜瑜，《从宋〈平江图〉看平江府城的规模和布局》，载于《自然科学史研究》8，第1期（1989）：90–96页。在第91页，他引用了（明）王鏊《姑苏志》（台湾学生丛书，1965）的论述，第16章，1b页。

3 这幅地图只可能是对晚唐长安的理想描绘，因为它包含了兴庆宫，而这座宫殿是玄宗在714–728年所建造的。另见第2章的注释29。

4 这里"中世纪"一词特指汉末到11世纪这段时期。"中世纪"术语的使用存在着争议，学者们用以指代的确切时间也各不相同。关于中国历史时期的讨论，见艾伯华（Wolfram Eberhard）《征服者与统治者：中古中国的社会力量》（莱顿：布里尔学术出版社，1965），17–21页。

5 白居易，《登观音台望城》，载于《全唐诗》（北京：中华书局，1960），第488章，5041页。译文修改自亚瑟·威利（Arthur Waley）《中国古诗》（伦敦：昂温出版有限公司，1961），161页。

6 范成大，《晚入盘门》，载于《苏州名胜诗词选》（苏州：苏州市文联，1985），钱仲联主编，92页。除非另有说明，译文均由作者翻译。

7 关于其他当时资料的目录，见张永禄主编的《唐代长安词典》（西安：陕西人民出版社，1990），517–529页。关于北魏洛阳我们拥有著名的《洛阳伽蓝记》，它由当时的杨衒之所著。

8　尽管对所描绘的城市存在一些争议，但大部分学者认为这幅画所绘的就是汴京（今开封）。见予嵩《〈清明上河图〉所绘为汴京风物说》，载于《河南大学学报》，第1期（1998）：1–5页；另见韦陀（Roderick Whitfield）《张择端的清明上河图》（普林斯顿大学博士学位论文，1965）；又见林达·库克·约翰逊（Linda Cooke Johnson）《〈清明上河图〉在宋东京历史地理中的地位》以及芮乐伟·韩森（Valerie Hansen）《神秘的清明画卷与它描绘的对象：开封个案》，两者分别载于《宋辽金元研究》26（1996）：142–182与183–200页。

9　《考工记》，第2章，12a–12b页。见夏南悉（Nancy Steinhardt）的其他译文，《中国帝都规划》（旧金山：夏威夷大学出版社，1990），33页；熊存瑞，《隋朝第一城：大兴城的规划》，载于《远东历史论文集》（1988.3）：43–80页（44页）；保罗·惠特利（Paul Wheatley），《四方之极》（爱丁堡：爱丁堡大学出版社，1971），411页。

CHAPTER 1
THE TANG CITY

第1章

唐代城市

他告诉我们城市非常大，人口众多，一条又长又宽的道路将其划分成两个巨大的部分。皇帝，以及他的大臣、士兵、法官、太监和所有皇室成员都住在右手边的东侧部分；人们与他们没有任何交流，同时也被禁止进入河渠环绕的区域。河渠里的水来自不同河流，河岸边种植着树木，其间点缀着富丽堂皇的住宅。左手边西侧部分居住着普通百姓与商人，那里还有巨大的广场与满足日常所需的市场。黎明破晓，你会看到皇室官员、下等佣人、供应商及显贵的家仆们或骑马或步行来到城中这一区域，在这个聚集着公共集市与商人住所的地方，他们可以买到任何自己想要的东西，流连忘返，直至次日清晨。

这位旅行者还说，这座城市地理位置非常适宜，就在最肥沃土地的中央，四周有数条河流灌溉滋养。除了无法在此处生长的棕榈树，这块土地上不缺任何想要的东西。[1]

编年史家阿布·扎伊德·哈桑（Abu Zeid al Hasan）就是这样记录阿拉伯旅行者伊本·瓦哈卜（Ebn Wahab）在9世纪后半叶对中国都城印象的——一座拥有富丽宫殿、恢宏祠庙与繁忙国际市场的拥挤大都市。

伊本·瓦哈卜看到的是唐（618—907年）都城长安，当时的唐朝正日益陷入内部经济困顿、政治纷争与外部威胁的困扰中。[2]虽然这座城市本身正经历着结构变化的最初迹象，但如果伊本·瓦哈卜早在300年前城市初建时就到这里拜访，那他当时所见与现在观察或许并没有什么不同。如果能来得更早些，比如公元500年左右，那么他在北魏都城洛阳将会看到另一座组织结构与后来唐长安极为相似的城市。事实上，这整段时期的中国主要城市都是高度自律与严加管控的，均按照同样严格的网格进行布局。只是到了唐朝末期，这些网格才被打破，逐渐产生出更开放的城市结构。

为理解11世纪末开放城市在中国城市史中出现的意义，我们有必要对北宋（960—1127年）之前的城市进行考察。不仅要研究这些城市的形式、构想它们的景观，还必须尝试理解支撑这种城市结构的社会、经济与政治条件。

1.1
都城的选择

早在伊本·瓦哈卜到来前大约300年，杨坚通过实施一系列阴谋于581年从北周太子手中夺取政权，建立了隋朝（581—618年）。隋文帝，如其后来所称，下令为扩张中的帝国营建都城，即便此时在长江南岸陈朝正与其争夺起自建康（现代南京）的中国巨大版图的统治权。杨坚的野心驱使他放弃了从北周继承下来的狭小的、饱受战火蹂躏的、有800年之久、以渭河流域作为王权基地的汉长安（图4）。在他的心目中，取而代之的应该是一座比之前任何建设都宏伟壮丽的荣耀之城。[3]最终新都尺度达到南北长约9.721公里、东西宽约8.652公里，成为他帝国主义野心的象征。杨坚称新都为大兴城，以自己的封号"大兴公"为其命名。[4]为满足新都的需要，也为支撑其行政与军事职能，杨坚还在这座城市及其周边重新安置了人口。

新都副监宇文恺负责了都城的规划，他出身于贵族阶层。都城新址被选在渭河南岸约10公里的地方，此处东有浐河与灞河、西有皂河与沣河，整体地势向西北的渭河倾斜，并有6条小土岗横贯其中（图5）。新都的战略意义因此非常显著，它西与北均为沙漠，南有高山，东边则是坚固的函谷关要塞，这些屏障共同为它提供着保护。

率先建造起来的是宫城城墙，紧随其后的是皇城城墙。此外，城市外围还建造了一道长约36.7公里的夯土墙。因规模巨大，这道墙前后花费数年才建造完成，甚至到唐初它仍处于未完工的状态。城墙外3米处掘有一道宽约9米的壕沟，这进一步增强了城市的防御能力。[5]

新都的建设与布局再次受到隋文帝统一中国这一政治抱负的驱动。宫城仅花费9个月时间就建造完成，583年春皇帝便得以迁入。在王朝建立仅一年、政权尚未完全稳固时建设如此壮丽的都城显然是不合适的，甚至是不明智的，因为南方还有一个虽然羸弱却不容忽视的政权在统治着另一半中国。除常规考量外，这座都城还被设计成整个中国版图与隋文帝英明统治的象征。如芮沃寿（Arthur F. Wright）观察的那样，新政权必须逐步地准备为"征服南方铺平道路，不仅在军事方面，同时也需要通过营造君权神授的氛围战胜南方政权的合法性"。[6]为此，隋文帝特别注重新都的象征性表达与礼仪的重要性，试图以此强化自身地位的正统。一些学者将新都宫殿选址在城市北部归因于儒家政治哲学，该哲学将仁慈的统治者比拟为群星环绕的北极星。[7]主要宫殿被命名为太极殿，其蕴含的"宇宙秩序中心"意思使新都建设的政治意图更加明显。[8]4座主城门的命名可使人联想起它们的宇宙对应物，这有助于在当时的人们心中将这座城市视为中国版图的心理缩影。城市主要南门位于与宫殿相连的轴线上，它的命名将新都政治象征意义表达得更加透彻。[9]与其他3座城门的命名方式有所不同，城市南门没有按宇宙对应物被命名为启夏门，而是称明德门，意即光明之德，这再次指向了英明仁慈的统治者，其东侧城门反而被命名为启夏门（图6）。明德具有道德的力量，它比其他任何东西更能使隋文帝统治整个国家。[10]新都政治象征意义可见占据着上风。

东都洛阳由继任者隋炀帝始建于605年。这座城市位于更遥远的东方，即黄河南岸，之所以能被选作都城，首先是因为它地处军事战略要地，再者对它的建设也可以缩短长江下游新兴经济中心与中原政治大本营之间的距离。洛阳毗邻大运河，后者也开凿于隋炀帝统治期间，它使南方的粮食运往北方都城变得相对容易。[11]同大兴城一样，洛阳也是宇文

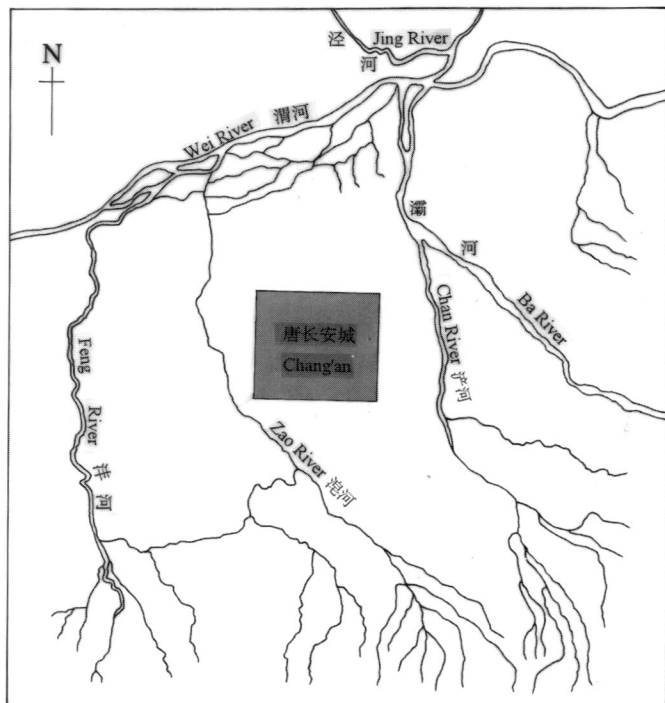

图4 长安在渭河流域的位置

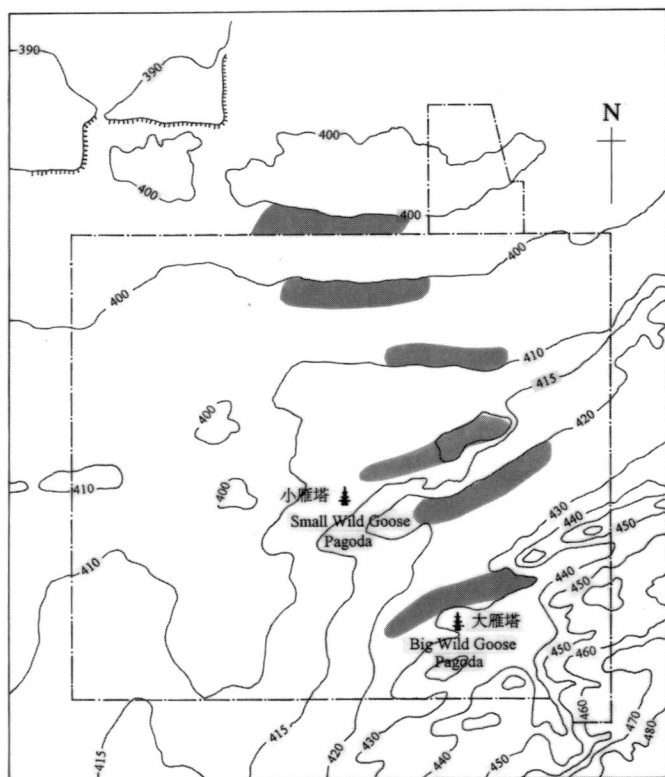

土岗示意

图5 长安城基址

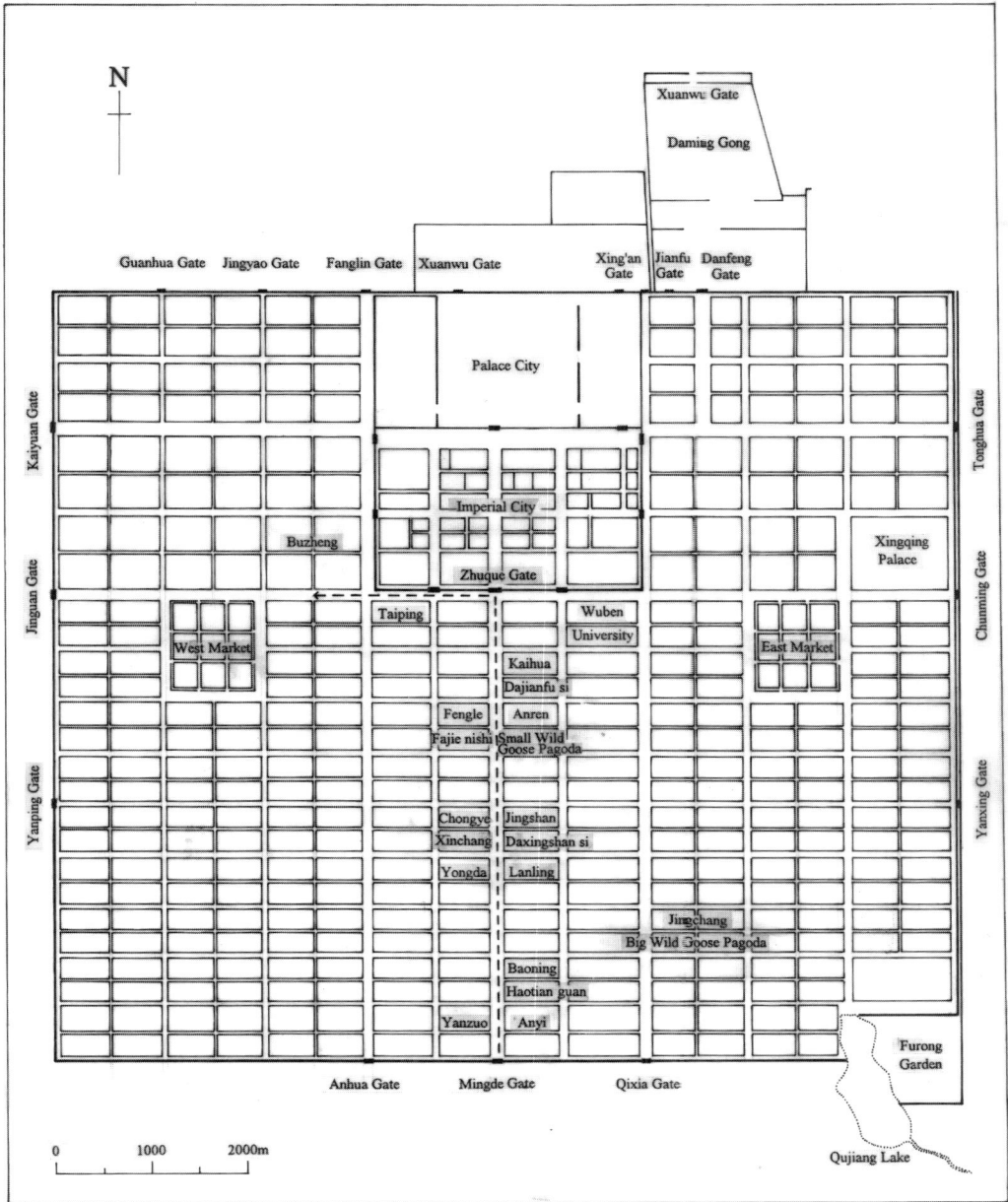

图6 长安城平面布局与假想的伊本·瓦哈卜漫游线路

恺及其合作者的规划杰作，这一次最先建造起来的依然是宫城、皇城以及它们的城墙。

除不规则的西侧部分外，洛阳的外城墙几乎是方整的，每边长约7.3公里。模仿首都大兴城进行轴线对称布局可能是最初的规划，但并未实施建造。[12]城市中轴线对应着该地区两个主要的地理坐标，即北边的邙山与南边的伊阙[13]，这种对应关系进一步支撑了洛阳布局意图"对称"的理论学说（图7）。已建成的部分看起来属于规划过的城市东侧，宫城由此位于城市的西北角。即便如此，洛阳的布局和组织与大兴城仍有诸多相似之处。

618年，唐朝在农民起义中取代隋朝，初期高祖皇帝仍沿用了后者的两座都城。东都洛阳改动很少，大部分变化都发生在宫殿建筑群中。此外，隋朝的3座市场也缩减至2座。都城大兴城更名为长安，寓意"长治久安"，这座城市其他方面也没有什么明显改变。唐长安占地面积约84平方公里，其规模之宏大足可满足不断扩张的唐帝国以及城市人口持续

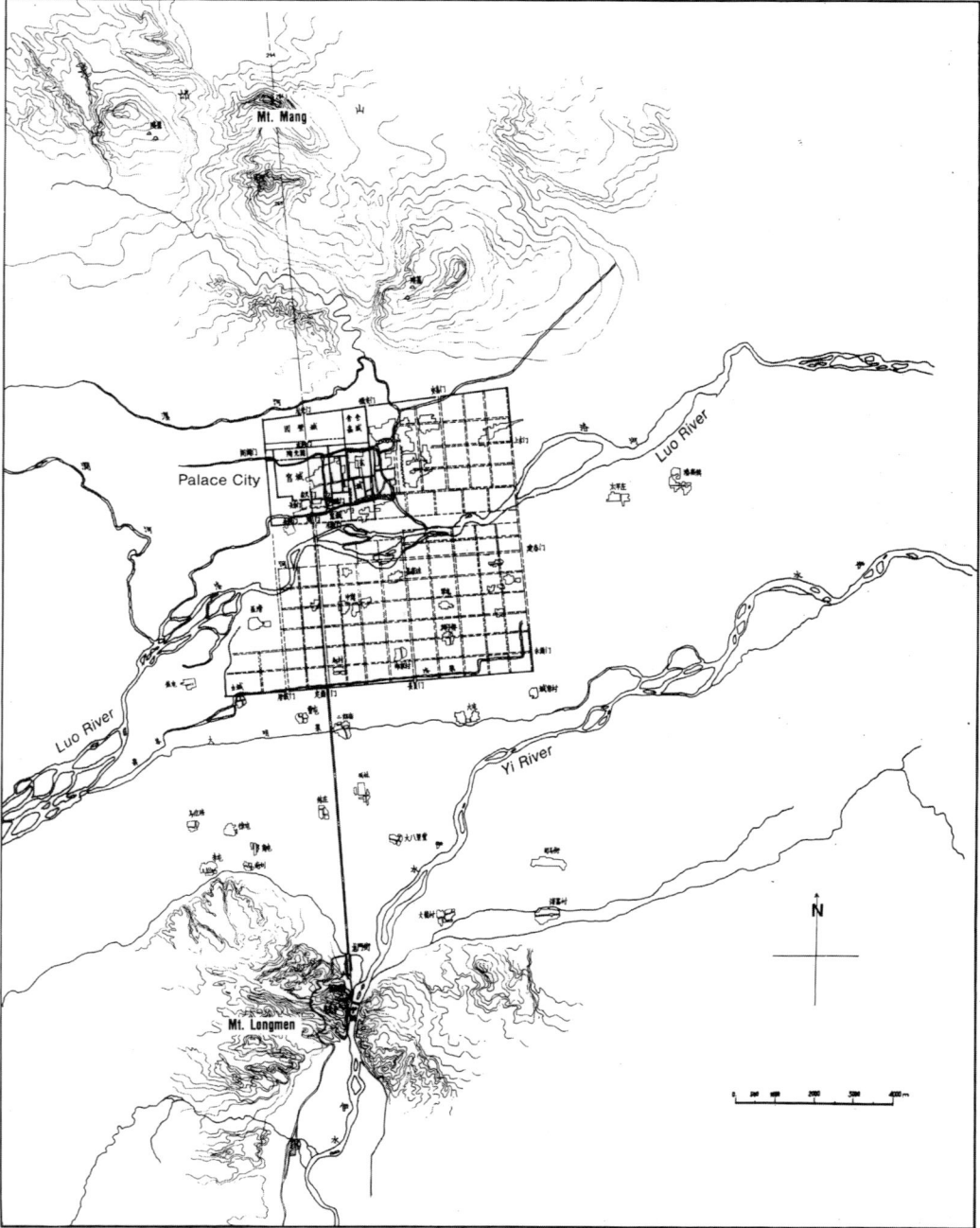

图7　洛阳城基址

增长的需要。[14]因此，除了634年在城市东北部边缘增建了一处宫殿建筑群外，唐长安基本维持在隋朝修建的城墙范围内。事实上长安几乎也没有什么向外拓展的必要，因为终唐一代其城内南侧大部分区域始终人烟稀少，即便是在城市人口达到100万的高峰期亦如此。[15]这正是唐帝国都城的巨大尺度。

宫城是帝国皇室的起居之所，它占据着长安城中北部的位置。一座东西宽约2820米、南北长至少220米的巨大皇家广场将宫城与南侧的皇城区隔开来[16]，这座广场主要用来承载大型仪典与军事功能。就在这里，帝王凌驾于其他事物之上，主持元正（正月初一）和冬至的庆典、宣告大赦及接受外邦朝贺。隋朝帝王建造的"壁垒森严的宫殿"后来被废弃，因为唐朝皇室更偏好居住在这些宫殿东北的大明宫内。当朝皇帝移居新宫后，旧的宫殿就留给那些被废黜或退位的皇帝，或用于举行皇家丧仪。大明宫位于皇家猎苑的高地上[17]，它始建于唐太宗在位的634年，历时28年才建造完成。宫内含有20多座大殿，其中包括著名的麟德殿、含元殿等。[18]长安城另一处宫殿是兴庆宫，就位于东市的东北部，它主要在玄宗执政时期（712—755年）建设使用，是当时帝国的主要朝堂所在。[19]

皇城是帝国的行政中枢，高墙环绕的区域内包含有各类文式机构，守军统帅以及太子居所与办公之地都位于此。也是在这里，皇帝御驾亲临主持太庙或太社举行的祭祀活动（图8）。

朝廷职能部门、国家机器等与城市其他功能区的划分基本上还是很明确的，尽管一些不太重要的官方机构位于邻近南北主街的里坊内。如果没有正当理由，任何人不得进入皇城，更遑论宫城。[20]

宫与城相分离的现象在东都洛阳表达得更加充分。洛阳宫城位于城内地势最高处，三边被皇城城墙环绕，第四边是皇家禁苑的围墙，宫城由此与城市其他部分有效隔绝。在此基础上，整个宫城和皇城又通过南面紧邻的洛河、东面太子府以及庞大的地下粮仓网络含嘉仓和城市其他部分进一步相区隔。[21]洛阳宫与城相分离的举措发生在隋炀帝即位后一年，这可以被看作为确保这座城市的宫城与行政区要比长安同类区域更坚不可摧的努力。当然，这一考量主要还是受到前太子杨谅为阻止炀帝登基而进行军事讨伐的刺激。[22]

1.2
漫行长安城

现在让我们回到本章之初所引用的阿拉伯旅行者的简要描述这里，借助韦述撰写的《两京新记》，结合后来不同时期学者对这座城市的研究以及当时的诗词和各类文学作品，

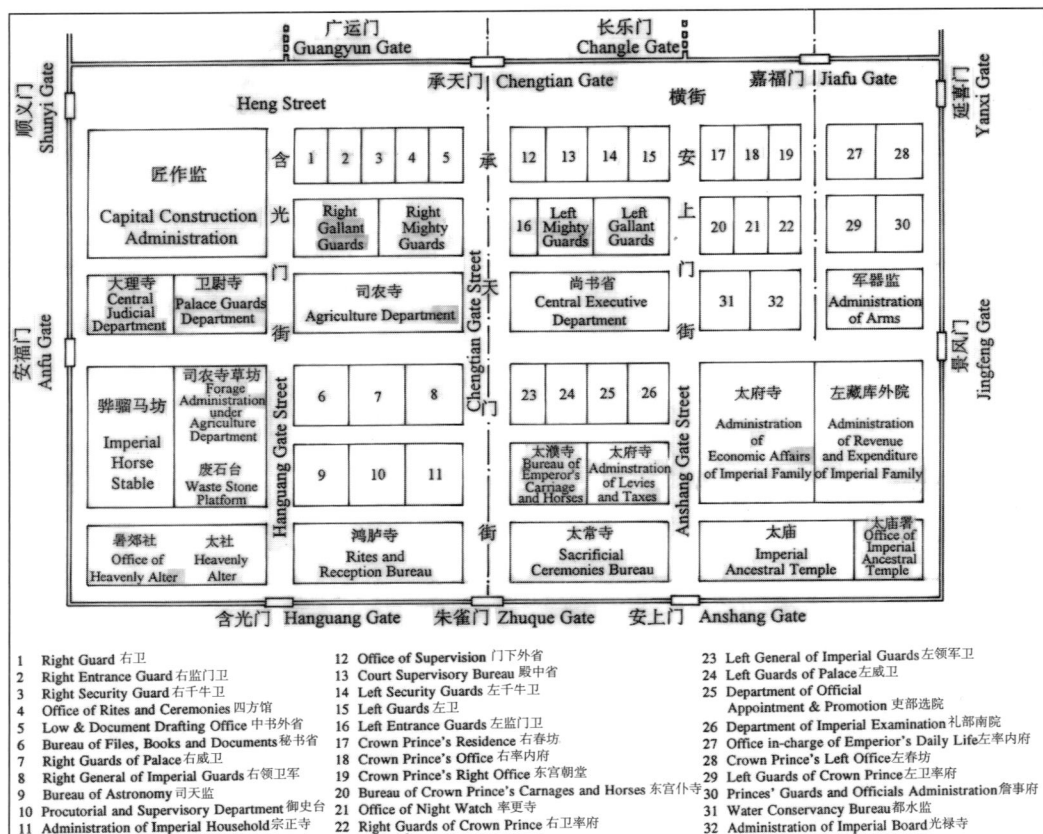

图8　长安皇城内的空间组织

加上最近的考古报告，试图去了解这座唐代都城的街景与城市面貌。[23]

接下来是我们为旅行者伊本·瓦哈卜构想的一次漫游，设想他于870年的某一天穿行于长安城（图6）。在家乡巴士拉遭到攻陷后伊本·瓦哈卜就离开了那里，他从尸罗夫启程，据说是出于好奇而航行到了中国。抵达广州港后，他花费了两个月的时间游历到都城长安，经过相当漫长的等待，皇帝终于接见了他。[24]

远远地，伊本·瓦哈卜就看到了长安这座久负盛名城市的南城墙，在北面渭河之外绵延山脉的映衬下[25]，这道墙就像一条延展的黄色土带，偶尔被高耸的佛塔、王公宅邸与恢宏庙宇的墨色屋顶所打破。在他的身后，远处是若隐若现的终南山。[26]长安基本上是一座扁平化的城市，城中的建筑大部分为1层，偶尔2层，但多层建筑很少，主要是些门楼与佛塔，偶尔也有寺庙或权贵宅园中的多重楼阁。[27]走近城市，首先映入伊本·瓦哈卜眼帘的是明德门，这是长安南城墙上的主城门，它的顶部有一座木构坡顶门楼（图9）。与长安其他部分的城墙不同，这座城门与其周边城墙的表面都用砖砌筑。[28]作为城市的主城门，明德门共有5条门道，而并不是常规的3条。它的门楼也是长安外城墙所有门楼中规模最大的一座，面阔为十一间，进深三间。[29]5.9米高的城墙外有一道开挖于7世纪的壕沟，作为防御屏障，这道4米深的壕沟曾抵御过历次困城军队的进攻，不过自唐中叶以后它就被废弃填埋了。[30]明德门由金吾卫重兵把守，包括步兵与骑兵[31]，由于是长安的主城门，故守军人数多达上百人。[32]伊本·瓦哈卜自明德门右手边（东）的第二条门道入城，通过时他注意到所有门道都很宽，足够容纳两辆马车并行。中央门道是封闭的，那是皇帝的专用道，最外侧的两个门道则主要用于车辆的进出。[33]在明德门的另一侧，等待我们旅行者的是一个大大的惊奇：一条宽约155米的大街直抵北侧5.3公里外的皇城，它的宽度相当于现在一条45车道的高速路，街两旁种满槐树。这便是朱雀大街，正是它将长安城分成了东西两个部分（图10）。在这条泥土大街的两旁，透过树枝可窥见后面3米高的低矮泥墙。路两旁沟渠的宽度几乎与泥墙的高度相一致，它们将略微抬高的路面与泥墙分隔开。在泥墙后面，贵族与平民、富人与穷人住宅屋面的顶部隐约可见。

在伊本·瓦哈卜的两侧，有一条窄得多的环形道路与夯土城墙平行，这条路宽约25米，当城市遭到围攻时，它可以使兵士们便捷地进入城墙防御工事内进行抵抗。此时，他注意到城市南部一带很安静，长安最南侧的里坊安义坊就在他的右边，延祚坊则在左边，两者看起来都很荒芜，几乎没有人烟，与之毗邻的北侧两座里坊同样也没有什么人居住。在这些里坊的北部，有一条宽约40米的东西向道路与朱雀大街垂直交叉，它将南边这些里坊与城内其他成行排列的里坊分隔开。[34]尽管是在城墙的里面，但城市这部分区域看起来却像是乡下，乡村的意象进一步被街道的开阔空间与高大树木后的低矮泥墙所强化。主街两旁尽管大多数时候都种植着槐树、柳树或榆树，但偶尔也会种果树[35]，朝廷重复颁布的法令证实唐朝当时在街道两旁持续种树的努力。[36]住宅私园与公共园林中的树木从矮泥墙后伸展出来，再次强化了乡村的视觉提示。[37]事实上，长安最南端的4排里坊几乎没有什么人居住，只是被当作大片的农田。[38]安义坊的北侧是保宁坊，整个里坊都被昊天观占据，后者初创于656年，是唐太宗驾崩后由其第九子的府邸改建而成，作为对先帝的凭吊之

图9 明德门复原

图10 典型的120米宽城市道路剖面示意

所。³⁹伊本·瓦哈卜继续向北走，接下来出现在他左右两侧的里坊依然人烟稀少，主要是道观、佛寺与几处家庙的所在。

当伊本·瓦哈卜向北行进时，他发现被纵横大街所包绕的里坊规模都相当大——从一端到另一端的距离约有300步（441米）之遥。坊墙中间设有坊门，从那里可以通往里坊的内部。沿途他还注意到，在一些坊门的边上，人们聚在一起阅读张贴在那里的告示。⁴⁰除坊门外，寺庙、三品及以上高官的宅邸也允许直接在坊墙上开门通往外部城市。在后来的漫行中，伊本·瓦哈卜发现一些里坊的坊墙要么被部分拆除，要么有人私自在上面开门，公然藐视严禁如此的规定。再向北，接下来引起伊本·瓦哈卜注意的是远处矗立在土岗上的两座恢宏寺庙，就在沿朱雀大街向前两座里坊或1000米远的地方，横亘在他前进的道路上。在到达这两处寺庙前，伊本·瓦哈卜先经过了左手边的永达坊，这座里坊最出名的是有一座用池塘装点的大花园，左拾遗王龟曾在此建造了著名的半隐亭，花园中的永达亭是当时新科进士举行牡丹宴的地方。⁴¹道路对面是兰陵坊，这座里坊的内部开始有了些生活气息，因为一些官员在任内曾在此建造了自己的宅邸。⁴²

在到达之前引起他注意的寺庙所在里坊时，伊本·瓦哈卜意识到自己已经走了2000多米，现在他正处在明德门与皇城入口中间的位置上。路上行人与车辆多了起来，但这对空旷的街道来说微不足道，因为这些道路的规划主要是供大规模全副武装的皇家仪仗队使用。例如，841年正月初八，唐武宗经朱雀大街前往明德门外的天坛，当时就有"20万护卫与兵士"⁴³浩浩荡荡随行。并且，当朱雀大街或城内其他任何街道举行仪典时，百姓就只能待在家里，严禁在街上驻足观看。⁴⁴伊本·瓦哈卜回忆说，甚至高级别宦官与官员也有令人印象深刻的游行仪式：

> 按照惯例，他们（高级宦官）像皇帝或地方官那样不时出现在庄严的游行队伍中。这时候，他们会被举着木牌的人引导，像黎凡特的基督徒那样，只是钟被换成了木牌。他们发出的声音由远及近，一旦听到，所有人都需要回避。如果有人恰好在户外，那么他就要走进屋里关上门，直到行进队伍走远。因此，街上是看不到任何闲杂人的。这么做的目的是让人们更敬畏他们、心生恐惧，不常与他们见面，也不会熟悉到与他们攀谈。⁴⁵

大兴善寺是长安一座重要的佛寺机构（中国密宗的发源地），它占据着朱雀大街东侧的整个靖善坊。⁴⁶规划建设时，宇文恺将这座佛寺所在的土岗与另外5条沿城市中轴线排布的土岗视为《易经》中"乾卦六爻"图式的物质呈现，相应地在第二岗置宫殿，第三岗立百司。⁴⁷第五岗也被视作贵地，禁止百姓在轴线两侧的土岗上造房子，反而是将这座著名的佛寺与另外一座道观建在这里（图5、图6）。不幸的是，大兴善寺先在669年的一场大火中遭遇灭顶之灾⁴⁸，后来又在845年唐武宗灭佛时被废弃。辉煌时期这座佛寺曾是一座规模宏大的建筑群，围绕数座院落组织空间，王公贵族们频频前来光顾。寺内有多个大大小小的厅堂、一座转轮藏殿、一座佛塔和一片池塘，因为拥有大量的自然奇观、古代艺术品及精美壁画，这座佛寺俨然是一座名副其实的宝库。段成式就曾为大兴善寺的壁画所震撼，他在843年夏所写的《寺塔记》中曾对其赞叹不已。[49]

隔街相对的是元都观，它占据着崇业坊的大部分面积，此外这座里坊内还有一座规模较小的福唐观、一座道教清修所新昌观以及另外两座家庙。[50]除了是长安一处主要的道教场所外，元都观也是城中百姓欣赏桃花的好去处，它的桃花盛景经由唐诗吟诵而千古流传。[51]

我们的旅行者接着向北走，沿途又经过了两座里坊，这些里坊中除了百姓的住宅外，还有官员宅邸、皇家寺院、庵堂与一座道观，现在他来到了安仁坊。安仁坊西北部是小雁塔的所在，其母寺则位于安仁坊北侧开化坊的南部（图11）[52]，塔与寺由此隔街相对。小雁塔建于707—710年，它是一座15层的中空砖塔[53]，高约43米，为长安城内的主要地标之一。小雁塔采用方形平面，这是当时佛塔的典型形制，与大雁塔相似，后者就位于小雁塔东南两列里坊外对角的晋昌坊内（图12）。顾名思义，大雁塔规模要大一些，高度达到64米[54]，雄踞于城市北侧大明宫延伸出来的轴线上，也是长安重要的参照物。大雁塔隶属大慈恩寺所有，该佛寺有10多座院落、1897间房间，另外还有池塘，占据着晋昌坊一半的面积。[55]

与小雁塔隔街相对的是其母寺大荐福寺，它也是长安一处主要的佛寺与佛经翻译中心。在这座城市中，许多佛寺都是由贵族或官员们舍宅创建的，因此其中一些的配置堪比富丽堂皇的宫殿[56]，大荐福寺也不例外。这座佛寺创建于684年唐高宗驾崩后的100天，当

图11　小雁塔

图12　大雁塔

时他的第七个儿子，即后来的忠宗皇帝为给逝去的父亲祈福而捐赠出自己的宅邸，并供养了200名僧人。因此，这座寺庙最初称为大献福寺，直到690年武则天统治时期才改为现在的名字。

在朱雀大街的对面，与小雁塔隔街相望的丰乐坊西南角有一对醒目的佛塔，即法界尼寺双塔，这座尼寺由隋文帝的独孤皇后创立。塔高约38.2米，亦是长安城中轴线附近重要的标志物。[57]

此时，激动人心的皇城南门——朱雀门就在眼前。虽然这座城门位于长安城地势最低处之一，但朱雀大街尽端中心位置与其自身高大的体量都极大弥补了朱雀门地势低洼的不足。像明德门那样，朱雀门亦守备森严，城门上同样建有木构门楼。

然而，与城市外围的城墙有所不同，宫城与皇城的城墙要更高一些，约有10.3米。[58]城门之上，占据中轴线位置的巨大门楼有时也用于仪式庆典。[59]借助敦煌第172号窟所绘中唐时期的城门形象，我们可以对这座城门的模样有个大致了解（图13）。[60]

在到达朱雀门前巨大T形路口前，我们的旅行者要先经过一座桥梁，这座桥横跨在宽2.5米、深近3米的河道上。[61]这条河是伊本·瓦哈卜之前曾提到过的那些河流之一，它名为漕渠，是长安城内开挖于隋唐不同时期的4条主水道之一。与其他水道主要是从浐河、

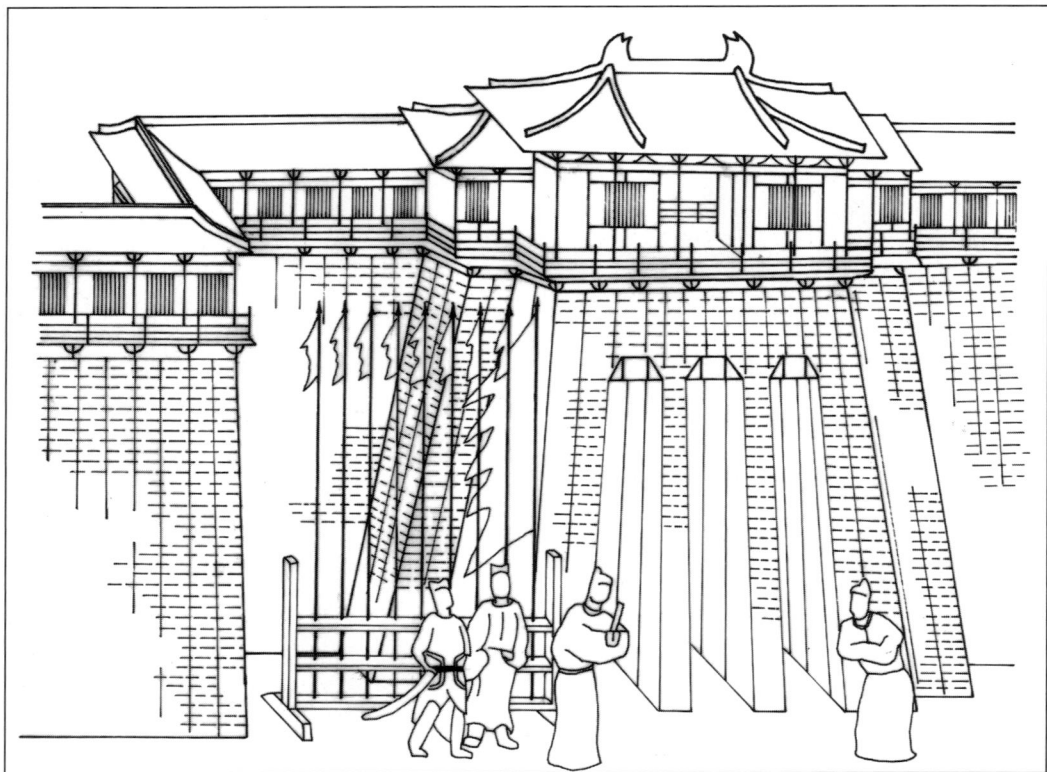

图13　敦煌第172窟中的城门形象

泾河、灞河、潏河（也称滈河）中引水为都城提供水源不同，开挖于742年玄宗统治时期的漕渠主要满足地区水运之用，这是因为渭河的排水能力实在太糟糕。漕渠一路向东流淌，它经过城西的金光门入城，而后注入西市的水塘，在那里存放着来自长安周边地区的原木。[62]766年，为了将燃料运往城中的其他地方，漕渠线路被进一步延长，它自西向东穿越城市，部分河段沿皇城与宫城东侧向北流淌，流出城墙，直流入皇家禁苑。

长安其他河道也有桥梁连通，河道两岸杨柳依依、鲜花怒放，为流经之地增色不少。[63]在里坊内部，这些河道还被用来在王公贵族与官员巨富的庄园别业中浇灌园林、汇聚成塘。[64]诗人王建就曾生动地描绘了那些为长安原本土黄色的景观增添绿意的三三两两的植物："馆松枝重墙头出，御柳条长水面齐"。[65]

当伊本·瓦哈卜走近T形路口这一城市主要节点时，他被后者巨大的尺度震撼了。之前道路节点45～50米的平均宽度已使他心生敬畏，而皇城南侧这条东西大街的尺度要宽阔得多。这是长安的第五条横向干道，它连接着东西两座坊市，直通东西城墙上两座最重要的城门，是都城中最繁忙的大道之一。除两侧沟渠外，这条道路的宽度达到120米左右，相当于一条33车道的现代高速路。[66]事实上，当我们的旅行者到达这一道路交叉口时，他可能误认为自己正置身于一处巨大的广场中。

不清楚我们的旅行者在被安置"在一处专门为他预订的房子中，并且……里面东西应有尽有"[67]之前在哪里停留，或是在繁忙的西市里，抑或是其周边的某处旅店内，那里聚集着来自中亚的外国商人。如他所描述的那样，这座城市被朱雀大街切分成东西两个部分。东半归万年县管辖，西半属长安县治理。像更繁忙的西市那样，长安西边人口更多一些，普通百姓是其中的主要构成。[68]初期，贵族与高官的宅邸本是平均分布在城市东西两侧的，但随着北部大明宫与东北部兴庆宫的建设，这些人被逐步吸引到城市的东边居住，因为这个区域距离朝堂更近一些（图14）。[69]

转身向西，伊本·瓦哈卜朝西市走去。他沿着皇城城墙大约走了660米——这相当于一座小里坊的宽度——来到皇城南侧3座城门中最西边的含光门，经由这座城门可直通皇城。如果他能走进去，就会发现皇城内依次排布着各类文武官署、皇家卫戍、外国使节接待场所等，此外还有太庙、天坛等皇家礼仪建筑。所有衙署机构都整整齐齐排列在各自以围墙环绕的区块内（图8），5条南北与7条东西向街道将皇城划分成一套网格系统，这些建筑群都规整地布置在网格中。[70]

一些不太重要的衙署与机构则溢出皇城被安置在居住里坊中，这些里坊大多位于城市的东半部，靠近朝堂与皇宫。例如，太学与国子监就位于务本坊的西边，该里坊紧靠皇城外安上门的东南。[71]我们的旅行者接下来要经过的太平坊内也有一座官署，有段时间京兆府的学宫就坐落在这座里坊内。[72]

当伊本·瓦哈卜靠近西市时，他发现街上越来越热闹了，外国商人也明显多了起来，

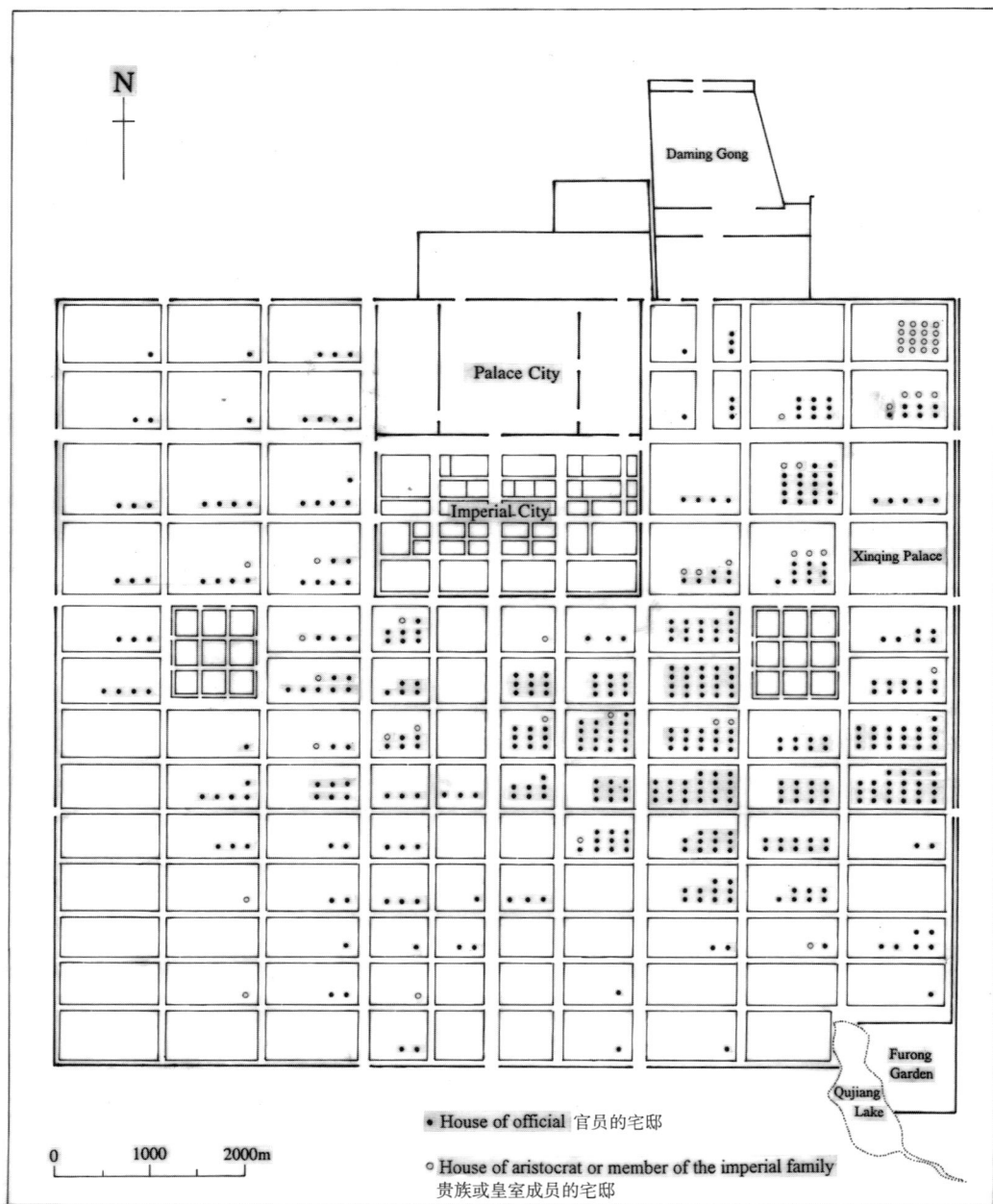

图14 唐长安里坊社会构成示意，显示了官员与贵族宅邸的分布

有些人还牵着运货的骆驼。沿途再经过一座里坊，布政坊就出现在他的右手边，这座里坊的西南有2座中亚庙宇[73]，其中一座祆教庙宇建于初唐时期的621年，另一座摩尼教庙宇则是从邻近里坊搬过来的。[74]当时长安共有6座这样的庙宇，其中4座聚集在城市的西北部。同佛教与其他外国宗教一样，祆教在845年武宗灭佛时遭到破坏，庙宇被废弃。除了这些庙宇和大量贵族高官的宅邸外，布政坊还是城西金吾卫的驻地，这些兵士们负责维持城市

的治安。与此同时，布政坊内至少还有一座旅店、一座道观、3座佛寺与一座尼庵。[75]为方便起见，假定我们的旅行者选择住在布政坊的旅店内，靠近他的同乡伙伴。[76]当他从南面进入里坊时，远远地就看到了120米宽环路后的西市北墙，墙上还开着2座坊门。

1.3
唐都城的物质与社会结构

1.3.1　长安

网络

如我们的旅行者所观察的那样，赋予长安、洛阳与唐代许多其他城市特质的是网格组织。这些城市被宽阔的街道分割成数个区块，就像一板巧克力，它们的居民对此有目共睹，并屡屡提及。766年，诗人杜甫（712—770年）在哀叹安禄山叛乱后的长安衰败景象时就曾写道：

闻道长安似弈棋，百年世事不胜悲。王侯第宅皆新主，文武衣冠异昔时。
直北关山金鼓振，征西车马羽书驰。鱼龙寂寞秋江冷，故国平居有所思。[77]

长安的棋盘式布局是由14条东西大街与11条南北大街切割而成的，它们将城市划分成100多座大大小小沿中轴对称布局的里坊。伊本·瓦哈卜描述的"又宽又长的街道"——朱雀大街，通常也称天街——充当着城市的中轴线，它连接着皇城与城市的正南门，即明德门。朱雀大街宽约150～155米（不包括两侧各3米宽的沟渠），将长安分成了"两个巨大的部分"，同城中其他街道一样，这条街道也用泥土夯筑。[78]绿树成荫的朱雀大街是长安百姓心中重要的参照物，城中地点都通过与它的关系被标示出来，如朱雀大街东或西某某里坊、朱雀大街东或西第几条大道[79]，等等。

实际上长安城内有6条街道要比其他街道更为突出，当时的文学作品普遍将其称为"六街"，它们是分别通往各边城门的3条南北向与3条东西向的交通主动脉（图15）。这些主街的宽度介于120～134米，比长安其他道路都要宽。[80]可即便如此，以现代标准来看其他道路，其40～75米的宽度依然很宽阔。[81]

道路两侧有宽约3米的沟渠，它们有助于将雨水从略微抬高的路面上排出，同时也利

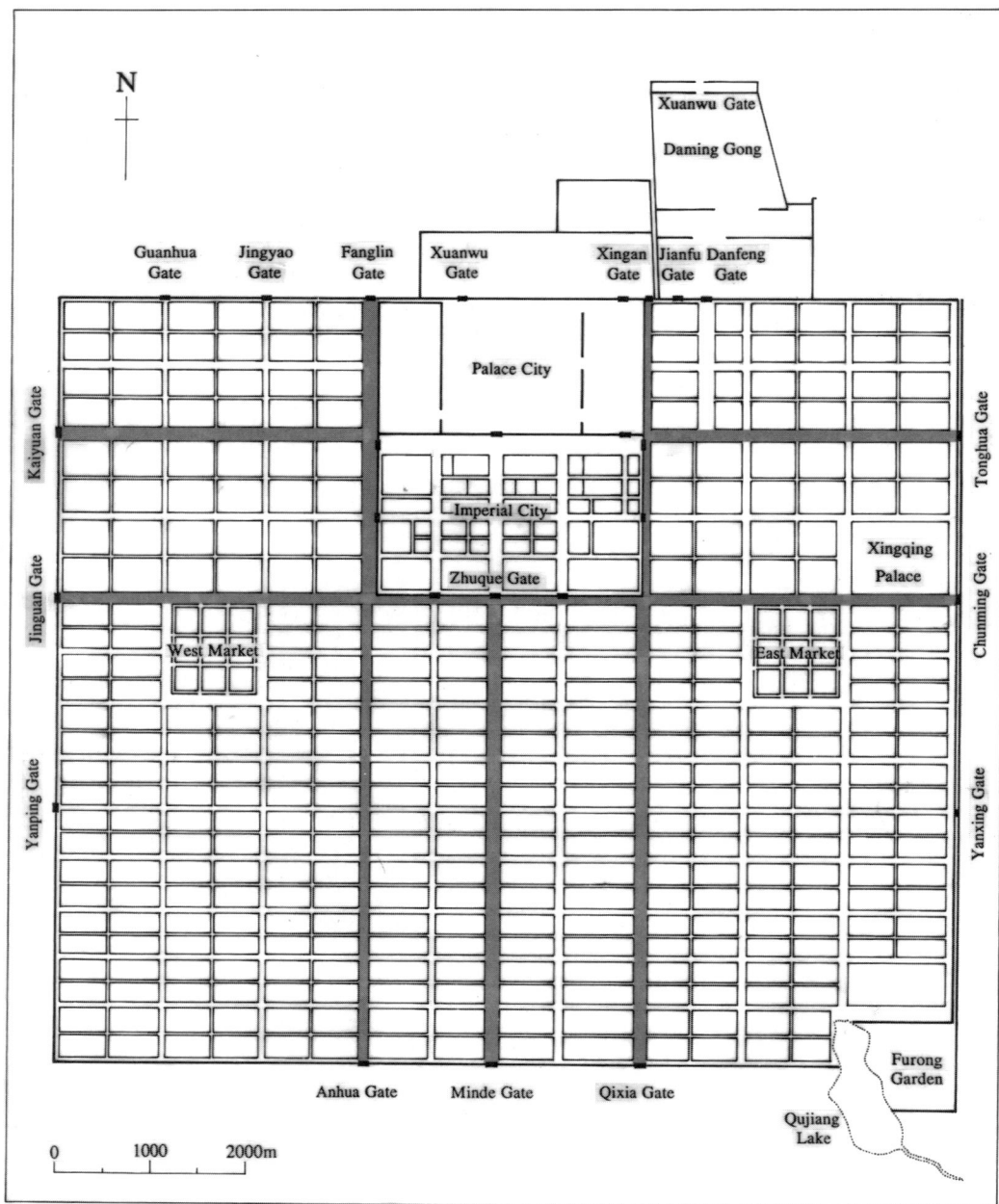

图15 长安的"六街"

于城市的灌溉。主街两旁都种着成行的槐树，其他街道有时则会种柳树与榆树，而里坊内栽种的一般都是开花的树木[82]，许多封闭坊墙外的私家园林也仰赖这些穿梭于里坊内外的出色沟渠系统进行浇灌。[83]宽阔的土路与鲜活的绿植在长安城内相互映衬，它们的鲜明对比在白居易另一首诗作《登乐游原望》中得到清晰的呈现："下视十二街，绿树间红尘"。[84]

由于路面全都是用泥土夯筑的，因此城内道路在干旱的风季尘土飞扬，而雨雪天气又泥泞潮湿。沿着城市的主干道铺有一道白沙堤，主要满足骑马上朝官员的通行使用，所用沙子是用牛车从浐河运送过来的。对宰相们来说，这道沙堤一直延伸铺设到他们自家的门口。[85]

覆盖在长安棋盘式布局上的是一套没那么精细也并不复杂的河道系统，它们为城市提供水源，偶尔也用于水运交通。由于水道与排水系统的存在，桥梁相应在长安并不鲜见。

市场

中国都城的创建通常是出于政治、行政与军事等原因，而并非以经济为目的，尽管这些城市在成为都城前有时也会充当繁忙的商业中心。即便刚开始并不如此，但在被确立为都城后，这些城市也会快速地转变成重要的商业聚集地。长安也不例外，它位于丝绸之路的东端，得益于活跃的贸易而成为一座国际性集市。不过，城市中所有的商业活动都发生在两座指定的里坊内。东市与西市，分别又被称为都会坊与利人坊[86]，可能是当时世界上最繁忙的商业中心，里面挤满了一两层的建筑，堆储着来自中国各地、中亚与南洋的货物。[87]

东市与西市对称布置在宫城南侧的城市中轴线两旁，它们各自占据着两座里坊的面积，每市由此形成边长约600步的方形。[88]坊墙厚约4米，它将所有交易活动都限制在坊市之内，仅在每边墙上开2座坊门。[89]坊市周边环有一条宽约120米的道路，它可以使行人与车辆便捷地通达坊门[90]，同时坊墙内侧另有一条窄些的环形路。[91]坊市内还有4条宽度各约16米的道路，它们连接着每边坊门，将整个里坊划分成9个近似方形的区域[92]，这些道路的两侧都设有砖砌的明沟系统。[93]方形区域的外缘密集排列着各种店铺，大大小小的都朝向街道开门，一条宽约2米的步行道将这些店铺与路边的明沟分隔开。店铺大多两开间，或面宽6米、进深3米[94]，有些窄到仅一间，更大些的则有三间。[95]方形区域内还有一套称为"曲"的路网满足通行之用，有些"曲"甚至还有带盖的排水沟与主街边开放的明沟相连通。

在东市，"市内货财二百二十行，四面立邸，四方珍奇，皆所积集"[96]，每个方形区域的四边都聚集着邸店，里面堆满了来自全国各地的稀罕货物。卖毛笔的、乐师、杂耍艺人、铁匠、布商、屠夫、酒肆、印刷作坊等也都聚在这里，应有尽有。[97]西市货物与服务种类的规模要更大一些，从日常必需品到各种小玩意、马具与鞍具、天平与度量衡以及来自世界各地的珠宝。

在唐代，出售同种商品、提供相同服务、经营同类贸易的店铺都集中在同一"行"内，这些店铺分布在同一条街道上，经营不同货物的两个"行"用墙分隔开，由此限定出每个"行"的空间范围。较大的店铺朝向街道，而零售店与摊位则一家挨一家整齐地排列在小巷子里。[98]官府禁止店主在铺面前搭建简易棚屋或占用公共道路。[99]每条街道入口处都有写着街道名字的标识，如衣行、肉行等，以此表明街道进行的贸易种类。[100]此外，每家店铺还有自己的招牌。坊市内店铺数量如此之多，以至于前来朝圣的日本僧人圆仁（Ennin，793—864年）在日记中写道，843年六月二十七日午夜，东市发生大火，烧毁了24条街（行）上约4000多家店铺。[101]关于这些坊市的形象及其内部店铺的布局，我们或可通过东汉时期的画像砖有所了解（图16）。[102]

除了零售店与货栈外，游商也可以租借货栈来确保自身货物的安全。事实上，大多数为旅行者提供食宿的客栈都有仓储设施来满足这种需求。[103]在一些地段良好的客栈内，仓

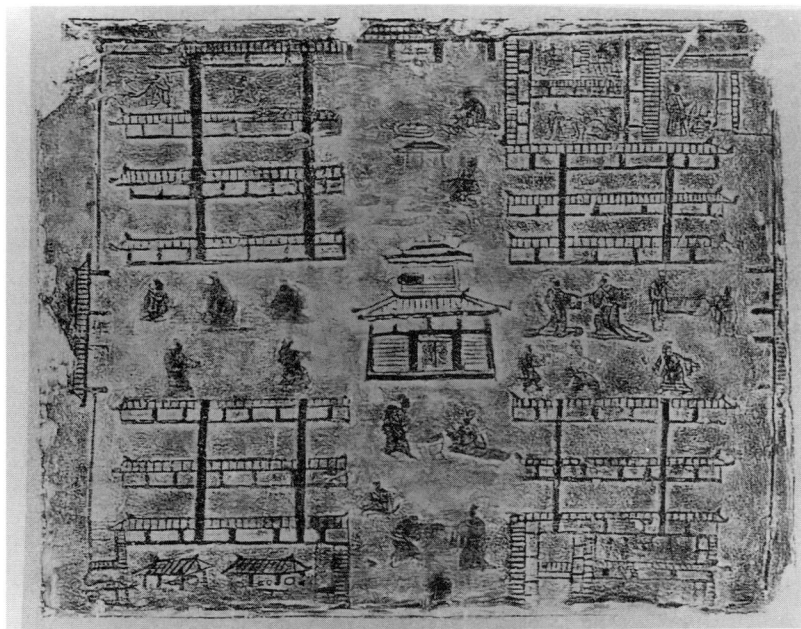

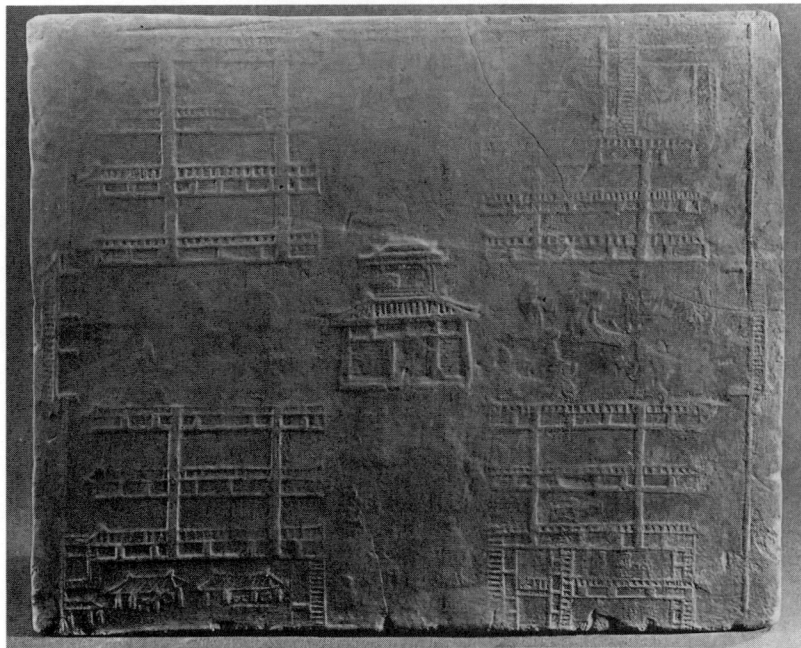

图16　汉代成都市场的画像砖

储设施的规模有时甚至达到20多间。[104]柜坊亦随处可见，方便有需要的商人在交易之前将现金先寄存起来，这样可以避免交易时携带大量现金。同时，商人可获得一张叫飞钱的凭证来确认资金的有效性，交易过后飞钱的新主人就可以将其兑换成现金。[105]东西两市也是长安百姓的娱乐场所，许多餐馆、酒肆与妓馆都在这里开张营业。[106]此外，坊市内还有一些小饭馆，供应各种不同的食物。

792—797年大旱期间，东西两座坊市内都搭建了祈雨台，然而城里百姓却趁此机会在台上组织起音乐比赛。市场内还建有池塘，即所谓的"放生池"，人们在池中放生鱼类以祈求神灵的庇佑。西市的西北角装点着一个也可用于存放原木的大池塘与一座佛堂，东市的东北部也有两个池塘[107]，这两个椭圆形大池塘通过一条80米长的沟渠相连通。[108]坊市中的池塘可能也是用于灭火的重要水源，毕竟毁灭性的大火经常在坊市内肆虐。[109]

坊市也是公开行刑的地方，罪犯的头颅经常在这里示众作为警戒。刑场，即著名的"独柳"，就分别位于西市的东北部与东市的西北部。[110]

与它们所在的城市区域一样，东西两座坊市也有着迥然不同的性格。[111]东市是富人们经常光顾的地方，没有那么热闹，本质上更偏国内一些，但五品及以上官员是不得入内的。[112]东市道路宽度是西市的两倍，所以并不拥挤，牲口拖拉的车辆与行人在路面上来来往往。更繁忙的西市也是丝绸之路东端的起点，更加国际化。在这里，来自世界各地的外国商人云集一处，出售远方异国的珍奇商品，之后再从本地店铺与货摊那里回购大量中国货物。[113]来自中国各地的商人也都聚集在西市中，如同"带着下级仆从的皇家内务、承办商及朝廷显贵的仆从"那般，或步行或骑马纷至沓来。

坊市中心是市署的所在，它负责市场交易的各个方面。市令及其下属监管市场内的所有商业活动，包括维持公共秩序、严格控制交易时间、监督度量衡与流通银钱的质量以及销售商品的质量、颁发奴隶和牲畜买卖许可并阻止不公平交易发生，等等。[114]车辆与马匹的流动也受到严格管制，市场内任何不法行为都会受到严厉的惩罚。[115]除市署外，坊市内还有另外两个政府机构——常平署与平准署——它们分别负责将粮食与其他商品的价格维持在公平的标准上。[116]

事实上，交易同样受到严格管制，坊市每天只开放几个小时。正午时分，200下鼓声宣告开市；日落前一刻钟，300下钲声后坊市关闭。[117]

虽然大部分交易都发生在东西两座坊市中，但其他次一级市场也根据需要建立起来。唐高宗统治时期就曾在安善坊与大业坊的北部设立过一座中市[118]，专门用来进行奴隶与牲口的买卖。不过因地处交通不便的城南，故这座市场很少有人光顾，最终在武则天统治时期关闭，相关交易活动都迁往东市。后来，在唐宪宗统治时期的817年又设立了另一座市场，称新市，它位于北城墙芳林门的南侧，毗邻宫城。[119]

虽然称作市场，但坊市与今天单一功能的市场并不相同。相反，长安的东市与西市才是真正的城市"闹市区"[120]，两者的规模远远大于城中的其他里坊。除外国商人与远途贸易商外，坊市还有自己的常住人口。许多家庭居住于此，劳作于此，因此坊市内的商品并不总是源自进口，从印刷日历到珠宝等许多商品实际都是由坊市内的作坊自己生产出来的。[121]现代考古发掘显示，西市出土的文物上有些带有工匠的标识，这说明当时坊市内的经济已经相当发达，制造的商品极具辨识度。[122]

坊市也是长安的娱乐中心，提供了从饮酒到唱乐的全部娱乐活动。寺庙礼佛与池塘放生虽说是宗教情感的表达方式，但某些情况下它们也可以被视作一种娱乐活动，甚至充满道德意味的公开处决也与之类似。日本僧人圆仁曾在日记中写道，844年，叛军首领刘从谏的首级与名字就被悬示于30多英尺（1英尺约为0.3米）高的杆子顶端并在两个坊市内巡游。[123]

基于对坊市巨大尺度的考量，这些"闹市区"显然并不是一种匀质状态。相反，社会经济的差异明显体现在店铺布局与随后对空地的占用上。主干道两旁都是富商们的大店铺，而小店铺与摊位都被挤在狭窄的巷弄里。闲置的土地可用于买卖开发，它们都留给那些有想象力的业主。据记载，一位名叫窦义的商人仅花了区区30贯钱，就从毫无戒心的业主手里购得西市秤行南侧一大块看似无用的水洼地[124]，转手就获得了高额的回报。当时这块称为"小海塘"的土地周边酒肆环绕，但并没有人对它感兴趣，上面堆满了垃圾。窦义买下这块土地后，就在水塘中央竖起一根幡杆，并在周围开设了六七家卖烤饼与米糕的小铺。他鼓励孩子们朝幡上扔石子和瓦砾，并允诺谁击中就能得到烤饼与米糕的奖励。不到一个月的时间，数以万计的孩子都涌到这里掷石块，水塘很快就被填平。接下来窦义在填满石块的水塘上盖起了20多间客栈货仓，由于正处于市场的黄金地段，这些设施每日的租金高达数千文。[125]这则故事本身的真假并不重要，重要的是作者展示了个人创造力与房地产在长安经济中的作用。可以看到，商人的想象力与创造力足以使其从位置优越的土地上攫取巨额利润。即便是在如此严苛监管的坊市体系中，个人努力的重要性、地理位置与良好设施所带来的溢价仍然显而易见。

居住里坊

坊市并不是唯一受到严密监管与时空限制的地方，城中的居住里坊同样被牢牢控制。例如，长安被分成109座大小不等的封闭里坊。这些里坊大致可分为5种类型，不过考古报告显示每种类型内部仍然存在着很大差异。最小的里坊位于朱雀大街两侧，面积为350步×300步。宫城南侧另外两列里坊的面积为450步×300步。皇城以南其他部分的里坊面积要大一些，为650步×300步。长安最大的里坊是位于皇城两侧的那12座，面积为650步×550步，其中一座在玄宗统治时期被改建为兴庆宫。比这些规模略小的是宫城两侧的12座里坊，其面积为650步×400步[126]，不过在634年修建大明宫时其中2座被一条宽阔的大街所切割，由此变成了4座小里坊。

长安百姓都住在封闭的里坊中，夜间他们被坊正限制在坊内，坊正掌管着坊门的钥匙，负责维持里坊夜间治安。[127]长安大部分里坊都设有4座坊门，每边一座，不过朱雀大街沿线的小里坊只有2座坊门。遇到紧急情况，如疾病或婚嫁等，除非持有京兆府或坊正颁发的许可，否则任何人不得在夜间的城市街道上活动。[128]不过，在里坊内部人们是可以自由活动的。里坊拐角处，即城市大街交叉口都设有金吾卫把守的武侯铺，依其规模一般驻有5~30名不等的兵士。[129]夜间里坊内的活动也很少，诗人权德舆曾在诗句中写道，"启闭千门静，逢迎两掖通。"[130]

636年冬天开始，长安6条主街上都设置了鼓楼，用于宣告坊门的启闭。据《新唐书》记载：

日暮，鼓八百声而门闭；乙夜，街使以骑卒循行嚣呼，武官暗探；五更二点，鼓自内发，诸街鼓承振，坊市门皆启，鼓三千挝，辨色而止。[131]

由于300下鼓声过后坊门才开启，因此晨鼓在长安日常生活节奏中一定非常重要。636年以前，坊门开启的信号不是鼓声，而主要是巡逻兵士在街上的呐喊声。[132]诗人白居易在805年所写的一首诗中描绘了清晨与参加科考的朋友作别的场景，其中就提及长安百姓对每日鼓声节奏的意识：

凤驾送举人，东方犹未明。自谓出太早，已有车马行。骑火高低影，街鼓参差声。可怜早朝者，相看意气生。日出尘埃飞，群动互营营。营营各何求，无非利与名。[133]

在长安城内，只有佛寺、尼庵与三品以上官员才能免除宵禁限制，允许直接在坊墙上开门与城市道路相连通（这一规则的例外是"三绝"住宅，即住宅沿里坊边缘布置，另外三边均被其他建筑阻挡）。这可以从宋长安石刻地图残片中清晰地看到，图上显示占据长乐坊一半多面积的大安国寺直抵城市的东北角，它就有门直接开向城市道路（图17）。坊墙开门这一特权可能也决定了许多贵族高官宅邸与寺庙的选址，因为它们中有相当大比例都位于里坊的角部或是边缘，可以直接通往城市主街。

百姓们的住所都限制在里坊内，有人胆敢攀爬城墙、坊市或是里坊的围墙[134]，一经抓获就会被责罚70棍。这些规定在一年中仅有3天是例外的，那就是元宵夜的前后，即正月十四、十五、十六。这3天里，城中百姓可以在夜间的街道上闲逛，欢度佳节。这是农历新年后的节日高潮，此时家家户户都会竖起竹竿，张灯结彩。[135]

"坊"的词源可以告诉我们一些关于唐代城市或是唐以前城市的特质，以及实施如此严格管控的原因。这些我们所称的"坊"在书写上以"土"为部首，但它还有一个同字根

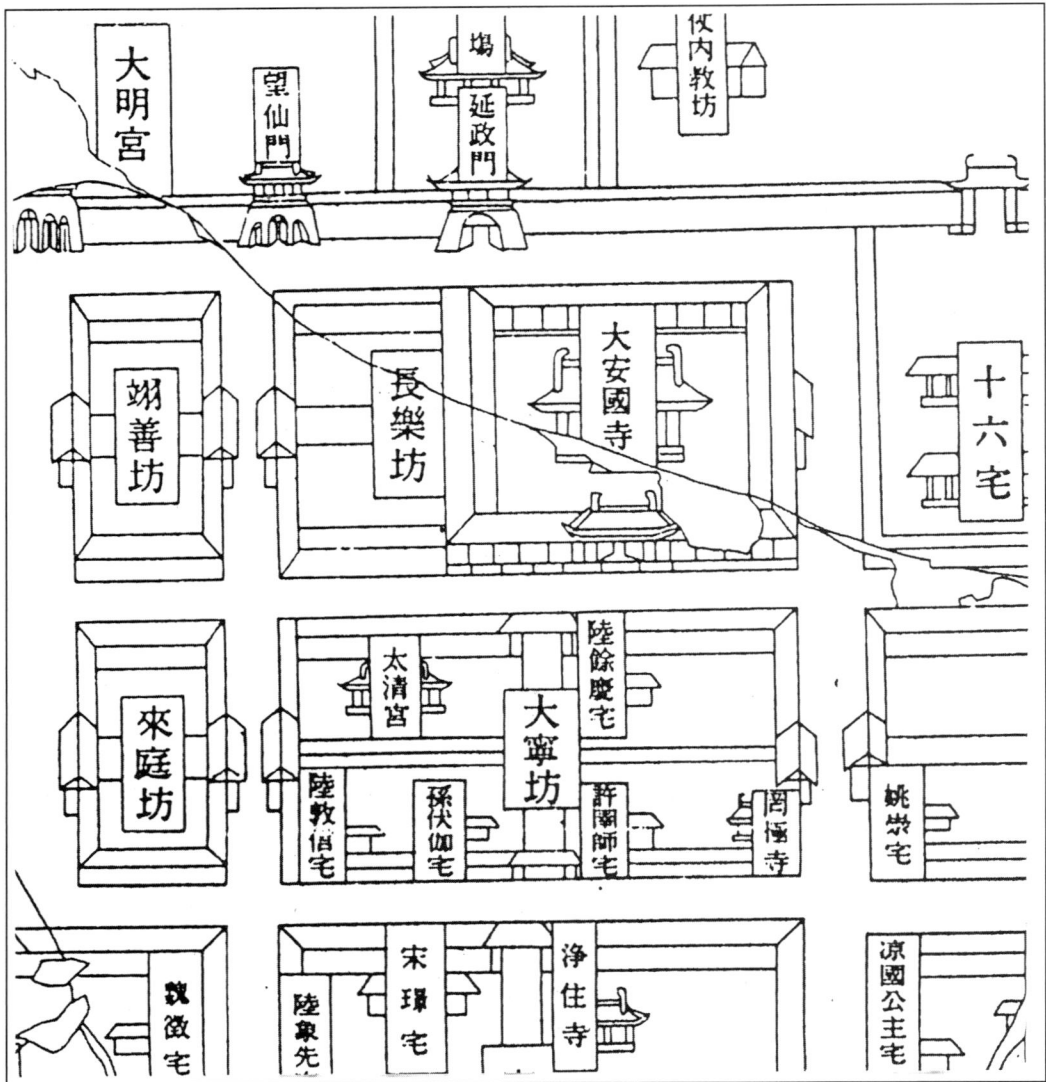

图17　1080年刻于石碑上的长安地图细节，显示大安国寺占据了长乐坊一半多的面积

的通用字"防"，后者以"阜"或"阝"为部首，有防御或防范之意。由此一种常规的解
释是，坊墙既为了保护居住在里面的百姓，也为了将他们控制在里坊内，防止叛乱发生。
[136]对守城兵士来说，坊墙使城市安全的保障变得容易许多，因为它可以将罪犯限制在罪行
发生的里坊内，即便罪犯逃脱，也能使他们在里坊外无处藏身。[137]

　　里坊内部的社会与行政组织同样具有限制性。在唐代，一座里坊意味着一处与居民人
数没什么关系的空间区域，它由坊正管理，后者主要负责维护坊内治安。里坊内还有另一
级组织——里——包含100户人家，由里正监管，他的主要职责是对所辖户籍、土地、徭
役与赋税等进行管理。因此，人口稠密的里坊往往由数个"里"组成。里内住户进一步划
分，4户一组称为"邻"，每5个"邻"组成一个"保"，由保正监管。"邻"与"保"内的

住户守望相助，遇到罪行要相互揭发，若不然都会受到严厉的惩罚。[138]

居住里坊约占长安里坊总数的八分之七。正如伊本·瓦哈卜所描述的那样，贵族、官员与上层阶级都住在人气旺盛的城市东北部与东部，他们在那里建造了豪华的宅邸。由于毗邻三大宫（宫城、大明宫、兴庆宫），这些区域内的里坊非常受欢迎，翊善坊与来庭坊尤其如此，它们因北侧紧靠大明宫而特别受到高官们的青睐。[139]不过，这些里坊的社会构成远非匀质单一，因其内部也居住着普通百姓。当时各式各样的文学作品显示，即便是紧靠大明宫南侧的光宅坊，或是更南边的永兴坊，其内部也都有百姓的住宅。[140]再往南数个里坊之外的平康坊可能是长安官宅最密集的里坊之一，除了几座佛寺和一座道观外，这里还有十几座隶属诸道节度使的上都留后院，坊内东北部的3条曲弄更是当时长安著名的风月场所。[141]

城市西部的人口数量更多，也更加国际化，这里居住着大量纯朴的百姓与外国人。西城墙最北端的城门为开远门，它是往返中亚的旅行者进出长安的必经之路，这就是著名丝绸之路的起点。毋庸置疑，通往这座城门的大街与沿街里坊都特别的繁华。[142]与今天大城市火车站周边的社会构成并无二致，长安这部分区域也居住着大量的旅者，既有外国人也有本国民众。这种人口分布的直接结果是，长安6座中亚庙宇中的5座都集中在这里。[143]或许是因为城市这一半人口数量较多，因此庙宇的比例也略高一些。[144]

所有里坊都被高约3米的厚重夯土墙包绕，坊墙位于道路后面2米处，两者之间隔着沟渠。[145]即便不总是有效，但如果我们对晚唐屡屡颁布的禁止破墙开门的法令进行判断，就可以知道唐朝统治者对坊墙的设置与维护还是非常执着的。[146]加上坊门启闭时间的严格管控，坊墙的意义在长安百姓心中不言而喻，并在当时的诗词与小说中常被提及。在小说《任氏传》中，作者沈既济（约750—800年）描写了一位叫郑子的年轻人，750年的一个夏日，他骑着骡子在昇平坊闲逛时被狐仙施了法。与美丽的狐仙厮混一晚后，郑子于天亮前离开，到达坊门时却发现门还紧闭着。门边上有一家胡饼店，此时正点着灯笼燃着炉火制作胡饼，郑子就坐到店铺的棚子下，等待坊门的开启。[147]

除最小的里坊被一条15米宽的东西街道划分成两部分外，长安其余里坊都被两条5～6米宽的垂直交叉道路切分成4部分，接着纵横交错的巷弄又把4部分细分为16个部分。[148]里坊内这套简洁的二级路网与城市主路网直接连通，并且像城门、朱雀大街与东西大街之于整座城市那样，这些绿树成荫的交叉道路与坊门也一起构成里坊内部的主要参照要素。里坊内的位置通过与这些道路的相对关系被标示出来，如路口东北、北门的东南或里坊东部，等等（图18）。弄与更窄的曲构成里坊内的三级路网，它们大部分是东西向的，通达里坊内各个角落，虽然只有2米多宽，但马车依然可以在上面盘桓自如，因此能很好地满足坊内通行。[149]虽然寺庙与高官宅邸允许直接向城市的主街开门，但大部分住宅与宗教建筑，有时甚至是政府机构都被限制在自己的围墙内，只能朝里坊内这些窄得多的巷弄开

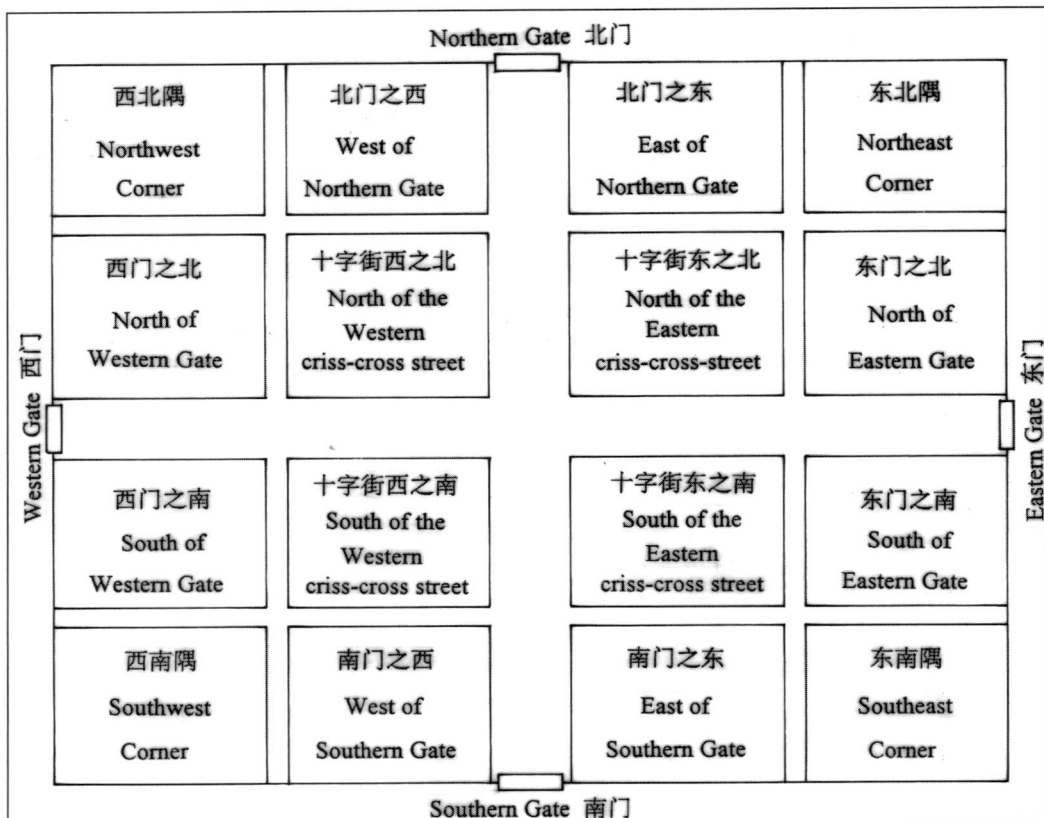

图18 居住里坊的平面布局

门。[150]当时的诗词与文学作品留存的一些巷弄名字——柳巷与晚树巷（表明栽种植物的品种）、地毯巷（表明经营贸易的类型）、薛巷（表明巷子内主要家庭姓氏）——为我们了解里坊内巷弄的特质提供了线索。[151]

唐代后期，严格的城市管控逐渐放松，店铺也开始出现在里坊内，东市北部的里坊表现尤为突出，特别是崇仁坊。[152]据一份收录于清代城市研究中的唐代文学作品显示，当时与商业活动有关的里坊至少有4座聚集在东市的周围。[153]旅店也像其他商业活动那样进入里坊中，它们主要聚集在城市的东半部，可能是为到访长安的文人服务的，这些人总是希望可以住在距朝堂与高官宅邸更近的地方。[154]

住宅

不仅里坊受到时空管制，禁奢令同样约束着贵族、官员与百姓住宅的名称、大小、间数、设计和装饰。[155]例如，三品及以上官员的厅堂不得超过五间，大门不得超过三间；六品及以下官员的厅堂不得超过三间，大门不得超过一间。[156]普通百姓的住宅和大门都很简陋，几乎没有装饰，只有官员们才能在梁架、椽子与斗栱上装饰彩画，用脊兽装饰屋面。[157]五品以上官员甚至还能用铺首衔环来装点他们的朱漆大门。[158]

然而，当政权势微——如安禄山叛乱后——或是政权掌控在放纵的统治者手中时，官员巨贾们就会无视禁奢令，建造带有多重厅堂与私家园林的奢华宅邸。[159]例如，亲仁坊内著名将领郭子仪的宅邸规模巨大，"其宅在亲仁里，居其里四分之一，中通永巷"，以至"家人三千，相出入者，不知其居"。[160]再往南两座里坊的永崇坊内，太尉兼中书令李昇曾于780年购得邻近一块土地用于拓展私宅，目的只是为了他能在自家院子里打马球。[161]844年，大宦官仇士良被唐武宗所杀，其财产被抄没，各类珍宝充公。即便当时动用了约30辆马车，前后也花费了一个多月时间才将这些奇珍异宝运到宫中。[162]里坊内贵族与官员们所享受的奢华生活就是如此。

不过，正如之前所观察，长安的人口分布并不均匀。城南4排里坊大部分人烟稀少，这里很多时候安置的是寺庙、花园与军事设施，甚至整个里坊都被农田占据。例如在永阳坊内，其东侧是拥有97米高木塔的西禅定寺所在，而西侧则是另外一座佛寺和几座皇家庙宇。[163]在更靠近城市中轴线的其他地方，如整个安善坊曾一度专用作训练弓箭手的军事场地。[164]同样，城市西北角的4座里坊几乎也没有什么人居住，因为那里是汉代以来的苑囿、古迹、遗址等所在[165]，如紧靠开元门北侧的普宁坊内就保留有汉朝的太学、明堂与辟雍等遗存。[166]

1.3.2 洛阳

东都洛阳的空间布局和功能组织与长安的非常相似[167]，不过水运交通在这座城市中发挥着更突出的作用，这是因为许多重要河流水道都在这里交错汇聚。洛阳跨越洛河两岸，城市相应被分成南北两个部分，中间通过几座重要的桥梁相连接。洛河的支流瀍河进一步分隔了城市的北半部。像长安那样，洛阳也有一套运河水网满足着城内运输，桥梁因而成为这座城市的一个显著特征。天津桥就是洛阳的一处重要标志物，它由多艘停泊在洛河上的大型舳船支撑，这些船都用锁链沿主轴拴在一起。天津桥共有4座桥塔，每端2座，标示着这座桥梁的存在。

不过，洛阳的主要交通网还是由十几条南北向与东西向大街构成，这些道路将城市分割成一套网格平面。[168]与长安不同，洛阳的宫城与皇城都位于城市的西北角，通往它们的主街由此偏向城市的一侧，从而失去了朱雀大街那般在长安所具有的参照作用（图19）。尽管如此，这条大街——定鼎门街——与之前提到的两个重要地理坐标，即北边的邙山与南边的伊阙相对齐，因此仍保留着某种仪式感，同时它也是城中最宽的道路。定鼎门街宽度约有百步[169]，两侧都种着成行的果树、榆树与柳树[170]，一条水道与之并行延伸。城中另有5条主街，它们的宽度为75~62步，比长安那些对应的街道要窄一些。分割里坊的道路

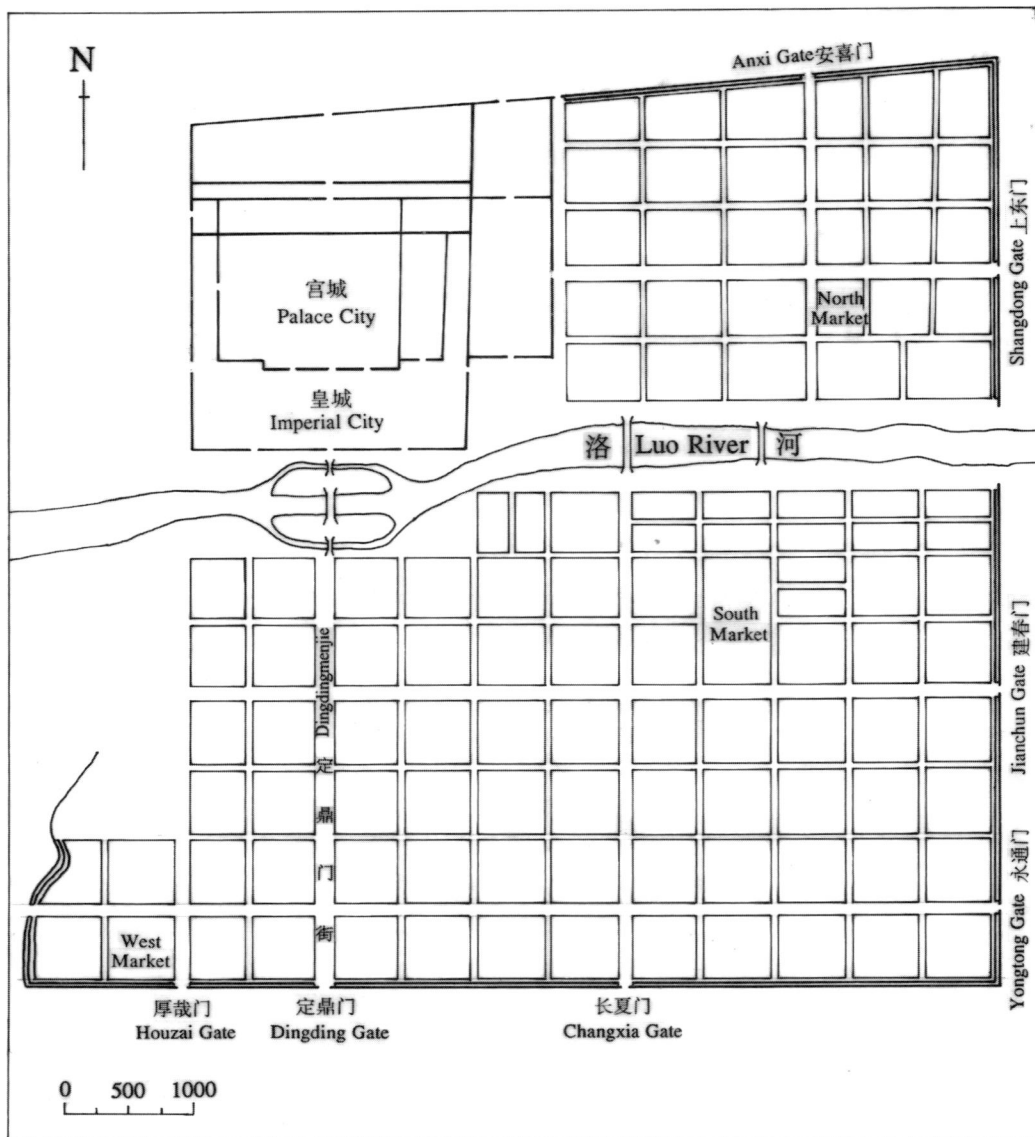

图19 洛阳城平面

更窄，每条宽约31步。[171]将这些道路宽度换算成米制，分别是110米、91米与45.5米，以今天的标准来看依然十分宽阔。[172]

　　洛阳更靠近发展中的长江流域，又沿着大运河，因此这座城市的经济活动同样非常活跃。洛阳的市场组织与长安很相似。虽然城市规模要小一些，但洛阳最初却规划有3座市场，这表明隋炀帝已经意识到市场日益增长的重要性，而非对称布局又进一步强调了这些市场的实用性。与长安东西两市的规则对称布局不同，交通便利才是洛阳市场更重要的考虑因素，因此3座市场的位置并不对称，而是在规划中充分考虑了水上交通。北市通远市位于洛河北岸。南市丰都市位于洛河南岸，作为城中最大的市场，占据着两座里坊的面积，每边开有3座坊门。[173]一条称为运渠的河道在汇入洛河前就穿过这座市场东侧的里坊。[174]西市大同市坐落在城内西南，同样依托着通济渠的便利[175]，唐代时当这座市场迁至靠近南门厚载门的里坊内后，其水陆交通甚至变得更加便利了。[176]

另一个重要的搬迁是关于北市的，它发生在656—661年。当时，北市被迁往洛河北岸的时泰坊，即上林坊的北侧。[177]在这个新址上，北市西有瀍渠，南与可通航的漕渠仅隔一座里坊，距洛河两座里坊。事实上，北市周边后来成为洛阳最繁华的地段之一。漕渠开挖于炀帝统治时期（605—618年），这条水道非常繁忙，以至靠近北市的通济桥东侧经常是"天下之舟船所集，常万余艘"。[178]另外，在这个位置上北市正处于两条主路的交叉口，因此能更好地享有陆路交通的便利。将市场布置在毗邻河流、运河与主要陆路的地方，将成为稍后所讨论城市的一个主要考虑因素。

除位置更便利、交通更迅捷外，洛阳市场的形式与内部组织和长安市场基本相似。除南市外，洛阳北市与西市都各占据着一座里坊的面积，并且均由夯土墙环绕。在市场内部，店铺与货栈鳞次栉比。以南市为例，"其内一百二十行，三千余肆，四壁有四百余店，货贿山积"。[179]规模略小的西市最初位于大同坊，其"凡周四里，开四门，邸一百四十一区，资货六十六行"。[180]

洛阳其余部分由正交路网切割成了103座居住里坊，看起来隋炀帝应该是从长安建设中汲取了经验。洛阳与长安里坊的一个主要区别是，前者更标准，面积也更小，这样可以更好地控制城市人口，切割这些里坊的城市主路也要窄一些。洛阳典型的里坊约有一隋里见方（每边约300步，即441米），四周环以低矮的夯土墙。坊内两条14米宽的垂直交叉道路分别通往四边的坊门，它们将里坊划分成4个部分，并将坊内路网与城市主街连通起来。[181]与长安一样，里坊内的4个部分又进一步被细分成16个区块。不断切割形成网格看起来是唐代里坊体系的主要特征，这在同时期其他城市中也可以看到，如四川益州城（后来的成都）、北方幽州城与云州城（后来的大同）等。[182]事实上，这似乎是当时州府，甚至县城的普遍形式制度。这套制度影响如此深远，以至于7—8世纪日本的藤原京、平城京、难波京、信乐京、恭仁京都曾对其效仿，渤海国5座都城也是如此。[183]

同长安一样，匀质网格并没有产生出均匀的城市肌理。北市周边成为洛阳一处极活跃的区域，其里坊内旅店的数量远超过城市其他地方[184]，洛河北岸的里坊相应成为洛阳热闹的贸易与手工业中心。4座祆教庙宇中的2座也都建在北市的西侧，另外2座则聚集在南市的周边。总之，由于这些国际性集市的存在，它们附近的里坊也变得热闹非凡，以迎合商人与外国人的需求。另一方面，高官们则青睐城市的南部，他们的宅邸大多位于通往南门长夏门的主街沿线里坊内，不过，一般来说，贵族们更倾向于住在宫城南侧的里坊中。大多数私家园林也都位于城市的东南部，如中书令裴度的园林就在集贤坊内，内部有人造假山、湖面、岛屿、楼阁等，堪称众多园林中最华丽的一座。[185]这一时期，达官贵人们的私家园林呈规模增大趋势，这主要是因为隋唐继承了北魏拓跋政权为鼓励战乱地区屯田而实施的均田制，这种制度合并了"两类土地占有模式，一种是临时性的，即所有者到一定年龄便将土地归还给国家，另一种则是世袭性的，可以继承"。[186]在均田制的实施下，高官们能够分配到与他们品级相匹配的世袭土地，因而可以拓建带有大型园林的私有房产。[187]

1.4
唐都城的景观

通过对1080年雕刻的城市地图残片进行分析，并结合其他研究成果，我们可以对唐长安的城市景观有一个深入了解（图2、图17）。乍一看这张地图似乎是按比例缩放的，很有说服力，但仔细观察就会很快意识到，如果城市主街的宽度为147米，那么里坊周围坊墙的高度就被过分夸大了，更不要说图上那些城门与建筑。不过，这张地图确实能告诉我们一些唐代城市景观的特质。就城市组织而言，这张地图可能是准确的，但其他部分则是制作者对城市显著特征要素——城墙、城门、主街、河渠、坊墙、坊门、交叉道路、主要庙宇、重要宅邸及大型私家园林等审慎取舍后的刻画。百姓住宅是每座城市的基本细胞，相较于许多显著特征要素来说，它对城市意象所起的作用即便没有更大，至少也应该是一样的。尽管如此，很多时候它们不过是被遗忘的"背景噪声"，恰如此时。或许这与地图所采用的比例不允许表达百姓住宅的真实状态有关，但依据同样的道理，许多城市特征要素实际上不可能都以相同的比例描绘出来。因此，百姓住宅在地图上的缺失主要还是因为它们太过普通、日常，所以微不足道——这种性质的地图所挑选刻画的仅是那些不寻常的、重要的以及在制图者眼中意义非凡的事物。

地图制作者夸大了那些他认为最重要的城市景观要素的比例，可即便如此，它们仍然是示意性的，与所代表的建筑物的真实形状仅大略相似，但制作者仍煞费苦心地对其显著特征进行仔细刻画。例如，他小心翼翼地表现出通往大明宫的正门有5条门道，两座次级城门只有3条门道。同样，他还着力描绘主要宫殿含元殿两翼的塔楼以及兴庆宫内2层的勤政殿。此外，城市中相对高耸的物像也是他的关注，因为所有城门看起来都是被忠实表达出来的。对于以水平城市为主要刻画对象的地图制作者来说，垂直方向的特征肯定是非常重要的。

因此，我们可以通过地图以及对这座城市的了解推断出一个重要的事实，那就是除城楼与佛塔外，唐代城市中几乎没有多层建筑。整体来看，唐长安与洛阳都是扁平化的城市。在以1层为主、偶尔出现2层（或它们组合而成的3层）建筑所构成的城市景观中，任何以垂直拓展形式出现的建筑都如此醒目，以至于成为城市重要的参照物。宽阔的线性大街也为人们从远处观察垂直标志物提供了充足的视距，门楼、佛塔及重要的2层建筑都成为城市突出的标志。就洛阳而言，数里之外就可以看到武则天在位时沿城市礼仪轴线建造的明堂、天堂与天枢等高大建筑形象。[188]这不是我们熟悉的欧洲中世纪以来的城镇景观——狭窄弯曲的街道延伸至封闭的广场与集市，只有到最后一刻才会出现垂直的高潮，通常是以大教堂的形式。穿行于唐都城宽阔的街道上，人们一定会感受到城市与乡村视觉线索的奇妙结合。城市物质迹象随处可见，封闭里坊的棋盘组织，突出的城门、坊门及其守卫，贵族与高官豪宅的屋顶，恢宏的佛寺及其远近分布的佛塔，毫无疑问这些都是鲜明的城市标志。然而，几乎没有任何围合感的宽阔大街、路面与低矮坊墙所用的单调土黄色等又与乡村所见是那么相似。此外，城市与乡村居住结构的基本相似也有助于强化城乡连续体的感觉。牟复礼（F. W. Mote）指出，"从城市到城郊再到开阔乡村的连续性体现在建筑风格、布局统一及地面空间的使用上。从建筑角度来说，无论城墙还是城郊的实际边界，都没能将城市与乡村区分开"。[189]

然而，城乡连续体的意象必定不会持续太久，因为一旦进入里坊内部，完全不同的城市景观就扑面而来。街道变窄了，坊墙与那些包裹着寺庙、官员和百姓住宅的围墙之间，以及与偶尔出现的成行树木之间，都明白无误地呈现出城市的封闭感。典型里坊内人口的相对高密度也意味着街道上的活动更热闹。在较窄的巷弄里，有时充斥着围墙后面庭院或园林中传出的声响与乐音，这只会强化热闹的城市感觉。[190]

晚唐时期，当禁止贸易泛滥的严格限制被打破，小规模商业活动便出现在里坊中，相应的，一些尺度较小、较拥挤的街道必定显得更加狭窄。有时候，这些狭窄街道会变得特别拥堵，比如里坊当街举行通宵达旦的音乐仪式时就会阻碍交通。据记载，副都统王式在回家的路上就遇到了仪式拥堵道路的状况，对此他不但没有制止，反而还从马上下来吃了杯酒。[191]更加壮观的还要属坊市内的景象，那里是不可能与任何乡村景观混为一谈的。在坊市内，商铺、货栈、旅店、酒馆、饭店、人群、马车、牛车、牲畜与货物云集，可以说与乡村景观毫无相似之处。即便是在小的州城或县城里，情况也大同小异，只是规模小一些而已。小州城的市场活动强度可以从下面的文字描述中感受出来，此文写于9世纪初，作者是著名文学家刘禹锡（772—856年），当时他正被流放为朗州司马。在他的描述中，同样可以感受到官员对贸易所持有的惯常鄙视态度。如崔瑞德（Denis Twitchett）所指出的，朗州这座小州城位于湖南西北的边陲地区，它是在8世纪许多大规模灌溉工程实施后才得到开发的。807年，朗州久旱无雨，求而不得，当地太守不得已决定将市场迁往城门外的交叉路口。[192]因此，刘禹锡得以从城楼上俯瞰市场，并反思《周礼》中禁止令史及以上官员进入市场的统治智慧：

由命士以上不入于市，《周礼》有焉。由今观之，盖有因也。元和二年，沅南不雨，自季春至于六月，毛泽将尽。郡守有志于民，诚信而雩，遂遍山川、方社。又不雨，遂迁市于城门之遄。予得自丽谯而俯焉。

肇下令之日，布市籍者咸至，夹轨道而分次焉。其左右前后，班间错跱，如在阛阓之制。其列题区别榜，揭价名物，参外夷之货。马牛有牵，私属有闲。在巾笥者织文及素焉，在几阁者雕彤及质焉，在筐筥者白黑巨细焉。业于饔者列饔饎、陈饼饵而苾然，业于酒者举酒旗、涤杯盂而泽然，鼓刀之人设膏俎、解豕羊而赫然。华寒之毛，畎鱼之生，交蚩走，错水陆，群状伙名，人隧而分。韫藏而待价者，负絷而求沽者，乘射其时者，奇赢以游者，坐贾禺禺，行贾遑遑，利心中惊，贪目不瞬。

于是质剂之曹，较固之伦，合彼此而腾跃之。易良苦于巧言，斁量衡于险手。杪忽之差，鼓舌伧伧；诋欺相高，诡态横出。鼓嚣哗，垒烟埃，奋膻腥，叠巾履，啮而合之，异致同归。鸡鸣而争赴，日午而骈阗。万足一心，恐人我先。交易而退，阳光西徂。幅员不移，径术如初。中无求隙地俱，唯守犬乌乌，乐得腐馀。是日，倚衡而阅之三，感其盈虚之相寻也速，故著于篇云。

除了这些视觉线索外，用于标记市场与宵禁时间而不断响起的钲鼓声也在提醒每一位居民或游客，他们正置身于一个受管制的城市中。事实上，这些连续提醒的声音很大程度上已经成为居民日常生活的重要组成，以至于当时许多诗词故事都曾提及城市这一显著特征。例如白行简（775—826年）在其著名的《李娃传》中，描述了一位赴京赶考学子与居住在平康坊内的风尘女子相爱，而学子住在西门延平门外数里。在学子第二夜到访时，当老鸨听到鼓声后便催促其赶紧离开，不要违反宵禁的规定。[193]另外，诗人李贺（791—817年）所作《官鼓街》的诗句也再次表明这些钲鼓声在长安居民生活中的重要意义："晓声隆隆催转日，暮声隆隆呼月出。"[194]

1.5
唐代的府、州、县

严格的宵禁管控不仅在都城长安与洛阳两地实施，而且也出现在作为地方政府机构所在地的城镇中。从行政角度来看，8世纪上半叶的唐朝设有39个规模不等的府，其中一些府掌管着10多个州，另一些则管理不到2万户。高级别的府城通常位于遥远的外围边疆，主要承担国家的防御职能[195]，由朝廷委派的官员进行管理。不过，安禄山叛乱之后便出现了少量自治方镇，它们由拥有军权的节度使掌控，这始终是朝廷关注的问题。州也被分成大小不同的类型，根据官方记载，742—756年唐代至少有331个州。[196]这些州作为枢纽通常与其所辖的县联系紧密，同时与全国性的高效水陆交通动脉相连，由此能够实现与都城以及低等级行政单位的快速沟通。县是唐代最基层的行政单位，由地方官员负责管理，但因规模太小而无法发挥重要的政治作用。[197]同一时期，唐朝约有1573个县，其中一些县的人口仅数千人，大些的县则超过5万人。县城一般选址于交通便利的地方，这使它能够从当地的通传网络中获益。如此选址至关重要，这不仅因为县城是本地的市场中心，同时还因为当地大部分实物税必须向这里汇聚。除提取相当一部分收入作为本地政府及职能部门运作的成本外，其余赋税皆上缴至州，在那里再对州、府与朝廷的资金进行划拨分配。

大多数节度使或地方官管理的行政与政治中心都是由城墙环绕的城市，城墙内往往是长安与洛阳两座城市结构的微缩变形版。原本宫城与皇城的位置现在是衙署与其他政府机构的所在，在规模较大的中心城市中这一区域也常常以城墙环绕。像唐汴州与苏州这样的城市，核心区周围多多少少都有一些规则排布的封闭里坊（图20）。

不过与都城不同，低等级的地方行政中心即便有，也很少是新建的，也就是说，州、县的城市布局可能并没有那么规整。要知道，我们能够讨论唐都城规整的棋盘式布局，那是因为它们都是从零开始建造的，是作为国家与宇宙的象征而被审慎规划过的。事实上，唐代大多数低等级地方行政中心都是由之前的城镇发展起来的，其中一些的历史甚至已达数百年。当州县的数量多到足可覆盖整个城镇谱系时，即从人口稠密、高度繁荣的四川宜州与长江流域的扬州到人口稀疏的边远地区，就会发现任何一座城镇的景观和实际物质结构都与其他城镇毫无相似之处。不过，就隋唐时期中国北方与中部较发达低地的典型行政和市场中心而言，对其构成仍可进行一定的归纳。

这些低等级地方城镇的居民与都城中的一样，都住在形状大小各异的封闭里坊内。直接进入城市街道同样是被禁止的，不过稍后我们会看到，在一些商业集市中相关限制早在唐初就已不复存在。所有贸易活动都限制在封闭的坊市内，一些小城镇中的贸易往往只在固定时日进行，由市令及其下属严格监管。[198]707年，一道禁止县以下城镇设立集市的诏令颁布[199]，不过远郊乡村集市应运而生。这些墟市与草市，如它们当时所称，均由当地自发形成，游离在政府对定期聚市的管控之外。[200]它们通常位于交通便利的渡口与河流交汇处、桥梁附近等，远离城内的市场中心。墟市与草市每隔几天聚集一次，一般是两三天，或是五六天，通常以农产品和家畜为主要交易对象，有时也有游商带来的商品，以补给乡村社区自给自足的生活。如后面我们将看到的那样，这些周期性乡村市集有许多在宋代发展成为小城镇。

然而，一些规模较大的州级中心城市往往拥有不止一座市场。四川益州（757年后擢

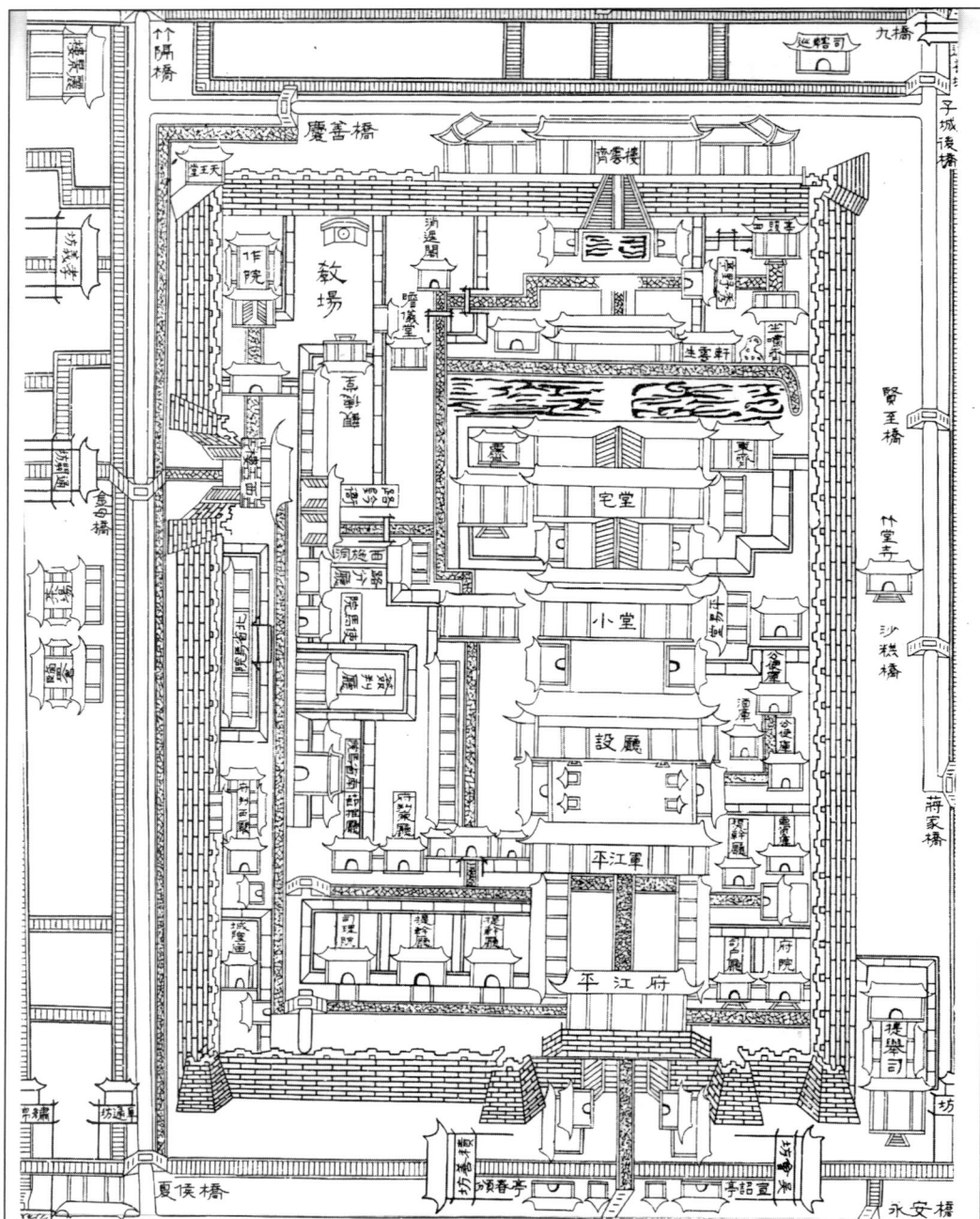

图20 《平江府图》显示的子城细节

升为成都府）有3座，分别是南市、北市与东市[201]；扬州是繁荣的海外贸易港口，至少有2座市场；淮安和夔州也大致如此。一些县城，如昭应县与临安县，也不止一座市场。这些市场通常位于城墙内，正如我们在前面见到的那样，它们的位置并非固定不变，如果需要也可以迁往城外。实际上这种市场有些规模可能非常小，如武则天统治时期杭州有座市场的周长仅有250步。[202]在这些市场内，经营同种生意的店铺也被集中在各自的"行"中，并在市场中拥有对应的分配位置。除空间上的限制外，低等级市场同样受到时间的限制：正午200声鼓响标志集市的开始，日落前七刻的300下钲声宣告集市关闭。[203]

因此，都城严格实施的对城市及居民管控的制度同样适用于低等级的地方行政单元。要想了解长安与洛阳等隋唐城市管控制度是如何形成的，以及人们为什么愿意接受如此严苛的社会控制，就有必要回顾一下相关历史背景，看看其中到底蕴藏着怎样的社会经济原因，使这些控制能够被接受。事实上这些控制不仅是可以被接受的，而且由于都城正交网格所代表的秩序如此普遍，以至于在人们心中它可能被视为一种理想化的形象，并非是许多其他文化提及的乐园，这一形象与佛教天国有关。

敦煌第85号洞窟的壁画可追溯至晚唐，它刻画的是佛教华严世界的形象。[204]画面中描绘着一朵莲花，莲花上按照与洛阳一样的笔直网格整齐排列着唐代城市的封闭里坊（图21）。原本坊正的位置现在是佛祖的形象，就在莲花顶端。画面上大部分里坊都有4座坊门，每边1座，但有些只开2座，少量的里坊甚至一边开有2座坊门。这些坊门以不同的形式呈现：有的只是在墙上简单地开洞，有的在上面加盖屋顶被赋予主门的形象。不过，大部分坊门上都建有一定样式的门楼。[205]

长安与洛阳的城市形象虽激发着人们对天国的想象，但其尺寸与规模却远超过实用需求。更确切地说，它们只是雄辩地展示出国家的伟大与决心。这可以部分理解成是隋帝王对长期政治动荡的一种反应，毕竟秩序在当时是短暂的，大一统的稳定与辉煌都已成为遥远的回忆。荣耀的汉朝过后，在220—589年长达近400年的政治纷争中，中国仅在西晋

图21　华严世界示意

（266—316年）时期获得过24年的短暂统一。[206]作为4个世纪动荡后第一位有能力实现统一的帝王，隋文帝很容易被他的雄才大略冲昏头脑，他创建都城，或将都城创建为其个人丰功伟绩的象征，试图以此唤起人们对遥远的、强盛的、几乎传奇般的汉王朝的缅怀。

长期分裂中的极权统治、连年征战及由此导致的经济活动停滞，这些都使隋唐统治初期在封闭里坊及市场中对民众实施连续管控的举措变得更易于接受。唐承继隋，但与这些制度的实际创建并没有什么关系，它只是幸运而有能力的继承者，接受了隋这一短命王朝馈赠的政治遗产，而隋则是自己完善了北朝前辈遗留下来的有关制度。唐朝统治者几乎未做任何改变——城市已经创建，法律已经制定，行政体系各司其职，它唯一要做的就是对这些继续完善。俯瞰历史，唐朝崛起与800年前汉继承秦的经历惊人地相似，除了在王位争夺中败军焚城这一史实外，汉朝也是从秦那里继承了统一的政权与有效的管理体制。

1.6
隋唐之前的中国

220年汉朝灭亡，随后中国进入三国鼎立的时代。魏、蜀、吴3个对立政权为了获取更大的统治权而征战不绝。西晋武帝（266—290年）时中国重获统一，不过在经历了24年政权更迭后，脆弱的和平再次被朝廷内部的政治斗争所终结。316年，都城长安沦陷，西晋宣告灭亡。接踵而至的战争导致经济瓦解与人口锐减，带来一段叛乱频仍的岁月，在这个过程中越来越多的反叛者自立称帝。北方相继出现的新政权由所谓的"五胡"统治，它们大多来自中国北部及西北边疆。这些游牧民族——匈奴、羯、鲜卑、羌、氐——与后来的吐蕃与西夏有关，都施行严厉的军事统治。它们日益强大，在等待时机建立王朝。仅在384—385年，一场灾难性战争过后，中国北方就出现了4个新政权。383年，北方的前秦对南方的东晋发动战争，其版图内由此出现了巨大的权力真空，在接下来的25年间，这块土地上至少有6个政权相继出现。到409年，中国北方一度有16个政权共存。[207]

直到拓跋鲜卑在山西北部势力增强以及386年道武帝统治下拓跋魏（北魏）王朝建立，中国北方才再次出现秩序化的迹象。到439年，道武帝的继任者重新统一了曾是政治权力斗争和宫廷政变温床的中国北方，这标志着一个新时代的成长。

除了450年的一场大规模战争与497年后对南方发动的其他间歇性战争外，北方进入了一段相对平稳的时期。[208]一项重要的土地改革——均田制——于485年施行。拓跋贵族及其行政体系逐步汉化，这在孝文帝（471—499年）统治时期与494年都城自平城迁往洛阳

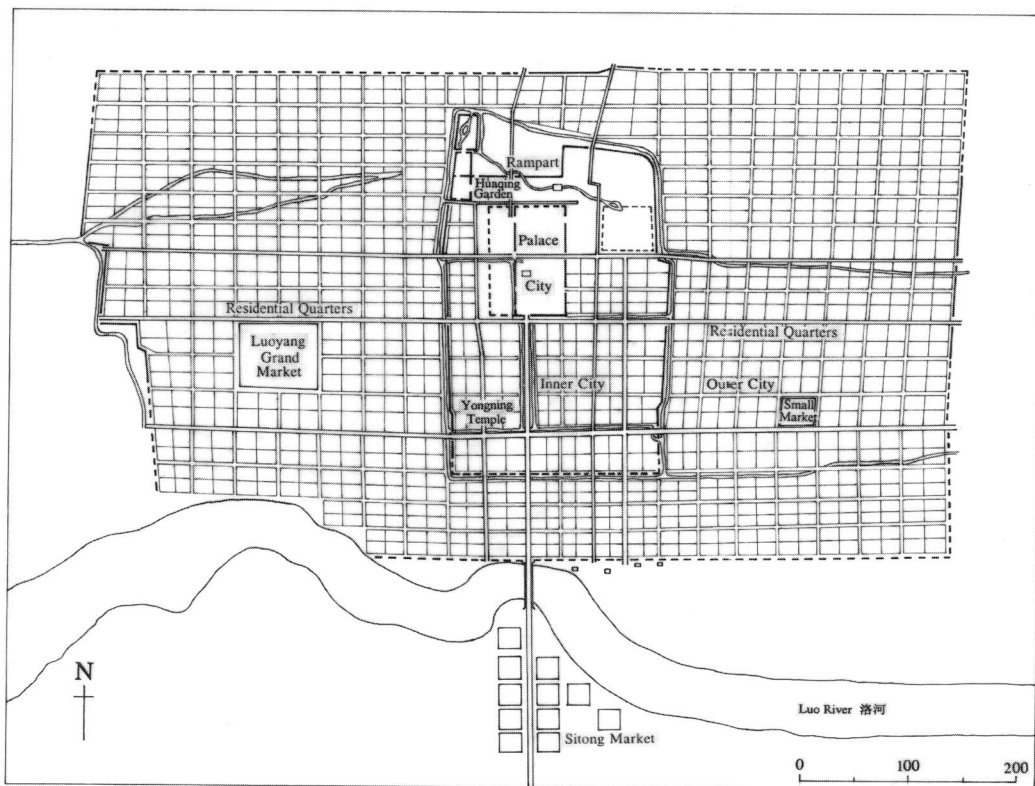

图22 北魏洛阳城平面

后达到顶峰。北魏新都洛阳在许多方面，尤其是501年后修建了一道包绕220座里坊的外城墙后，或可视为未来隋唐都城的前身（图22），稍后我们将更仔细地考察这座都城。汉化与迁都至中国腹地洛阳，使拓跋统治贵族与驻守北部边疆的军队和部族之间产生了裂痕，后者仍然保持着游牧的生活方式。

524年，脆弱的和平再次被叛乱所打破。接下来十数年间的内战使北魏最终在534年分裂成为两个部分，即东魏与西魏，数年之后它们分别成为北齐与北周。尽管这是一段混乱的时期，但6世纪的头30年对中国南方（梁朝统治下）和北方来说都可以视作黄金时代，期间商业经济复苏，宗教热情高涨。[209]在接下来的40多年里，北方内部及其与南方之间的战争频繁爆发，直到577年北周武帝再次统一北方。这为汉族将领杨坚，即隋朝开创者，于581年发动政变铺平了道路，当时北周统治权掌控在一个八岁的继位者手中。

南方的形势只是相对好些，纷争略少。316年西晋灭亡，皇族成员司马睿建立东晋，定都建康（南京的前身），并于317年称帝。在接下来的数十年间，东晋为收复北方失地而陷入无休止的战争中，最终在383年与前秦著名的淝水之战中达到高潮。远途征战连续不绝，直至420年东晋在内部权斗与民众起义中走向灭亡。刘宋（420—479年）、南齐（479—502年）、梁（502—557年）、陈（557—589年）等政权继之而起，它们合并称为南朝。在经历了大约30年的相对和平期后，刘宋政权在最后的十数年里充满了来自北方的入侵与宫廷内部的叛乱，和平只在梁朝建立后才再次出现。梁朝的和平状态持续了约50年之久，直至在与北方的战争中再次遭到严重破坏，最终梁朝被陈朝所取代。尽管陈朝曾试图恢复社会与经济秩序，但它又快速被隋文帝终结，后者在完成北方统一、建都长安后即率兵南下，时间是582年。

简而言之，在隋朝与其辉煌的汉朝前辈相隔的4个世纪里，中国最显著的特征是连年不断的战争，由此导致城市人口锐减，经济遭到严重破坏。艾伯华与费子智（C. P. Fitzgerald）将这段时期与紧随"罗马帝国崩溃"[210]后的时期联系起来，认为此时的中国"大部分特质接近欧洲历史上的黑暗时期"。[211]316年刘渊夺取长安后，发现这座城市当时只有不超过100户人家，"杂草荆棘丛生，仿若置身丛林，城市中只能找到4辆马车，官员们既无朝服也无官印，而是用桑木板刻上名字和品级加以替代"。[212]北方连年的战乱，特别是在拓跋魏政权建立之前，迫使许多人放弃饱受战争蹂躏的土地而到边缘区寻找安全的庇护所。有些人去了东北的南部，另一些人则去了淮河流域、长江中下游、浙江、福建与云南等地。幸亏北方移民的大量迁徙，南方人口才得以迅猛增长，尤其是南京以北的地区。这是南方发展的开端，它将在中国历史中变得越来越重要。[213]虽然北方地区，尤其是东北平原人口仍比南方稠密，但遭受战争摧残的都城长安及其周边直到隋朝统一前仍未完全恢复。因此，隋文帝在定都后将部分人口重新安置到长安地区以支撑都城运作与官僚贵族所需，也就不足为奇了。

这种将人口从一个地区迁往另一个地区的政策也与整个动荡时期特有的法家传统相契合。[214]在艾伯华所做的社会学分析中，他认为拓跋魏出现前的16个政权中仅有2个可被视作部落政权，即统治是以部落而非家族或个人为基础，剩下的则都属于军事政权，这些政权由个人组成，无须向部落效忠，但这些人都接受军事长官的领导。并且如谢和耐（Jacques Gernet）观察，这些政权与北魏，乃至就秦汉至隋唐时期整个中国西北地区而言，都具有法家传统的中央集权倾向，"据此，这些政权应在人口扩散及社会与经济组织中发挥积极的作用。"[215]这一倾向直到汉末在士族圈仍很明显，后来又在三国时魏国的中央集权和独裁政策下得到强化。由失地农民组成的准军事组织（屯田）的建立是为了增加农业生产，以使饱受战争蹂躏的政权能够维系一支庞大的战斗部队。与此同时，刑法也得到了加强。这些法家政策后来被北魏拓跋政权所沿袭，但"因草原战士的粗暴和严厉而变得更加恶化"。[216]

作为政权对人口、社会与经济事务进行控制的例子，5世纪上半叶北魏曾将数十万家庭从境内不同地方迁往都城平城及其周边地区。[217]在重新安置失地人口的努力中，为防止农民进一步迁移以及提高产量与赋税，北魏政权施行了均田制。这项制度使每个男女都有权获得一定数量的"露田"与"桑田"来维持生计，他们去世后"露田"被重新分配，"桑田"则由其儿子继承。这些土地上的产出都需要缴税（以谷物或蚕丝的形式），以此充盈国库。隋朝继承了均田制，甚至在唐朝上半叶、安禄山叛乱削弱朝廷前还在沿用。按照艾伯华的说法，新的土地制度带来的一个后果是社会阶层的合法固化。"良民"，即贵族与农民才是真正的公民，享有自由民的一切权利，并且这也"意味着人们被分成了许多等级——奴役、佃农、私仆与家奴等。每一等级都有对国家的义务、自己的法律，并且只能在同等级内通婚"。[218]法家政府实施相互监督的原则，即人们被组成守望相助的团体，并有揭发彼此罪行的义务。[219]农民被组织起来，形成了一个准军事化的层级结构，由向政府负责的人进行领导，"五户为邻，五邻为里，五里为党。"[220]

北齐与北周继承了北魏的大部分制度，它们为隋唐的崛起奠定了基础。另一项重要的制度——府兵制也在这一时期创建，即北周统治下的550年，它与拓跋部的早期实践有关。府兵制被描述为：

初置府兵，皆于六户中等以上，家有三丁者，选材力一人，免其身租庸调，郡守农隙教试阅。兵仗衣驮牛驴及粮粮旨蓄，六家共蓄，抚养训导，有如子弟，故能以寡克众。[221]

就社会与政治层面来讲，这些北方政权均由贵族掌控，官职被世袭精英所垄断，严格意义上来说他们只是效忠自己所在的社会阶层，而并非皇帝。门阀贵族不仅在朝堂上担任要职，同时还是拥有大片土地和极高声誉的地方望族。在这种环境下，皇帝的地位并不总是最稳固的，而往往是与他的官员及同辈拥有同等的社会地位。贵族与平民之间有严格的界分，并加以制度化。官职任命实施的是九品中正制，选官时每个州郡都会委派一名大中正，他依才干、德行与家族显赫程度将合适的人选划分为9个等级。[222]之后，所授予的职官品级逐渐固化世袭，并成为联姻的主要考虑因素。贵族谱牒也被编撰成册，其家族被免除赋役，官方的土地与税收政策也都保障着他们的经济利益。例如，孝文帝统治时期，官方曾颁布了一份包含汉与鲜卑两个民族的贵族名录，以此确保贵族阶层的合法地位。根据孝文帝划分的新体系，所有社会地位均可世袭[223]，这进一步加剧了贵族与平民之间的分裂。总之，隋唐以前中国最显著的特征是以贵族强权为根基，并具有高度分层的社会结构。[224]

等级森严的社会结构反过来又影响到城市的空间组织。北魏新都洛阳的区划制度反映了"当时社会的层级概念，并且很大程度上是基于统治阶层的需要与利益"。[225]城内两条垂直交叉的轴线组织着220座里坊（图22），与唐代都城不同，这些里坊最初并没有被城墙包裹。里坊每边长300步，与后来隋都城中的很相似。北魏洛阳沿南北轴线呈近似对称布局，宫城与内城以城套城的方式居于轴线上。宫城位于东西向轴线的北侧，这条轴线将城市划分成南北两个部分，两座市场对称地布置在轴线以南的内城两侧。第三座市场位于靠近中轴线更南边的地方，城市北侧相应专门用来布置宫城与御花园。城内其余部分还有

14座衙署、9座寺院及8座有记录的里坊，这些里坊主要是官员与贵族的居住区，城外也有专为统治阶层划定的区域。普通百姓主要住在内城外侧的里坊中，里坊的构成取决于其居民的社会地位。[226]因此，贵族和官员分配的里坊与工匠、商人、投降的南方汉人、外族人等有所不同，这营造出一种氛围，即身处其中的居民，无论贵族还是其他人都能强烈意识到自己所处的社会地位。许多情况下，被征服土地上的贵族耻于与异族或是被征服的民众住在同一里坊中，他们会向朝廷请求搬到其他地方去。甚至普通百姓也能感受到某些里坊的羞耻意味，为此还编唱了如下的歌谣：

洛城东北上商里，殷之顽民昔所止。今日百姓造瓮子，人皆弃去住者耻。[227]

在北魏洛阳，里坊的社会区分并不是新鲜事，旧都平城的状况就与之类似，那里官员与百姓的居住区也是有分别的，甚至工匠、店主、屠夫、酿酒者等都有自己的居住区。在这些城市中，严格的社会分层通过将人口隔离在他们各自的里坊中得到反映与强化。[228]因此，北魏洛阳在很多方面，特别是在501年修建了环绕220座里坊的外城墙后，可以被视作未来隋唐都城的前身。统治者为削弱门阀贵族势力的政治举措在隋朝已经开始，这或许可以解释隋唐都城居住区的社会构成为何会逐渐放松。

1.7
法家贵族的城市

如果说我对隋朝建立之前这段时期作了详尽的论述，那就是要刻画一段战争频仍的漫长岁月。在此期间，各政权对其民众实施严格的管控，不断征召，甚至奴役他们参加战争，或者为了朝廷利益打发他们到新开垦的边疆开拓耕种。这也提供了一个背景，借此我们可以更好地洞察和理解隋朝开国皇帝的行为以及新都长安的意义。

隋文帝于581年篡夺皇位，当时他继承了北魏许多汉化的贵族制度，这些制度深受法家哲学的影响，关注的是社会功能组织及个人在社会层级结构中的必要性。[229]隋与初唐虽然抨击这些制度中的某些关键要素，如废除九品中正制、采取削弱贵族势力的措施等，但它们的行政体系也都汲取并进一步完善了这套基本制度的许多方面。因此，隋与初唐虽被认为是真正的中国社会，但它们最初在很大程度上是建立在西魏与北周的政治、社会、民族与文化基础之上的。[230]

尤其是隋朝，其显著特征是拥有强权统治，对法家哲学情有独钟。宰相高颎（555—607年），用芮沃寿的话来说"是一位有治国才能的实干家"，而不是"一位博学的儒家学者"，他的专制政策使人想起那些伟大的法家政治家。[231]在高颎的影响下，儒家学者被持有法家观点的人所取代，后者支持一切可能强化中央集权的举措。[232]隋文帝统治下的民众是这样一些人，他们在经历了数个世纪的动荡不安后，对统治者在人口迁徙与社会经济组织上的干涉早已习以为常。对他们而言，北朝都城中里坊的社会与功能隔离仍记忆犹新，因此长安、洛阳和其他城市严格的控制制度以及对民众的严厉监管都相当平常，如果说前后两者有什么不同的话，可能就是后者的社会隔离有所放松。即便是对初唐的民众来说，动荡年代的不安定仍使他们心有余悸，因此封闭里坊及其时空限制相较于能享有的和平稳定来说根本不值一提。除此之外，封闭里坊体系与宵禁制度到这个时候已在中国施行了800年之久，至少从秦朝就已经开始（前221—前207年），只不过"坊"当时被称作"里"。[233]秦始皇暴政时期"里"的体系就在发挥作用，甚至比后来的"坊"更具有压迫性，如每"里"只许开一门。[234]民众由此被牢牢控制在"里"中，极易征召入伍。严苛的闾里制度源起于秦朝激进的法家，后来虽逐渐放松，但之后朝代仍沿用这一制度中的要义作为控制人口的工具。

南北朝时期，经济活动水平大幅下降。特别是在北方，无休止的残酷战争对经济造成了严重冲击。贵金属都被用来制造战争武器，钱币变得稀缺，汉朝实行的货币经济部分倒退为"自然经济"，即以货易货，如用谷物和丝绸支付酬金。[235]农业是生产中最重要的部分，这是因为所征收的实物税对稳固政权和维持大规模战斗力至为关键。无论是三国的屯田制还是拓跋魏的均田制，其目的都是为遏制人口的大量迁移，以此来增加粮食供给。在相对平稳的6世纪里，虽然中国南北方的商业活动都有所恢复，但隋与初唐仍将商业限定在足够小的范围内，以使朝廷便于控制和监管。

595年，即统一中国后不久，隋文帝在泰山封禅返程中于汴州（今开封）停留，当时这座城市极为繁华。[236]城内商业活动异常活跃，人们拆掉坊墙，以便可以直接通往城市道路（很可能是店面经营需要）。隋文帝被眼前的繁荣及其"肆无忌惮"的扩散所激怒，他封令狐熙为汴州刺史，责令其立即着手处理这一状况。令狐一到任，即严禁百姓游手好闲、不劳而食，抑制商业和手工业，堵塞非法开凿的坊门，重新安置城外居住的船户，并强令北方流民返回他们自己的土地。[237]这一事件再次表明当时官方对商业的抵制态度以及政府对人口的严格管控。

如果上述对汴州的繁荣及其明显失序状态的描述是准确的，那么这种状况的出现很可能归结于以下几个原因：首先，在北魏相对稳定的统治下，地处南北水路交通动脉沿线的位置助力了汴州的成长。这一成长持续进行，特别是它在先北齐后北周统治下擢升为州城以后。其次，伴随6世纪初商业经济的觉醒与中国南方的日益繁荣，南北方之间的贸易推动了汴州的进一步发展，并吸引了来自全国各地的流民。最后，汴州与都城长安的朝廷距离遥遥，加之以前北魏过于关注战争和王权争夺而导致中央控制衰弱，从而使这座城市在肆无忌惮的发展早期未能受到遏制。不过，一旦强大的中央集权建立，如隋朝这般，市场活动就会很快受到控制，并朝着符合朝廷利益的方向改变。经济活动被视为无法避免的罪恶，因为它对朝廷及国家附庸的供应而言仍然是不可或缺的。

然而，过于活跃的市场体系只会分散人们的注意力，使他们无暇顾及田间劳作。毕竟，对渴望供养大规模兵力以维系霸权以及主要依靠农业征税的国家来说，农耕仍是首要考虑的问题。除后勤供应的重要性，耕种土地所需的宝贵劳力已经因征兵和徭役而数量锐减，因此绝不能再因商业的介入而进一步流失。与地域流动性强的商人（以及其他不受欢迎的行业）相反，农民与土地是捆绑在一起的，数量容易统计，这为国家征召徭役与兵力提供了基础。[238]隋与初唐均实施严格的市场制度，这或许正反映了当时朝廷关注农业这一事实。更进一步的证据是，牲畜和奴隶的买卖都受到严格监管，因为它们对军事和农业来说也是重要的因素。此外，商人也被视为一种不安定的因素，他们可能会通过财富替代成就的方式扰乱稳定的社会秩序。汉唐时期，朝廷采取各种措施将商人的活动限制在官方许可的市场中，并颁布法律阻止他们通过官场向社会上层流动。

本章虽以"唐代城市"为名，但不应把唐代城市看作隋唐统治者在城市规划方面推动的新起点。事实上，从王朝角度谈论城市体系的历史极易忽略这一点。虽然王朝由开国皇帝及其支持者所创立，王朝历史也建立在政治事件之上，但城市体系是由长期受政治、社会、经济、宗教与文化观念制约的民众所创建的。并且，这种体系很少是一蹴而就的。虽然剧烈的政治事件确实会导致更广泛的社会、经济、文化环境的改变及随之而来的世界观的变革，这些变化接下来也会影响我们对环境的营建，但仅仅基于王朝视角审视城市，就会忽略那些连续性的重要因素，同时也会忽略那些可能发生在王朝内部意义深远的变化。事实上，王朝的前缀只是方便的人为指示，它有助于我们在连续的时间轴上定位城市及其变化。

因此，城市历史及其变化可以被看作更大背景环境中的条件与观念变迁的表现。它不应仅仅被视作一小部分睿智思想家或杰出作家的学说和观念的反映，也应被视为普通大众集体观念的结晶。这种对广泛条件与理念的关注，自然引导人们将城市作为有意义的容器、而非抽象形式加以研究。

如果将城市只当作一种抽象的形式布局，将城市历史仅看作这种形式类型的演变，仅强调其内在逻辑而脱离导致其产生的最初条件与观念，那么我们就会错失对理解这些城市极为重要的潜在内涵。不过，正如保罗·惠特利所言，"在导致城市形式出现的社会、经济、政治变迁的关系中，是否能找到某个单一的、自主的诱发因素是令人怀疑的，但某个因素在城市形式产生中确实起到主导作用。无论社会组织中的结构性变化是由商业、战争还是技术引起的，要想实现永久制度化，它们都需通过某种权威手段来认可。"[239]

　　就隋与初唐城市而言，权力工具是非常明确的，至少在安禄山叛乱之前（755—763年）如此，朝廷对空间生产具有绝对的控制作用。一旦理解了隋唐创立之前的条件与理念，就不会对长安与洛阳的网格平面及其严格控制感到意外。事实上，长安与洛阳可能不应当仅仅被视作城市，还应该是某种更模糊的东西，也许是由半自治、戒备森严的城镇或堡垒组成的坚固集合体，抑或是由空旷警戒道路分隔的营地。这些城市不是中国城市规划史中的创新或新起点，它们建立在北魏高度层级化的社会、文化与政治基础之上，应当被看作是北魏洛阳城在创建时就已启动的进程中一次更为成熟的表现。

注释

1　　苏莱曼（Al-Sirafi），阿布扎伊德·哈桑·亚兹德（Abu Zayd Hasan bin Yazid），《苏莱曼东游记》（又名《中国与印度见闻录》），由尤西比乌（Eusebius Renandot）翻译自阿拉伯文（伦敦：S. Harding，1733），59页。在另一个版本中，即雷诺（M. Reinauld）先生用法文撰写的《9世纪阿拉伯人与波斯人在印度和中国的航行关系》（巴黎，1845），附雷诺先生译本，第2卷，89-90页，法文版的描述略微有些不同（不同部分如下）：我们向伊本·瓦哈卜询问了皇帝居住的都城及它的布局状况，他向我们介绍了这座城市的规模与人口数量。他告诉我们，这座城市分成两个部分，中间有一条又长又宽的道路相隔。皇帝、大臣、军队、宫廷宦官及所有负责政府事务的人都占据着城市的东部，即街道右侧。那里没有普通人，也没有类似市场的东西。街道旁溪流纵横、绿树成荫，还建有许多旅馆。左边靠近日落那一侧，是为普通百姓、商人、商店和市场设计的。清晨天刚蒙蒙亮，人们就会看到皇宫的使臣、宫廷的仆从、将军的佣人及他们的代理人或步行或骑马进入城市这部分区域，为他们的主人采买食物和一切必需品，之后他们就返回。直到第二天早上，再也没有人看到他们在城市的这部分出现。

2　　755—763年，在安禄山叛乱过后，唐朝既没有重现往日辉煌，也没能恢复之前对国内外无可争议的政治控制，后来的唐朝皇帝试图重新掌控中央集权的努力往往也都徒劳无功，而强权藩镇又极大地削弱了已身陷巨大经济危机中的皇权。与此同时，外部势力日益崛起，如吐蕃、南朝、西域等，它们的不断侵入对唐朝政权构成了严重的威胁。罗伯特·萨默斯（Robert M. Somers），《唐朝之灭亡》，载于《剑桥中国隋唐史：589—906年》，《剑桥中国史》（剑桥：剑桥大学出版社，1979），第3卷第一部分，崔瑞德与费正清（John K. Fairbank）主编，683-789页；王赓武，《五代时期北方中国的权力结构》（斯坦福：斯坦福大学出版社，1967），7-46页。

3　　何炳棣，《495—534年的洛阳：大都市区域的物质与社会经济规划研究》，载于《哈佛亚洲研究杂志》，26（1966）：52-101页。在书中，他将长安30平方英里（约77.7平方公里）左右的城内面积分别与罗马奥雷利亚城5.28平方英里（约13.7平方公里）

以及447年君士坦丁堡城4.63平方英里（约12平方公里）进行了比较。即便是巴格达这座当时中国以外最大的城市，它的面积也仅有11.6平方英里（约30平方公里），其中城内面积为1.75平方英里（约4.5平方公里）。

4   宋敏求（1019—1079年），《长安志》，载于《宋元方志丛刊》（北京：中华书局，1990），第1卷，第7章，5a页。大兴是杨坚称帝之前的封地名称。

5   宿白，《隋唐长安城和洛阳城》，载于《考古》，第6期（1978）：409页。

6   芮沃寿，《隋朝意识形态的形成：581—604年》，载于《中国的思想与制度》（芝加哥：芝加哥大学出版社，1957），费正清主编，71-104页。

7   《论语》（为政篇），见钱穆《论语新解》（成都：巴蜀书社，1958），20页；另见赵立瀛《论唐长安的规划思想及其历史评价》，载于《建筑师》，第29期（1988.6）：41-50页，以及尚民杰《隋唐长安城的设计思想与隋唐政治》，载于《人文杂志》，第1期（1991）：90-94页。

8   芮沃寿，《中国城市的宇宙观》，载于《中华帝国晚期的城市》（斯坦福：斯坦福大学出版社，1977），施坚雅（G. William Skinner）主编，56页。

9   根据中国人早期的宇宙观，东、西、南、北4个方位与符号、颜色、季节及五行要素有关。具体来说，北方与玄武、冬季及水有关，南方与朱雀、夏季及火有关，西方与白虎、秋季及金有关，东方与青龙、春天及木有关。人站立在四方中间，扎根于黄土之上。早期城门的命名反映了中国人对主城门与宇宙特性相对应的关注。因此，长安东侧的主城门称春明门，西侧主城门称金光门。

10   芮沃寿在《中国城市的宇宙观》第60页认为，虽然宇宙观在长安规划中具有明显的权威性，但它的影响是有限的。一旦要在两者间进行必要的选择，诸如便利、功能分区与方便治理等实用性考量都会优先于象征的表达。

11   然而，洛阳与长安两座城市之间黄河沿岸的漕运乏善可陈。在唐代的饥荒年间，整个朝廷都会从长安迁往洛阳。在这段艰难的旅程中，一些年老体弱的官员会随时丧命，高宗与玄宗统治时期，这样的事情曾分别发生过7次与5次。见徐苹芳《唐代两京的政治、经济和文化生活》，载于《考古》，第6期（1982）：647-656页、648页。

12   对所谓的对称性持有两种观点，傅熹年与贺业钜都不认为城市是沿中轴对称规划出来的。贺业钜认为城市构成本就像现在一样完整平衡，《中国古代城市规划史》（北京：中国建筑工业出版社，1996），494页；傅熹年认为城市非对称布局是由于当地地理条件以及希望洛河能穿城而过的愿望所造成的，《隋唐长安洛阳城规划手法的探讨》，载于《文物》，第3期（1995）：48-63页。

13   吴良镛，《中国古代城市规划简史》（卡塞尔：卡塞尔综合性大学图书馆，1986），38页。所谓的伊阙只是洛阳南部香山（东山）与龙门山（西山）相向而立所形成的一个缺口，伊水自中间流过。

14   这比明长安城墙内（现代西安）面积的7.5倍还多，今天这些明代城墙依然留存；见《唐长安考古简报》，载于《考古》，第11期（1963）：595-611页。

15   关于唐长安城南的论述，见徐松（1781—1848年）《唐两京城坊考》（1848；再版，北京：中华书局，1985），第2章，37页。李之勤，《西安古代户口数目评议》，载于《西北大学学报》，第2期（1984）：45-51页，他保守估计唐长安的人口约为50万或是更少（48页）。

16 220米是考古队能够探测到的尺度，见《唐长安考古简报》，599页。早期记载显示的尺寸是300步即441米，见《长安志》，第7章，1b页。

17 宫城最初位于城市的端部，那里也是长安城地势最低的地方，如何防止沟渠中的水倒灌进宫殿区肯定是个问题。根据今天的地形推测，南部明德门与北部宫城之间的高差应该有15米左右。由于地势太低，宫城前的兴道坊在水灾中屡屡遭到严重破坏。720年6月21日夜晚，一场大雨过后，"京城兴道坊一夜陷为池，一坊五百余家俱失"；见吴庆洲《中国古代城市防洪研究》（北京：中国建筑工业出版社，1995），104页。

18 含元殿与麟德殿的遗址已经探明，见马得志《唐大明宫发掘简报》，载于《考古》，第6期（1959）：296-301页；刘致平与傅熹年，《麟德殿复原的初步研究》，载于《考古》，第7期（1963）：385-402页；傅熹年，《唐长安大明宫含元殿原状的探讨》，载于《文物》，第7期（1973）：30-48页。另见夏南悉《中国传统建筑》（纽约：华美协进社，1984），91-100页。

19 这座里坊最初称为隆庆坊，是武则天统治时期年轻皇子李隆基（后来的玄宗）与其他4位皇子居住的地方，712年李隆基登基后将其更名为兴庆坊。714年，他在里坊中的宅邸开始陆续被改造为宫殿。726年宫殿范围向北拓展，并超出原来的坊界，占据了永嘉坊的南半部。从728年开始，玄宗就在这里临朝。见马得志与马洪路《唐代长安宫廷史话》（北京：新华出版社，1994），223-233页；另见郑世香（Saehyang P. Chung）《兴庆宫：玄宗皇帝行宫平面布局的一些新发现》，载于《亚洲艺术档案》，44（1991）：51-67页。

20 任何人都不得登高窥视宫城与皇城，否则将被判处一年监禁；同样，翻越皇城城墙将被判处3年监禁，而翻越宫城城墙则会被流放3000里。见张永禄《唐代长安城坊里管理制度》，载于《人文杂志》，第3期（1981）：85-88页。

21 含嘉仓是由250多座粮窖组成的坚固城池，占地面积约42万平方米，其中大部分建于武则天统治时期。见《洛阳隋唐含嘉仓的发掘》，载于《文物》，第3期（1973）：49-62页；余扶危与贺官保，《隋唐东都含嘉仓》（北京：文物出版社，1982）。

22 苏健，《洛阳古都史》（北京：文博书社，1989），241页；芮沃寿《隋朝》，载于《剑桥中国史》第3卷，49-149页。

23 后世学者的研究主要包括宋代宋敏求（1019—1079年）所撰的《长安志》、清代徐松（1781—1848年）历时40年直到1848年去世前不久才完成的《唐两京城坊考》。关于这两座都城更多最新的研究成果都列在注释与参考文献中。叶骁军提供了一份与唐长安研究有关的珍贵书目，《中国都城研究文献索引》（兰州：兰州大学出版社，1988），9-23页。

24 苏莱曼，《苏莱曼东游记》，51-52页。

25 唐朝屋顶的颜色呈深灰色或是黑色，柱子被漆成暗红色，墙面则是白色的，见祁英涛《怎样鉴定古建筑》（北京：文物出版社，1981）。伊本·瓦哈卜很可能是从东面抵达的，并通过春明门入城，像圆仁在840年8月那样；赖肖尔（Edwin O. Reischauer）翻译，《圆仁的入唐之旅》（纽约：罗纳德新闻公司，1955），283页。

26 长安的山清晰可见，并出现在众多有关长安的诗句中。例如，白居易在815年写给元稹的一首长诗中就描述了他在都城中的闲暇时光，"归来昭国里，人卧马歇鞍。却睡至日午，起坐心浩然。况当好时节，雨后清和天。柿树绿阴合，王家庭院宽。瓶中鄠县酒，墙上终南山。独眠仍独坐，开襟当风前"；见霍华德·西摩·莱维（Howard S. Levy）《英译白居易全集》（纽约：佳作书局，1971），第1卷，46页。

27 除佛塔外，宫城内外还有许多其他多层建筑。《唐两京城坊考》第65页就提及太尉李晟宅内有一座多层小楼，从那里可以望见四周邻舍的房子。

28 马得志，《唐长安与洛阳》，载于《考古》，第6期（1982）：640页。

29 傅熹年，《唐长安明德门原状的探讨》，载于《考古》，第6期（1977）：409-412页；《唐长安明德门遗址发掘简报》，载于《考古》，第1期（1974）。

30 在《长安志》第7章5b页中，将城墙高度描述为1丈8尺或18尺，约为5.3米。在唐代建筑中，1尺相当于0.2956米；见万国鼎《唐尺考》，载于《中国古代度量衡论文集》（郑州：郑州古籍出版社，1990），119页。

31 《唐六典》，第25章，9a-13a页。

32 《唐代长安词典》，142页；《唐六典》，第25章。

33 面朝南方，明德门左边门道用于进城，右边门道用于出城；见《唐六典》，第25章12a页。这些门道宽度约为5米，长度约为18.5米；见赵立瀛主编《陕西古建筑》（西安：陕西人民出版社，1992），81-137页，该书全面描述了唐长安的考古发现。

34 根据考古发掘，这条道路的宽度有39米，接下去的另一条为59米，等等；见《唐长安考古简报》，第600页。不过，当时文献将14条东西大道的宽度划分为3个等级：100步、60步与47步，分别约等于147米、88.2米、69米。

35 果树种植的命令颁布于740年，见王溥（922—982年）编撰的《唐会要》（上海：上海古籍出版社，1991），第86章，1846页。

36 沿街种树的命令至少颁布过3次，即740年、763年和766年；见《唐会要》，第86章，1867页。

37 《唐两京城坊考》，129页。

38 《长安志》，第7章，8b-9a页。

39 《唐两京城坊考》，39页；《长安志》，第7章，9a页。

40 曹尔琴，《唐代长安城的里坊》，载于《人文科学杂志》，第2期（1981）：85页。

41 《唐两京城坊考》，96页；《长安志》，第9章，8a页。

42 《唐两京城坊考》，39页；《长安志》，第7章，8b页。

43 赖肖尔，《圆仁的入唐之旅》，298页。20万的数字可能有些夸大，但可以肯定的是，皇帝出行一定有庞大的仪仗护卫与兵士陪同。

44 见徐苹芳《唐代两京的政治、经济和文化生活》649页，作者引用了李昉（925—996年）于978年编纂完成的《太平广记》（北京：中华书局，1961），第49章，307页。

45 《苏莱曼东游记》，49页。

46 《唐两京城坊考》，38页；《长安志》，第7章，8a页。

47 《长安志》，第9章，7b页；《唐两京城坊考》，95页。唐太宗决定搬迁宫城时，他选择在龙首原第一高地上建造了新的大明宫。

48 《唐代长安词典》，360页。

49 亚历山大·索珀（Alexander Soper），《唐长安寺庙一瞥：段成式的〈寺塔记〉》，载于《亚洲艺术档案》23，第1期（1960）：15–40页。

50 《长安志》，第9章，7b–8a页；《唐两京城坊考》，95页。

51 《唐两京城坊考》，95页。不过，刘禹锡告诉我们，805–815年的某个时候那里种植的树木被野生麦子和蔬菜所取代，因为828年他自外地返京时看到了这些变化；见薛爱华（E. H. Schafer），《长安最后的日子》，151页；《唐两京城坊考》，95页；《长安志》，第9章，7a页。

52 《唐两京城坊考》，35–36页；《长安志》，第7章，7a–b页

53 有的人说是13层；见中国科学院自然科学史研究所编《中国古代建筑技术史》（北京：科学出版社，1985），194页。英译本出版于1986年。

54 7世纪中叶，玄奘最先建造的是一座小规模的5层佛塔，后来武则天在701年对其进行了修缮与加固，并改建为7层。《长安志》第8章8b页给出的佛塔高度是300唐尺，相当于88.6米。

55 《唐两京城坊考》，68页。

56 亚历山大·索珀，《唐长安寺庙一瞥》。

57 《长安志》第9章6b页所给出的这些佛塔高度为130唐尺，后来的《唐两京城坊考》第93页在抄写这一条目时错写成了130丈，是原来高度的10倍。

58 《长安志》第6章1a页将此作为宫城城墙的高度。由于宫城与皇城是直接相连的，因此后者城墙的高度可能与宫城相同。

59 不过大部分仪典都在丹凤楼举行，即大明宫南侧丹凤门上的城楼；见赖肖尔《圆仁的入唐之旅》298与316。丹凤门前方的一段道路宽约120步（考古探测为176米），甚至比朱雀大街还要宽；见《唐长安考古简报》608页。

60 萧默，《敦煌建筑研究》（北京：文物出版社，1989），110页。

61 《唐两京城坊考》，129页。

62 《唐会要》，1894页。

63 《唐两京城坊考》，129页。

64 《唐两京城坊考》，128页。

65 《唐两京城坊考》，129页；王建（768—830年），《春日五门西望》，载于《全唐诗稿本》，影印本（台北：联经出版社，1979），第45章，122页。

66 《唐长安考古简报》，600页；根据《长安志》记载，这条道路甚至要更宽些，达到100步，约为147米。

67 《苏莱曼东游记》，52页。

68 《唐两京城坊考》，75页。

69 妹尾达彦（Seo Tatsuhiko），《隋唐两代长安城市体系》，载于《亚洲历史城市》（吉隆坡：马来西亚国家出版社，1985），默罕默德·阿卜杜尔·贾巴尔·贝格（M. A. J. Beg）主编，159–200页，这里他还将长安区分为功能性区域与社会性区域。

70 《唐两京城坊考》，9–16页。这里的"十二街"（5条南北向，7条东西向）有时也用来指代长安。见注释84和白居易的诗。

71　《唐两京城坊考》，40页。

72　《唐两京城坊考》，96—97页。

73　《唐两京城坊考》，104—105页。

74　《唐两京城坊考》，117页。

75　《唐两京城坊考》，104—106页；其中一座佛寺在710—711年被废弃。据同时代韦述的《两京新记》记载，713—741年长安城中有64座佛寺、27座佛修院、10座道观、6座尼寺、2座波斯教寺以及4座祆教庙宇。后来的《唐两京城坊考》则共列出81座佛寺、26座佛修院和30座道观。

76　史念海《西安历史地图集》（西安：西安地图出版社，1996）第95页列出了15家客栈、酒馆以及为旅行者提供膳宿和货物储藏的场所，《唐两京城坊考》中所列的一些地点并没有出现在这15家当中，例如布政坊的一家就未在其中。

77　《秋兴八首》，载于《晚唐诗选》（伦敦：企鹅图书，1965），葛瑞汉（A. G. Graham）翻译，53页。

78　《唐长安考古简报》，600页。

79　在这里，我将"街"翻译为"大道"，以区别于那些较窄的路、街与巷。

80　只有最南边那条东西向主街的尺度要明显小一些，可即便如此，它的宽度仍然达到了夸张的55米。《唐长安考古简报》，600页。

81　《唐长安考古简报》，602—603页。

82　《唐会要》，第86章，1876页。

83　城市饮用水主要来自里坊内挖掘的水井；见《唐代长安城安定坊发掘记》，载于《考古》，第4期（1989）：319—323页，其中就有发现两口水井的详细信息。

84　亚瑟·威利翻译，《中国诗170首》（纽约：艾尔弗雷德·A.克诺夫公司，1919），163页。

85　唐诗中经常提及泥泞的道路，如白居易所写"归骑纷纷满九衢，放朝三日为泥涂"；见霍华德·西摩·莱维，《英译白居易全集》（纽约：佳作书局，1971），第2卷，46页。关于白沙堤，见平冈武夫（Hiraoka Takeo）《长安与洛阳（地图）》（西安：陕西人民出版社，1957），杨励三译，17—18页。

86　《长安志》第8章11a—b页有关于东市的描述，第10章7a页有关于西市的描述。

87　崔瑞德，《晚唐的商人、贸易与政府》，载于《亚洲专刊》，14（1968.9）：63—95页、70页。

88　600唐步相当于909米。另见足立喜六（Adachi Kiroku）《长安史迹研究》（东京：东洋文库出版社，1933）第2卷，或《长安史迹考》（上海：商务印书馆，1935），杨炼翻译。实际考古发掘显示，东市面积为1000米×924米，西市面积为1031米×927米；见《唐长安考古简报》，605页。

89　东市的坊墙要相对厚一些，在6～8米；见《唐长安考古简报》607页。

90　西市考古发掘显示，其范围内的车辙宽度约为1.35米；见《唐长安考古简报》，606页。

91　西市内这条道路的宽度约为14米，见《唐长安考古简报》，605页。

92　在东市，这些道路的宽度约为西市的两倍，接近30米，因此市场内并不拥挤；见《唐长安考古简报》，607页。

93　考古发掘表明，初唐时期这些排水沟都比较窄，内衬木板，并用木杆固定；见《唐长安考古简报》，606页。

94　《唐长安考古简报》，606页。

95　这些店铺的面宽分别为4米和10米，见《唐长安考古简报》，606页；马得志，《唐长安与洛阳》，643页。

96　《长安志》，第8章，11b页。在这种情况下，我所说的"行"是指从事相同贸易的店铺聚集而成的街道或街区，虽然唐宋时期商人的组织也以"行"来命名。关于"行"的详细讨论，见加藤繁（Kato Shigeshi）《中国的商业组织"行"及唐宋时期的商社制度》，载于《东洋文库研究部欧文纪要》8（东京：东洋文库，1936）。

97　印刷业在东市开始发展，见宿白《隋唐长安与洛阳》，载于《考古》，第6期（1978）：417页。

98　崔瑞德，《唐代市场制度》，载于《亚洲专刊》12，第2期（1966）：209页；另见段成式《剑侠传》第1章《车中女子》，其中他提到了干净整洁的小巷。

99　《唐会要》，第86章，1867页和1874页。

100　加藤繁，《中国的商业组织"行"及唐宋时期的商社制度》，53页。

101　赖肖尔，《圆仁的入唐之旅》，333页；另见加藤繁《中国的商业组织"行"及唐宋时期的商社制度》，50页；另见《唐会要》，第44章，923页。

102　夏南悉在《中国皇城规划》第90页中认为这是成都街道的画像砖。其他学者，如吴良镛、赵立瀛等人都将其解读为汉代的市场，这可能是因为它与后来元代李好文《长安志图》卷三8b页上所绘的长安市场非常相似，该书载于《宋元方志丛刊》第1卷。

103　关于唐代仓库的细节，见加藤繁《唐宋时期的仓库》，载于《中国经济史考证》（北京：商务印书馆，1959），吴杰翻译，370-385页。

104　李昉编纂《太平广记》，第243章"窦义"，1877页；第220章"王布"，1691-1692页。

105　加藤繁《柜坊考》，载于《中国经济史考证》（北京：商务印书馆，1959），吴杰翻译，395-412页。

106　崔瑞德，《唐代市场制度》，211页和217页。

107　考古发掘显示，西市的东南部还有一处放生池，开凿于701—705年；见宿白《隋唐长安城与洛阳城》，417页。

108　大些的池塘东西宽约180米、南北长约160米，小些的池塘宽约70米；见《唐长安考古简报》，607页。文献记载显示一座叫资圣寺的佛寺也建在东市中；见《唐两京城坊考》，75页。

109　799年，一场大火摧毁了西市，许多人在这场灾难中丧生；835年，又有一场大火在西市肆虐；见《唐会要》，第44章，922-923页。

110　崔瑞德，《唐代市场制度》，217页；《长安志》，第10章，7a页。有记载显示，某次行刑是在东市内靠近资圣寺西侧的斜坡上进行的；见《唐两京城坊考》，75与118页。

111　长安城东半部的人口数量要少于西半部；见《长安志》，第8章，11b页。

112　对商业活动的蔑视是如此明显，以至于任何与商业活动有关的接触都被认为是不体面的；见《唐会要》，第86章，1873页。

113　关于西市物质环境方面的细节见庄锦清的《唐长安西市遗址发掘》，载于《考古》，第5期（1961）：248-250页。

114 崔瑞德，《晚唐的商人、贸易与政府》，68-70页；《唐六典》，第20章（太府寺），5b页；《长安史迹考》，122页。在汉代画像砖中，立于中央十字路口的2层建筑很可能是市场的管理机构。

115 崔瑞德，《唐代市场制度》，210页。

116 崔瑞德，《唐代市场制度》，218页。

117 《唐会要》，第86章，1874页。

118 《长安志》，第7章，12b页。

119 《唐两京城坊考》，第1章，30页。

120 王才强，《唐代市场内的意志较量》，载于《东南亚建筑杂志》，1（1996.9）：92-104页。

121 宿白，《唐代长安城与洛阳城》，417-418页。

122 宿白，《唐代长安城与洛阳城》，418页。

123 赖肖尔，《圆仁的入唐之旅》，350页。

124 唐代一贯钱包含1000枚铜钱，每个铜钱中间有一个孔洞，可以用绳子将它们串在一起。

125 《太平广记》第243章，"窦义"条目下，1877页。

126 实际的考古发掘显示，城市中轴线两侧里坊的真实尺寸为500～590米（宽）×558～700米（长），宫城两侧里坊的尺寸为660～883米（宽）×1020～1125米（长），其余里坊介于这两者之间，为500～590米（宽）×1020～1125米（长）；见崔瑞德《晚唐的商人、贸易与政府》，603-605页。

127 《唐律疏议》（商务印书馆，丛书集成初编，1939），第8章（卫禁下），179页；另见贺邺钜《中国古代城市规划史论丛》（北京：中国建筑工业出版社，1986），206页。

128 《唐律疏议》，第8章，179页；另见崔瑞德《唐代市场制度》，载于《亚洲专刊》第12卷，第2期（1966）：202-243页。

129 《唐代长安辞典》，142页；《唐六典》，第25章。

130 权德舆，《送李城门罢官归嵩阳》，载于《全唐诗》，第24章，3638页。

131 都城监控的段落由白乐日（Etienne Balazs）译；见白乐日《中国的文明与官僚制度》（纽黑文：耶鲁大学出版社，1964），69页。罗伯特·德·罗图尔（Robert Des Rotours），《士兵与军队条约》（荷兰博睿出版社，1947—1948年），536-537页。

132 白乐日，《中国的文明与官僚制度》，69页；另见张永禄《唐长安坊里管理制度》，载于《人文杂志》，第3期（1981）：85-88页。

133 霍华德·西摩·莱维，《英译白居易全集》（纽约：佳作书局，1971）第1卷，35页。诗人栩栩如生地描绘了长安清晨的景象与声音：车马、骑兵的火把、街头的鼓声、泥土路面升起的尘土，等等。

134 坊墙由泥土夯筑而成，其底部墙基厚度达到2.5～3米。

135 赖肖尔，《圆仁的入唐之旅》，311页。

136 关于"坊"的词源，见白乐日《中国的文明与官僚制度》，69页。

137 见《唐会要》831年的法令，第86章，1837页，其中特别阐明坊墙与犯罪之间的联系。

138 刘昫（887—946年），《旧唐书》（上海：中华书局，1975），第2章，1825页；见宫崎市定（Miyazaki Ichisada）《汉代的里制与唐代的坊制》，载于《东洋史研究》21，第3

期（1962）：271-294页；赵超，《也说唐代的坊》，载于《文史知识》，第7期（1991）：52-58页。

139　《唐两京城坊考》，51页。

140　《唐两京城坊考》，50和52页；另见孙棨《北里志》；白行简（775—826年）《李娃传》，载于《中国古典小说鉴赏词典》（北京：中国希望出版社，1989），289-295页。

141　《唐两京城坊考》，55-57页。

142　《唐两京城坊考》，103页。

143　两座波斯庙宇一座属于摩尼教，一座属于景教，另外4座为拜火教庙宇，供奉伊朗神阿胡拉·玛兹达（Ahura Mazda）。

144　我根据《唐两京城坊考》内有关数据进行计算，长安城西部的庙宇约占全城庙宇总量的57%。

145　这些墙厚2.5～3米，见《唐长安考古简报》，603-604页。

146　《唐会要》，1867-1868页。

147　沈既济（750—800年），《任氏传》，载于《中国传说故事大词典》，253页。

148　马得志，《唐长安与洛阳》，642页；另见《唐代长安城安定坊发掘记》，载于《考古》，第4期（1989）：319-324页，文章中马得志称该里坊主要交叉路口的宽度是20米，次级交叉路口的宽度是5～6米。

149　马得志，《唐长安与洛阳》，载于《考古》，第6期（1982）：642页；曹尔琴，《唐代长安里坊》，载于《人文杂志》，第2期（1981）：85页。

150　《太平广记》第487章、4006页提到了一条巷弄，名字叫古寺曲，表明这条巷弄里有一座寺庙。

151　曹尔琴，《唐代长安的里坊》，85页。

152　《唐两京城坊考》，53-55页。

153　《唐两京城坊考》，43页（肉面）、55页（乐器制造）、84页（酒）、87页（地毯巷）。

154　《唐两京城坊考》中，提到长安城中有11家客栈，其中8家位于城东。

155　唐代禁奢令的制定是为了"最大限度地减少或限制经济权力的滥用"，如此"财富本身就并不能保证消费的权利"，同时要确保"官员阶层能够独享这种特权，而不受任何有产阶级的威胁"；见瞿同祖，《中国的阶级结构及其意识形态》，载于《中国法律与中国社会》（芝加哥：芝加哥大学，1957），费正清主编，235-250页。

156　《唐六典》，第23章，8b页；《唐会要》，第31章，14b-15a页；《新唐书》（上海：中华书局，1975），第24章，12b页。

157　《后唐书》，第24章，12b页；《唐会要》，第31章，15a页。

158　《唐会要》，第31章，14b页。

159　薛爱华，《长安最后的日子》，139页。在《上宅》诗句中，白居易描绘了一座富丽堂皇的官邸，它四周高墙环绕，朱漆大门朝向主街，有六七座斥巨资建造的厅堂。

160　《长安志》，第8章，6a页。

161　《唐两京城坊考》，65-66页。关于中国的马球运动，见刘子健《南宋中叶马球衰落和文化的变迁》，载于《历史研究》，第2期（1980）：99-104页；另见《马球与唐宋中国的文化变迁》，载于《哈佛亚洲研究杂志》，45（1985）：203-224页。

162　赖肖尔，《圆仁的入唐之旅》，350—351页。

163　《唐两京城坊考》，127页。

164　《唐两京城坊考》，47页。

165　《唐两京城坊考》，114—116页、122页。

166　明堂字面意思为"光明的殿堂"，它是古代中国象征王权的礼制建筑，历代帝王屡建明堂只为彰显其统治的合法性。辟雍原指环绕明堂的圆形水沟，后指太学。关于明堂与辟雍的详细研究，见苏慧廉（William Edward Soothill）《明堂：早期中国王权之研究》（纽约，1952）。另见王世仁《汉长安南郊礼制建筑原状的推测》，载于《考古》，第9期（1963）：501—515页；夏南悉，《中国传统建筑》，69—77页；杨鸿勋，《建筑考古学论文集》（北京：文物出版社，1987），169—200页。

167　有关洛阳城墙、城门和街道的细节，见《隋唐东都城址的勘查和发掘》，载于《考古》，第3期（1961）：127—135页。

168　大街与里坊的确切数量尚不清楚。据《唐六典》第7章、9a页记载，城市中共有103座里坊；《元河南志》，载于《宋元方志丛刊》，第8卷，第1章2a—b页记载有120座里坊。

169　考古发掘显示，其最宽处达到121米，100步则宽约147米；见《河南志》，第1章，2a页。见马得志《唐长安与洛阳》，645页；宿白《隋唐长安城与洛阳城》，420页。

170　《河南志》，第1章，3a页。

171　《河南志》，第1章，2a页。

172　迄今为止的考古发掘显示，主街宽40～60米，其余街道宽约30米，实际上都比文献记载的要窄一些。

173　出自李昉（925—996年）《太平御览》（该书成于977—983年）第191章7a—8b页，转引自加藤繁《中国的行与商人组织》，46页。

174　《唐两京城坊考》，第5章，180页。

175　坊市开有4座坊门，内有141个商铺与仓储区，包含有66种不同行业，后来被废弃；《唐两京城坊考》，第5章，169页。

176　《河南志》，第1章，18b页；《唐两京城坊考》，第5章，170页。

177　《河南志》，第1章，24a页。

178　《河南志》，第4章，16a—b页。

179　这些数字来自《河南志》的第1章，10b页。粗略估计这些数字应该是可信的，例如：墙的周长为1800步，相当于2650米。每座坊门宽约28米，考虑12座门的总长度，则2650－（12×28）=2314米。货栈400座，每座面宽约5.8米，平均约为两开间。同样的计算方法也适用于店铺与街道数量的估算。另一个早期的记载则提供了不同的信息，"东都丰都市，东西南北居二坊之地，四面各开三门。邸凡三百一十二区，资货一百行"，更多详细的讨论见加藤繁《中国的行与商人组织》，46—47页。

180　《河南志》，第1章，18b页。

181　陈久恒，《隋唐东都城址的勘查和发掘》，载于《考古》，第3期（1961）：127页。

182　宿白，《隋唐长安城与洛阳城》，423页。

183　王仁波，《从考古发现看唐代中日文化交流》，载于《考古与文化》，第3期（1984）：100—108页；另见宿白《隋唐长安城与洛阳城》，423页。

184　数据来自《唐两京城坊考》，第5章。

185　《唐两京城坊考》，第5章，161页。

186　崔瑞德，《唐宋中国土地所有制与社会秩序》（伦敦：伦敦大学亚非研究院，1961），16-17页。

187　王铎，《唐宋洛阳私家园林的风格》，载于《中国古都研究》（杭州：浙江人民出版社，1987），第3卷，234-252页。

188　关于这三座建筑的常规描述，见费子智《武则天》（伦敦：克雷瑟特出版社，1968），131-136页。

189　牟复礼，《元末明初时期南京的变迁》，载于《中华帝国晚期的城市》，施坚雅主编，101-153页、116页。

190　白居易在长安所写的一首诗对此作了凄美的描述，"月好好独坐，双松在前轩。西南微风来，潜入枝叶间。萧寥发为声，半夜明月前。寒山飒飒雨，秋琴泠泠弦。一闻涤炎暑，再听破昏烦。竟夕遂不寐，心体俱惰然。南陌车马动，西邻歌吹繁。谁知兹檐下，满耳不为喧"；见霍华德·西摩·莱维《英译白居易全集》（纽约：佳作书局，1971），第1卷，36页。

191　王谠（1101—1110年），《唐语林（注释本）》（北京：中华书局，1987），第2章，105页。

192　崔瑞德，《唐代市场制度》，228-230页。下面这段话由崔瑞德翻译自《刘梦得记》第25章5b-7a页，之所以对其详细引用，是因为它对小城镇的市场进行了详尽的描述，并反映了官员对贸易和商人的态度。我对该译文所作的唯一更改是将威妥玛拼音改成了对应的汉语拼音。

193　《太平广记》，第484章，3986页。

194　李贺，《官鼓街》，载于《晚唐诗选》（伦敦：企鹅图书，1965），葛瑞汉译，116页。

195　吴建国，《唐代市场管理制度研究》，载于《思想战线》，第3期（1988）：72-79页。

196　唐朝最初有360个州，其中一些后来被合并；《唐会要》，第70章，1458页。

197　查尔斯·彼得森（Charles A. Peterson），《宪宗与诸省》，载于《唐代概观》（纽黑文：耶鲁大学出版社，1973），芮沃寿与崔瑞德主编，151-191页。

198　吴建国，《唐代市场管理制度研究》，73-74页；另见加藤繁《唐宋时代的市》，载于《中国经济史考证》，吴杰翻译，278-303页。

199　《唐会要》，第86章，1874页。

200　关于这些集市的详细研究，见加藤繁《关于唐宋时代的草市》304-309页；另见《唐宋时代草市及其发展》，载于《中国经济史考证》，吴杰翻译，310-336页。崔瑞德在《唐代市场制度》中指出草市与墟市的词源都有"田野上的市场"或"废地上的市场"之意，而对"墟"则有另一种解释，即因为集市并非日日举行，故其位置常常是空的（虚）。

201　加藤繁，《唐宋时代的市》，载于《中国经济史考证》，吴杰翻译，278-303页、279页。另见吴建国《唐代市场管理制度研究》，73页。

202　崔瑞德，《唐代市场制度》，219页。《咸淳临安志》，载于《宋元方志丛刊》，第4卷，例如在第19章21a页就记载有新城县附近市场的周长为240步，盐官县市场为250步。

203　《唐会要》，第86章，1874页。

204 华严宗是唐代佛教宗派之一，武则天统治时期尤为流行，主要研究世亲论师对《十地经》的注释；见斯坦利·威斯坦因（Stanley Weinstein）《唐代佛教中的皇家赞助》，载于《唐朝概观》（纽黑文：耶鲁大学出版社，1973），芮沃寿与崔瑞德主编，265—306页。

205 萧默，《敦煌建筑研究》，147—148页。

206 事实上，早在190年汉朝最后一个傀儡皇帝退位前，内战就已经开始了。

207 见白寿彝主编《中国通史纲要》（北京：外语出版社，1982）中的十六国列表，189页；另见谢和耐《中国文明史》（剑桥：剑桥大学出版社，1982），174—232页。艾伯华在他的《中国通史》第三版（伯克利：加利福尼亚大学出版社，1969）中也有关于这段时期的有价值描述，107—165页。

208 白寿彝，《中国通史纲要》，191—193页。

209 谢和耐，《中国文明史》，236页。

210 艾伯华，《中国通史》，107页。

211 费子智，《中国文化小史（第三版）》（纽约：霍尔特、莱因哈特和温斯顿出版社，1961），249页。不过，谢和耐警告说将两者相提并论是不准确的，因为如前所述，"蛮族"在夺取政权前就已在中国定居，他们只是利用了当时的无政府状态；见谢和耐《中国文明史》，181页。

212 费子智，《中国文化小史》，260页。

213 艾伯华，《中国通史》，167页。关于后期发展的整体趋势，见郝若贝（Robert Hartwell）的精彩文章《750—1550年中国的人口、政治与社会变迁》，载于《哈佛亚洲研究》，42（1982.12）：365—442页。

214 关于法家哲学（威利所称的现实主义哲学）的简要介绍，见亚瑟·威利的《古代中国的三种思想方式》（1939年再版，斯坦福：斯坦福大学出版社，1985），151—188页。其中包括以下信念："人们应该被组织成'互相负责、并有义务揭发彼此罪行'的团体"（152页）、"武力总能使人屈服，而诉诸道德则很少"（155页）、"凡是做国家所希望事情的人都会得到奖励，对国家有害的人会受到惩罚"（158页）、"国家唯一的目标是巩固并在可能的条件下拓展自己的疆域，粮食生产和军事装备是国家唯一应该支持的活动，农业劳动者与士兵是国家应该尊重和鼓励的唯一社会阶层"（165页）、"（有些社会阶层应该被消灭）……一些特别需要被攻击的阶层是（按字母顺序）贵族、工匠、隐士、客栈老板、商人、道德家、慈善家、学者、占卜者和恃强凌弱者"（170页）、"每一位统治者的目标都是成为霸主，也就是说使自己的国家凌驾于其他政权之上，或最好能成为全中国的统治者"（177页）。

215 谢和耐，《中国文明史》，174页。

216 谢和耐，《中国文明史》，190页。

217 下表数据来自谢和耐《中国文明史》191页：

年份	人口	数量	目的地
398	河北与山东北部的鲜卑	100000	大同
399	中原大族	2000户	大同
399	来自河南的汉族农民	100000	山西
418	河北的鲜卑	?	大同
427	夏国（陕西）的人口	10000	山西
432	辽宁的人口	30000户	河北
435	陕西与甘肃的人口	?	大同
445	来自河南与山东的农民	不详	黄河北岸
449	来自长安的手工业者	2000户	大同

此外，谢和耐还提及，道武帝统治时期（386—409年）约有46万人从太行山以东地区被驱逐到大同附近。

218　姜士彬（David Johnson），《中世纪中国的寡头政治》（科罗拉多，博尔德：西部视点出版社，1977），5-17页；另见艾伯华，《中国通史》，142-144页。

219　亚瑟·威利，《古代中国的三种思想方式》，152页；另见注释214。

220　谢和耐，《中国文明史》，191页。与唐代相似的社会组织比较，见《旧唐书》，第43章（职官志，第2章），1825页。

221　伊懋可（Mark Elvin），《中国历史之范式：社会与经济的解读》（斯坦福：斯坦福大学出版社，1973），52页，这里他翻译自《邺侯家传》（成书于9世纪）中的一段话，这段话引自谷霁光《府兵制度考释》（上海，1962），43页。

222　芮沃寿，《隋朝》（纽约：艾尔弗雷德·A.克诺夫公司，1978），100-102页。

223　《魏书》，第60章，13b页；另见姜士彬《中世纪中国的寡头政治》。

224　贵族势力在汉末崛起，隋唐时期逐渐衰落，最终在宋代被全力支持皇帝的官僚机构所取代；见谷川道雄（Tanigawa Michio）《中国中世社会与共同体》，英文版由傅佛果（Joshua Fogel）翻译（伯克利：加利福尼亚大学出版社，1981）。

225　何炳棣，《495—534年的洛阳：大都市地区的物质与社会经济规划》，52-101页。

226　这座城市是在东汉都城（25—220年）基础上建造起来的。关于这座城市的详细研究，见何炳棣《495—534年的洛阳：大都市地区的物质与社会经济规划》。在69-70页，他认为里坊的数量是《洛阳伽蓝记》中所记录的220座，而不是《魏书》中的323座。另见宿白《北魏洛阳城与北邙陵墓》，载于《文物》，第7期（1978）：42-52页；詹纳尔（W. J. F. Jenner）《洛阳记忆：495—534年》（牛津：克拉伦登出版社，1981）；夏南悉《中国皇城规划》，82-89页。

227　何炳棣，《495—534年的洛阳：大都市地区的物质与社会经济规划》，87-88页引用并翻译自杨衒之《洛阳伽蓝记》，第5章，38b页。

228　何炳棣，《495—534年的洛阳：大都市地区的物质与社会经济规划》，83页。

229 谢和耐,《中国文明史》,204页。当然,在整个分裂时期,法家并不排斥佛教与儒学。同样,五代时期佛教在中国也得到了广泛的传播,并经常被统治者所采用。以北魏洛阳为例,到534年已建造了超过1367座佛寺,这还不包括著名的龙门石窟。隋朝开国皇帝也是一位狂热的佛教徒,按芮沃寿的说法,他在佛教中发现了"缓解自己罪恶感与不安全感的方法,此外还戏剧性地使其王朝合法化";见芮沃寿《隋朝》,127页。然而,接受佛教信仰与法家政策的实践并不矛盾,即便是冷酷无情的官员也会对佛教事业慷慨解囊;芮沃寿,《隋朝》,50-52页。

230 谢和耐,《中国文明史》,236页。

231 芮沃寿,《隋朝意识形态的形成》,载于《中国思想与制度》,费正清主编,71-104页,特别是81-82页。

232 芮沃寿,《隋朝意识形态的形成》,82页;编纂于唐的《隋书》(北京:中华书局版),75章,1706页。芮沃寿认为,儒学高涨是隋文帝在统治初期试图通过制裁使帝国合法化并对其加以巩固的结果。

233 宫崎市定,《汉代的里制与唐代的坊制》,载于《东洋史研究》21,第3期:271-294页。

234 宫崎市定,《汉里制度与唐坊体系》,载于《通报》48,第4-5期(1960):376-392页。

235 艾伯华,《中国通史》,116页。

236 泰山封禅是隋文帝为巩固其统治的合法性而采取的另一种象征性活动。

237 《隋书》,第56章,1386页,请注意这些行为与注释214中所列出的法家信念的相似之处。

238 注释214所列出的职业,在亚瑟·威利《古代中国的三种思想方式》170-176页中有它们被认为不受欢迎的原因。

239 保罗·惠特利,《四方之极》(爱丁堡:爱丁堡大学出版社,1971),318-319页。

CHAPTER 2
THE TRANSITION

第2章

―――

変革

8世纪中叶达到鼎盛的唐长安与1126年金兵入侵前的宋开封（即汴京）[1]，两者之间相隔约有3个半世纪，这两座唐宋都城各自代表着中国中世纪城市发展的两个阶段。正如我们所见，唐长安是一座从零开始、为满足新王朝需要而量身打造的城市。另一方面，开封在595年隋文帝泰山封禅返程停留时就已经是一座繁华的城市，宋代则成长为重要的转口贸易中心，并且在成为北宋最重要的城市之前还曾是一系列短命王朝的都城。唐长安与宋开封，这两座都城都有着自己的城市结构与城市景观，反映了各自生长的时代土壤：一座根植于强权贵族统治，具有高度层级化的社会结构；另一座则立足于多元化的商业社会，由务实的专业官僚进行管理。相较于唐长安，宋开封所代表的城市新范式的出现是中国城市史上最剧烈、最重大的一次变革。

若有人从初唐的长安或洛阳穿越至北宋的开封，他将会发现宋朝都城的环境与自己城市的大相径庭。在这里，不再是由空旷街道所分隔的半自治封闭"城中村"，而是人口稠密、商业街纵横、城市活动丰富得像长安西市的城市。很幸运，我们能够看到北宋末年，即1127年1月9日金兵入侵前开封城市生活与节日的文献描述。[2]文献的作者是孟元老，1103年他跟随自己的父亲来到开封，当时年仅十五岁。他们可能来自一个有声望的家族，该家族以工部高官孟昌龄为代表。孟元老在开封长大，并且很快融入这座城市。虽然我们并不知道他以何为生，但他的社会地位与财富足可使其经常出入开封的商业娱乐设施，并对这些地方了如指掌。1127年开封陷落，之后孟元老南迁来到杭州，在这座南宋临时的行在所他最终完成了自己的回忆录，为后世留下著名的《东京梦华录》。[3]

在他的回忆录中，孟元老描绘了开封一处紧靠宫城东南的繁华商业娱乐区，该区域内有一条被称为潘楼街的东西大街，它的名字来自街上一座著名的酒楼：

自宣德东去，东角楼乃皇城东南角也。十字街南去，姜行。高头街北去，从纱行至东华门街、晨晖门、宝箓宫，直至旧酸枣门，最是铺席要闹。宣和间展夹城牙道矣。东去乃潘楼街，街南曰鹰店，只下贩鹰鹘客，余皆真珠匹帛，香药铺席。南通一巷，谓之"界身"，并是金银彩帛交易之所，屋宇雄壮，门面广阔，望之森然。每一交易，动即千万[4]，骇人闻见。以东街北曰潘楼酒店。其下每日自五更市合，买卖衣物书画，珍玩犀玉；至平明，羊头、肚肺、赤白腰子、奶房、肚胘、鹑兔鸠鸽野味、螃蟹蛤蜊之类；讫，方有诸手作人上市，买卖零碎作料。饭后，饮食上市，如酥蜜食、枣𩜉、澄砂团子、香糖果子、蜜煎雕花之类。向晚，卖河娄头面、冠梳、领抹、珍玩、动使之类。[5]

在孟元老的描述中，徐家瓠羹店是开封另一处受欢迎的饮食场所，位于城内东面更远的地方。潘楼街南侧是一个大型的娱乐区，由数座瓦肆组成，里面包含着大大小小50多家戏院，大的戏院可同时容纳数千名看客。[6]这些地方的商业活动也非常繁荣，算命先生及沿街叫卖草药、吃喝、旧衣、剪纸的小贩都在这里摆摊聚集，展示兜售他们的货物。

然而，开封并不总像它在10—12世纪这般繁忙，到处店铺林立、商业活动通宵达旦。唐代（618—907年）这座城市曾受到更严格的监管，被划分成许多每日仅在特定时段开放的封闭里坊，贸易活动也被限制在东西两座市场中，时间与空间都受到控制。总体来说，唐代开封的城市体系与结构更接近当时的都城长安与洛阳，而与宋代开封则有很大的不同。

在中唐长安与北宋末期开封所相隔的漫长岁月里，大量重要变革——商业活动出现在市场外、宵禁制度减弱、坊墙被拆除等——逐一发生，所有这些都消解着唐代的城市结构，并催生出以开放商业街扮演重要角色的新型结构。[7]然而，从一种城市结构转向另一种城市结构的道路常常是曲折迂回的，是受多重因素影响的非线性过程。

2.1
晚唐

2.1.1　晚唐长安

安史之乱（755—763年）严重动摇了唐朝的稳定，瓦解了长安的城市秩序。玄宗统治（712—756年）下的中国正处于文化的巅峰，并享有一段富足的时光，然而在他统治的最后十几年里，内忧外患日益涌现。玄宗统治的前30年（712—741年），唐朝达到了鼎盛[8]，它的影响范围从东部的太平洋沿岸一直延伸至西方遥远的阿姆河流域。政治改革与高效的行政体系带来了稳定、繁荣及人口增长，其中一项影响深远的改革便是设立藩镇，其目的是保卫帝国北部与东部的边境。随着府兵制的衰落，越来越多的藩镇开始出现，每座藩镇都由握有兵权的节度使掌控，他们最初的职责主要在军事方面，但后来则全权掌控一个或数个州，成为事实上的"拥有军权的行政长官"。[9]

安禄山就是这样一位节度使，他掌控着十分之三的藩镇，还是玄宗宠妃杨玉环的干儿子。随着玄宗逐渐从帝国管理中抽身而退，将朝堂政务留给他的臣属去处理，安禄山的权力欲望与野心迅速膨胀。755年，安禄山率领15万人起兵叛乱，756年他夺取洛阳，并自立称帝。[10]同年，安禄山北上进攻长安，都城陷落，一年后才由大将郭子仪率军收复。763年吐蕃人入侵长安，这座城市再次受到重创。与其他城市一样，在长安，安禄山叛乱及之后的动荡留给朝廷的是比城市控制更为紧迫的各种问题。虽然叛乱最终被平息，但曾经叱咤风云的强权中央不得不接受许多州府在节度使控制下近乎独立的状态，这些节度使拥有庞大的私人军队，几乎完全掌控其所辖地区的政务，本应向朝廷缴纳的地区税收都被截留自用。从行政角度看，正如池田开（Ikeda）所言，"中唐是中国行政史上一个重要的分水岭，从这一刻起贯穿全境的加强统一行政管理的企图宣告终结。"[11]均田制取消，同时被废弃的还有根基于其上的税收体系。780年两税法实施，这一税收制度因每年分夏、秋两季征收而得名。不过，两税法的主要特征是取消了以成年男性人口作基础的旧制度，而以更公平的财产与耕地评估取而代之，这为后来将掌握在权贵手中的大量土地进行集中铺平了道路。[12]755年后，像宪宗（806—820年）这样有才干的统治者曾试图重建国家，并重新巩固中央的统治，但这些努力都随他的遇刺戛然而止。[13]接下来是一段衰败期，朝堂在宦官与朝臣的派系斗争中四分五裂，宪宗暂时控制的军事藩镇再次宣告独立。874—884年，黄巢领导的农民起义席卷中国大地，唐朝最后的丧钟由此敲响。[14]起义最先从河南开始，在880年攻占洛阳前起义军已经占领了中国南方大部分地区。同年长安失守，直到883年才被唐朝军队夺回。884年起义失败，黄巢自杀，虽然如此，唐朝却在起义的动荡中走向衰亡，中央集权无可挽回地被削弱了。起义过后的唐朝陷入各路强权纷争的泥沼中，早已名存实亡。

8世纪中叶混乱过后，长安规整严格的城市体系逐渐瓦解的迹象显而易见。《唐会要》是北宋编撰的唐代重要文献集成，其记载中断后再起的一系列条目显示初唐城市秩序的断裂。至德年间（756—758年）与长庆年间（821—824年）均有法令颁布，都禁止人们直接向城市街道开门，只有三品及以上官员和"三绝"住宅除外。[15]831年，左右巡使向皇帝奏报说里坊体系遭到破坏，于是一项与上面相似的法令颁布。据此我们推断，当时长安百姓在坊墙上开门的现象应该已经非常普遍，至少数量多到需要下令禁止。其中一项法令颁布于长安收复后不久，这一事实可用于佐证下面的推测，那就是长安陷落期间本就不稳固的城市秩序被打破了。早在740年，当御史中丞张倚请求恢复被墙体与建筑侵占的街道时[16]，问题的根源就已经暴露出来。之后在官方管控缺失的动荡年代，财产掠夺与焚毁都司空见惯，城市失序状况相应只可能变得更加糟糕。

至德年间的诏令是在长安收复后不久颁布的，767年的另一项法令很可能和它一样无效。同时，城市失序状况进一步恶化。朝廷颁布的新命令再次禁止在所有里坊与市场内侵占公共道路、拆除坊墙以及向公共道路拓展私人空间，并威胁违反者将会受到严厉惩罚，而违章搭建也将一并拆除。[17]6年以后，即773年，另一项要求修复里坊与市场大门的法令颁布，它暗示了这些设施当时的糟糕状态。[18]783年，德宗在叛乱中临时逃离京城，784年中才得以返回，这段时间内长安里坊体系的完整性必定遭到进一步破坏。叛乱最终在786年被平息[19]，两年后，即788年，朝廷又颁布了一道诏令，要求用税款来修复那些被损毁的坊墙。[20]

然而，所有这些措施都是徒劳的，即便曾经有效也未能维持很久。长庆年间（821—

824年）的诏令颁布后不久，朝廷又于831年发布了两份敕书与一项法令，这表明当时的形势已经十分严峻。第一份敕书之前提到过，主要是抱怨百姓们在坊墙上开门，无视宵禁制度，从而使抓捕罪犯工作变得困难。[21]第二份奏报来自左巡使统领，他进一步抱怨说，除官方岗哨外，城市道路中央还建起百姓与官员的房子，继而宣称这使城市公共秩序的维持变得复杂。紧随其后，要求在3个月内拆除这些违章建筑的法令颁布。

9世纪中叶，当日本僧人圆仁与阿拉伯旅行者伊本·瓦哈丶到访长安时，这座城市正呈现重要变革的最初迹象，由严格管制的封闭里坊构成的僵化城市分区正慢慢松动。在靠近市场、宫殿与主要道路的里坊内，商业活动繁荣，饭馆酒肆营业到深夜。崇仁坊因位于两条城市主干道的交叉口，成为长安城中最繁忙的地方，喧嚣的商业活动在这里通宵达旦。[22]因毗邻皇城及靠近东市的西北，崇仁坊地理位置极为优越，这也使它成为外省来京入朝人员最喜欢居住的地方。

在城市的其他地方，小规模商业活动也出现在许多里坊内。在后来的《隋唐两京城坊考》中[23]，涉及点心店、地毯作坊、乐器作坊等商业设施的里坊在长安至少就有7处。例如：崇仁坊有专门制作乐器的作坊，东市西侧平康坊内有卖姜果的店铺，宣阳坊有出售印染丝绸的精品店，长新坊有肉面店，东市南侧宣平坊有油铺，昇平坊有出售中亚糕饼的店铺，西市东侧延寿坊有珠宝店。延寿坊北侧正对着通往金光门的主街，那里也是城中最繁华的地段之一。旅馆与客栈纷纷出现在毗邻主街的里坊中[24]，这些里坊大多靠近东市，平康坊就是其中之一，它因坊内3条曲弄构成的风月场所而闻名。洛阳也经历了与长安相同的命运，它的商业活动同样溢出封闭坊市，出现在居住里坊中。

无论市场的内外，商业活动都无视官方禁令而持续至深夜。靠近市场与宫殿的里坊尤其吸引商业行为，夜生活在这些地方极为繁荣。宣平坊、昇平坊、崇仁坊内都出现了夜市，这引起朝廷的关注，于是840年颁布法令，温和地建议都城内应停止进行夜市活动。[25]这项法令可能并没有奏效，因为根据记载，副都统王式有一天凌晨遇到在街道中央举行的祭祀当地神灵的通宵活动时，他不但未加制止，反而还接受了巫师敬献的酒水。[26]

消除严苛里坊体系的其他迹象也很明显，它们通常被称为"侵街"，字面意思为"侵占街道"。"侵街"现象包括私自在坊墙上开门、拆毁部分坊墙以及偶尔在街道范围内建房子阻塞公共交通等，有些人甚至还肆无忌惮地越过坊墙在城市街道上建房子。例如，849年右巡使在向皇帝的奏报中抱怨说，驸马都尉韦让公然违抗禁令在怀真坊西南处武侯铺的西侧修建了一座九开间建筑。[27]不过，这是唐代官方对一系列侵街行为进行抵制的最后记载。究其原因，要么是朝廷放弃了阻止侵街现象蔓延的努力，要么是专注处理其他更紧迫的事务而无暇顾及城市秩序问题。毕竟859年以后农民起义在南方的浙东与桂林已经开始，正如我们所知，对唐朝具有毁灭性打击的黄巢起义随后爆发。

通过对城市干预的频率进行判断，我们可以知道唐朝为了重新控制处于变革中的城市体系曾做出了最大的努力，主要发生在安禄山叛乱后不久至9世纪初这段时间，显然与755—820年朝廷试图重获中央权威的"明显恢复期"相吻合。[28]然而，官方法令的实施存在问题，这些强制措施的成效充其量只是昙花一现。9世纪中叶以后，朝廷已经非常脆弱，同时又被比维持城市秩序更紧迫的事务缠身。尤其是在860年农民起义之后，这种状况变得更加明显，最终在黄巢起义的毁灭性打击中达到顶点。唐朝分裂成诸多强权割据的藩镇，为争夺帝位的控制权，这些藩镇之间杀伐不断。907年，朱温废黜唐朝最后一位儿皇帝后自立称帝，建立后梁，唐朝正式宣告灭亡。崩塌前的这一切混乱留给长安这座城市的不过是更加不堪的局面。

黄巢起义及随后的战乱摧毁了唐代许多重要的城市，长安、洛阳、扬州都被付之一炬，它们留给五代的只不过是曾经荣耀的影子。韦庄就辛酸而生动地描述了反贵族的黄巢与他的起义军劫掠焚烧后的长安景象：

长安寂寂今何有？废市荒街麦苗秀。采樵斫尽杏园花，修寨诛残御沟柳。华轩绣毂皆销散，甲第朱门无一半。含元殿上狐兔行，花萼楼前荆棘满。昔时繁盛皆埋没，举目凄凉无故物。内库烧为锦绣灰，天街踏尽公卿骨。[29]

2.1.2 晚唐扬州

伴随都城的变革，唐代中后期的许多其他城市也发生了类似变化，这在日益繁荣的长江下游地区表现尤为突出。由于远离衰败的朝廷，开封、苏州，特别是扬州——当时中国最繁华的港口城市——即便没有更早，也至迟在9世纪初就已开始摆脱封闭里坊的严格控制。扬州是当时仅次于长安与洛阳的中国最大城市，在这方面的意义特别重大，也是唐宋变革时期城市新范式出现的关键所在。[30]

扬州地处长江北岸，因此它的命运与大运河及周边水道紧密相连。隋炀帝统治时期[31]，扬州就已崭露头角。早在587年，他的父亲隋文帝在击败陈国的战争中曾恢复了邗沟，这是一条连接山阳地区（今江苏省淮安市）与长江的水道，由吴王夫差（？—前473年）为军事远征而开挖于公元前约486年。当时的长江要比隋及其之后的朝代都宽阔许多，其北岸几乎抵达蜀岗脚下，而后者正是吴王建立王权基地的地方。在接下来的几个世纪里，淤泥沿北岸不断堆积，长江水道相应向南退避，从而在蜀岗脚下形成一片平原。汉代以后，由于没有必要再去维系沟通相对稳定的南方与政权冲突的北方之间的水道，邗沟便慢慢失修衰败了，这种状况一直持续至隋朝的建立。605年，隋炀帝继承父亲的伟业，将邗沟疏浚拓宽至40步，并沿河开辟官道，于路旁栽植柳树。

接下来的工程彻底改变了中国的交通运输网。605—610年，隋炀帝投入巨大劳力开通了京杭大运河。这项工程主要由三部分组成：第一部分开挖通济渠连接洛河与黄河，而后通淮河（其延伸部分也称汴河），进而通过邗沟连接长江；第二部分开挖永济渠，向北通涿郡（今天的北京）；第三部分开挖江南运河，连接长江与杭州的钱塘江。所有这些水道一起构成庞大的水运网，将长江、淮河、黄河连接成为一个整体，货物可以借由它们从南方的杭州运抵北方的渤海湾。大运河成为连接中国南方经济中心与北方政治中心的交通大动脉[32]，扬州地处长江与大运河的交汇处，这一战略地位极大推动了它后来在唐代的繁荣（图23）。

隋末唐初，扬州仍踞守在蜀岗顶部的防御堡垒中，即今日扬州北部的山脊上，离地约有20～30米，可俯瞰南部的平原。这处城址曾被前朝政权反复使用，隋唐统治者也乐享其成，将城市设立于此。[33]当时扬州城由5～10米高的夯土墙环绕防御，墙面都贴着砖[34]，壕沟则为城市提供了进一步的保护。虽然平面形状并不规则，但城内仍有两条垂直交叉的主街通往四边城门（图24）。按照惯例，城市南门——唯一拥有3条门道的城门——最为壮观。虽然这些主街的宽度约有10米，但十字交叉路口的宽度却达到了22米。[35]交叉路口位于城市的中心，可能也承担着公共广场的作用，其东北方向是城市的行政中心，里面容纳着扬州大都督府，后来改为淮南节度使府，并兼作当时的州衙。考古学家认为，扬州城

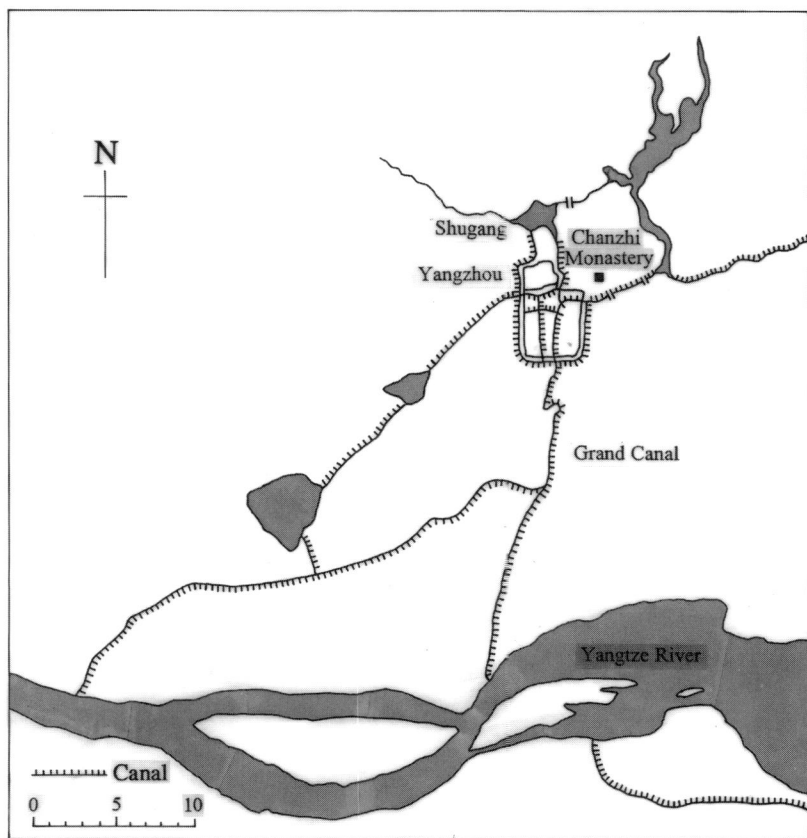

图23 唐代扬州城的基址

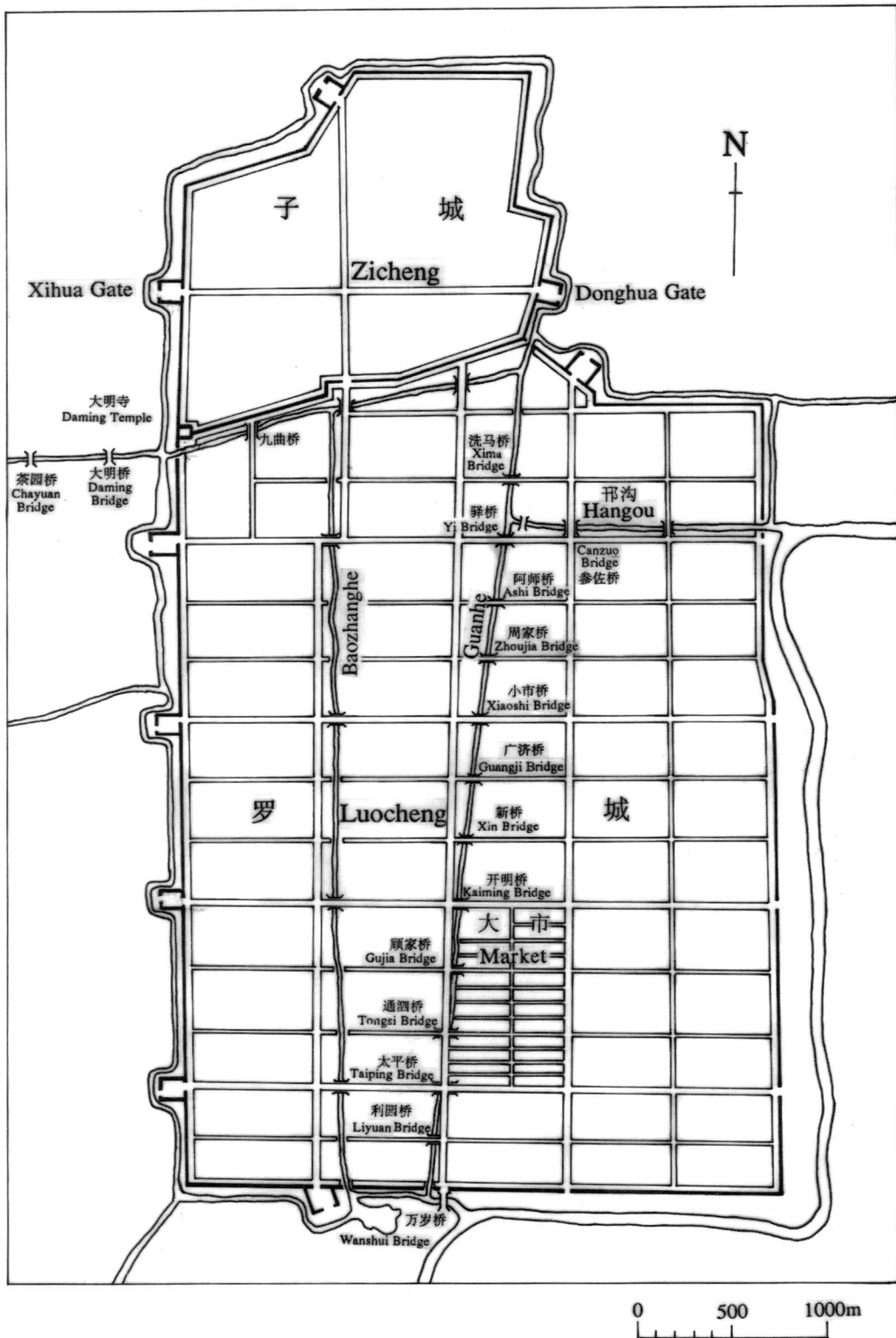

图24 唐代扬州城复原示意

市西南角是隋炀帝建造行宫的位置，因为这座城市当时是他最喜爱的巡游胜地[36]，西北角与东北角都有塔楼矗立，它们为城市提供了进一步的保护。

依托农矿产品丰富的广阔腹地，扬州作为该地区首要港口的重要性迅速提升。[37]汉代以后，中国的经济中心逐渐从北方转移至南方，特别是长江下游地区。正如我们在之前章节所看到的那样，长期藩镇割据造成的动荡不仅使北方中原地区满目疮痍，也导致大量人口向相对稳定的南方迁移。得益于肥沃的土地与良好的灌溉条件，江南（长江以南）在隋代发展成为中国的粮仓。对扬州来说，为开发南方经济资源而开挖的大运河是驱动其发展的重要因素，它由此成为全国首屈一指的贸易中心，当时南方与海外运往都城长安的货物都必须经过这里。[38]作为帝国的商业重镇，扬州以盐、茶、宝石、木材、锦缎、药材交易以及铜制品（特别是镜子）、丝织品、造船业而闻名。同时，作为重要的转口港，扬州金融与航运服务业也非常发达。此外，城内还聚集着大量的外国商人。[39]

随着城市经济的发展，扬州人口也不断增加。隋代扬州估计约有1万户，到627年其人口数量增至23199户左右，约94347人。在接下来的100年中扬州人口急剧增长，到743年已经达到77150户，约467857人。[40]随着人口的增长，扬州的城市范围也越过子城（或牙城）城墙向山南的平原地带发展，后者享有官河带来的便利，官河是大运河组成部分，为长江向北延伸的支流。

与安禄山叛乱破坏过后的北方所不同，同时期的扬州等南方城市几乎未受到战火波及。如果说有，那就是为躲避战乱的世家大族与富裕商人向南方的迁移，他们推动了长江与淮河流域的繁荣。叛乱过后，长安与洛阳的朝廷更仰赖南方的供给。自从其他节度使纷纷脱离朝廷的控制后，朝廷就只能依靠4个地区来维持生存。由此，长江下游地区与淮河流域成为国家赋税的主要来源。扬州地处大运河这条国家生命线的沿岸，是当时仅次于都城的最大城市，这一地位使它获益良多。763年，交通转运使刘晏改革漕运，扬州相应成为资源再分配的主要中心。[41]当时为缩短等待运河最佳水位的时间，来自南方的稻米要先经陆路运至扬州存储整合，而后再用船水运至北方。安禄山叛乱过后，经扬州船运至北方的粮食数量高达40万石左右。[42]此外，广州与桂州两地的赋税也都被运往扬州。[43]

随着经济的发展与人口的增长，环绕扬州子城南部聚集区的外城墙最终建造起来，虽然有观点认为这道城墙是783年为准备军事争夺而建（或修缮），但其确切建造时间并不确定。[44]凭借护城河，这道新城墙又得到了进一步的保护。新形成的附属区，即罗城，是扬州城居住区与商业区所在。罗城平面大致呈矩形，东、西、南三面城墙上各开有4座城门，不过北墙上仅有2座，其中一座是子城的南门。罗城面积约为4200米×3120米，几乎是子城面积的5倍还多。[45]

罗城有时也被称为大城，其内部有4条横向的东西向大街，它们彼此间隔约千米，连接着东西城门。其中最北端的大街最重要，也最繁忙，它连接着罗城东西两侧仅有的一对三门道城门，与邗沟平行，并像邗沟一样越过城市东墙向外延伸。这条大街的宽度约为10米，是最南端东西大街宽度的两倍。[46]纵向来看，罗城内至少有3条纵向的南北向大街，中间的一条沿倾斜的官河拓展[47]，其西侧大街则沿另一条次级水道保障河向北延伸，进而与子城的南北大街相交会。与官河不同，保障河上有9座桥梁，并不具备通航能力。像在长安与洛阳那样，这些大街再次将扬州城分隔成了数座600米×1000米左右的里坊，不过斜向道路与水路的存在使整齐的划分变得有些复杂。行政上来说，官河成为城市管理的分界，其西侧与北侧的里坊归江都县管辖，而水道东侧与南侧的里坊则隶属江阳县。[48]虽然表面上看扬州城的平面是规则的，但城内与城墙外的状况却不并像所切割的那般一目了然。大约在这段时间，即贞元年间（785—805年），侵街现象也在扬州城内出现[49]，官员、工匠、商人都在公共道路上建房子。然而与都城不同，扬州并没有完全局限在城墙内发展。城门外，特别是在城市东边聚集着类似城郊的居住区与庙宇。近年出土的墓碑铭文显示了东门外一些里坊的信息，考古证据与当时的文学作品也都证实城墙外确实存在着一些重要的庙宇，例如：西门外大明寺，其塔高9层[50]；穿过城市，著名的禅智寺位于城东3里，就在一处地势较高的绝佳葬地上。[51]禅智寺南边是明月桥，又名禅智桥[52]，它与罗城的东门之间有道化、弦歌两座里坊。再往东，快到山光寺的地方还有另外一座里坊，即临湾坊。[53]

如果对文献加以判断，我们就会知道扬州东门外的城郊必定非常繁华。838年，日本僧人圆仁自"东侧外墙水门"进入扬州前曾在禅智桥停留，在那里目睹了河道上熙熙攘攘的景象，于是他在日记中写道，"江中充满大舫船、积芦舡、小船等，不可胜计"。[54]当时与圆仁随行的船队大约有40艘船，它们都被连在一起，沿岸由水牛或是纤夫进行牵引。[55]河道不仅白天繁忙，夜晚也非常活跃。早些时候在从如皋镇到扬州的路上，当船队于午夜时分再次出发时，圆仁就注意到，"盐官船积盐，或三四船，或四五船，双结续编，不绝数十里，相随而行。乍见难记，甚为大奇"。[56]诗人张祜（792—852年）的《纵游淮南》可能也写于这一时期，诗中描绘了自扬州城内一直通往明月桥的繁华街市。

> 十里长街市井连，月明桥上看神仙。
> 人生只合扬州死，禅智山光好墓田。[57]

可以看到，张祜被扬州的秀色与繁华所吸引，于是写下了他周边的景物——明月桥、禅智山、十里街市以及繁华若锦的扬州城，一个令人醉生梦死的地方。[58]如我们之前所见，明月桥下唯一的沿河道路就是那条10米宽的东西主街。唐代的"十里"相当于今天的4.43公里，而当时扬州城内的宽度仅有3.12公里[59]，因此这条繁忙的街市必定有一部分是延伸至城墙外的。通过圆仁的日记可知，明月桥长度大约3里，与城市的距离在1.33公里左右，或距西城墙大约4.45公里。如果街市是始于西城墙的，那么它可能一直延伸至明月桥所在的位置。如果用更长些的唐里来衡量，那么这条街市或许更长，也许超出了西城门，越过了明月桥。[60]

晚唐扬州城门外存在城郊的事实具有重大的意义，因为它清楚地表明，当时不仅居住区溢出城墙的限制，商业活动亦如此。如我们之前在唐都城看到的那样，城市居民区都被限制在城墙内的封闭里坊中，虽然并非所有唐代城镇都将居民限制在里坊内，但市场普遍受到严格监管，商业活动均限制在官方规定的范围内。如果有市场越过城墙，那通常是以周期性墟市或草市的形式，它们都在距离市中心相当远的地方。扬州城郊的拓展可能是唐代为数不多的案例之一，但这种现象在宋代的行政管理下变得极为普遍。

然而，东西大街并不是扬州城内唯一繁忙的街道，沿着倾斜官河的南北向大街可能同样非常活跃。与这条街并行的官河，在其长约3公里的河道上至少跨越着9座桥梁，每座桥相隔约350米。考虑到河道至少宽30米，且必须保障大型漕船能够通航，因此这些桥梁的建设想必花费了极大的心血。[61]据此我们推测，河东岸街道的商业氛围一定非常浓厚，因为只有这样造桥这项重大工程所耗费的人力与财力才是值得的。这一推测现在被沿河考古发现的大量建筑遗迹所证实，特别是河东岸沿街部分，唐代砖墙、房屋基础与建筑材料在那里比比皆是。[62]

事实上官河最初是用于漕运的，后来因河泥堆积致使大型船只难以通航，它才成为专门的市河。826年在向朝廷上呈的奏报中，盐运使王播（759—830年）就曾抱怨扬州城内这段河道太浅，妨碍交通以致延误运输[63]，随后他被允准在城外沿南侧与东侧城墙开挖一条新河道。[64]这段新河道长约19里（9.5公里），用于疏导漕船在城市南门前分流，并引导它们在东侧水门外重新汇入运河。这样一来大大缓解了城内官河的交通压力，后者便成为专门的市河。

官河与沿岸街道承载的功能可能与今天苏州的一些河道很象（图25）。大大小小的船只载满各种货物，沿河停泊兜售，特别是在靠近桥梁的地方。人行道与河岸旁的店铺及摊位鳞次栉比，还有一些聚在桥头兜售货物，而沿街商铺、饭馆与酒肆则迎合着路人各种心血来潮的需要。《清明上河图》虽然创作于很迟的北宋末年，但它所描绘的繁忙河道景象应与晚唐扬州的官河没有太大的区别（图26）。这一时期，扬州的商业活动不再像初唐那样被限制在划定好的专门市场内，相反它们沿河道与街道呈线性延展，繁荣程度取决于自身与桥梁及道路交叉口距离的远近。空间位置虽然在早期的市场形式中已经很重要，但现在变得更是如此。

自从热闹的街市成为连接媒介后，对里坊体系至关重要的坊墙就失去了意义。沿街道与河道成串排布的已经是店铺与住宅，而不再是坊墙。事实上，到了晚唐，扬州河道旁市街两侧的坊墙都已不复存在。在《送蜀客游维扬》的诗句中，杜荀鹤（846—904年）

图25　现代苏州沿河道的市场活动

图26　店铺林立的一段河道（《〈清明上河图〉细部》）

就吟诵了扬州的桥梁与河道，后者杨柳依依，旁侧点缀着华丽的建筑（不再是坊墙）。[65]河道两岸的景色看起来必定像圆仁在扬州东边如皋镇见到的那样，"掘沟北岸，店家相连"。再往前行，则"水路左右，富贵家相连，专无阻隙"。[66]可以看到，都城中不断被抑制的侵街现象终于在扬州取得了胜利。或许因防御目的而在783年建造的罗城，其内部是否出现过像长安与洛阳那样管理有序的里坊体系？这一点令人存疑。更可能的是，在这道城墙建设之初，扬州就已经处于重要的城市变革中了。

商业不仅在空间上溢出设定的坊市，时间上也逐渐摆脱宵禁制约而持续至深夜，高彦休就曾对杜牧所在日落时分的扬州进行过一番动人的描绘[67]：

> 扬州，胜地也，每重城向夕，倡楼之上，常有绛纱灯万数，辉罗耀列空中，九里三十步街中，珠翠填咽，邈若仙境。[68]

在初唐的长安，夜晚来临即意味着兵士巡逻的街道上空无一人，而在这里，扬州夜生活蓬勃繁荣。在唐代扬州的夜晚，长达4公里的街市旁林立着优美的多层建筑，灯火通明，人群熙攘。[69]这一时期的许多诗句都描绘了扬州城市生活的新发展。王建（768—830年）《夜看扬州市》的两句诗就描绘了与上面相似的景色，"夜市千灯照碧云，高楼红袖客纷纷。"[70]曾任淮南节度使的另一位诗人李绅（772—846年），其题为《宿扬州》的诗句也暗示了扬州桥梁周边与繁忙河道上的活跃夜市，"夜桥灯火连星汉，水郭帆樯近斗牛"。

扬州并不是这一时期城市发展的特例，相同的变化也出现在其他城市中，例如坐落在大运河沿岸的开封。在唐代，开封的主要职能是将南方物资运往北方的长安与洛阳，因此这座城市快速成为中国当时最重要的商业节点之一。在贸易急剧增长的刺激下，开封旧有的严格城市结构快速瓦解。王建写道，在这座繁华城市的水门与桥梁周边都设有市场，酒客们彻夜来此光顾。[71]再往南，苏州也是一座繁华的城市，其熙熙攘攘的夜市曾吸引了诗人白居易的注意，他形容苏州"人稠过扬府，坊闹半长安"，而杜荀鹤留给我们的描述则是"夜市卖菱藕，春船载绮罗"。[72]在杜氏另一首《送友游吴越》的诗句中，他描写了苏杭两地的景色，"夜市桥边火，春风寺外船。"[73]在这里，杜荀鹤再次展示了我们早已熟知的苏杭两地沿河与桥梁的夜市景观。杭州这一时期也成了一座繁忙的城市，当时另一首诗句对它的描述是，"骈樯二十里，开肆三万室。"[74]

唐朝后期，城市新形式的种子已经在都城，特别是长江下游繁华的中心城市种下，并即将开花。安禄山叛乱对朝廷控制的削弱不可逆转，再加上贸易增长，这些都导致了商业活动的出现，刚开始是小心翼翼的，后来则在都城里坊中大规模发展。百姓个人的努力与官方可能的妥协，就这样使坊墙的完整性一点点被打破。在远离都城的地方，贸易的增长、经济的扩张以及官方干预的缺失都推动更激进的城市变革发生，它们为城市新形式的诞生共同奠定了基础。

2.2
五代

唐朝灭亡与北宋建立之间所相隔的半个世纪是中国城市发展史上的关键转折期。虽然重要的城市变革早在唐朝后期就已发生，并最终得到接受，但从官方角度来说，侵街——占用与侵蚀官道——仍然是非法的。五代时期的城市变革，尤其是北方城市的转型，必须放在黄巢起义及其所造成的社会动荡这一历史背景中去考察，正是它们摧毁了城市并造成门阀贵族的势微。在907年唐朝灭亡到随后961年北宋建立之间，共有5个政权——后梁、后唐、后晋、后汉、后周——相继在中国北方出现。[75]在征伐不断的岁月中，这些短命王朝更专注于如何维系自身权力、拓展政治疆域以及扩大军事影响，而不是对城市实施严格的控制。正是在这个动荡不安、中央集权疲弱的历史时期，一些最重要的城市与司法变革得以发生，两份重要的系列文件清晰显示出后唐（923—936年）与后周（951—960年）官方对城市规划态度的关键性转变。

2.2.1　后唐洛阳

第一份文件是颁布于后唐924—931年的敕书与诏令，这是五代中唯一选择洛阳而不是开封作为都城的政权。然而，饱受战争蹂躏的洛阳当时绝大部分里坊与住宅都遭到破坏，人口离散。924年，朝廷为鼓励重建都城而下令称，"在京应有空闲地，任诸色人请射盖造。藩方侯伯、内外臣寮，于京邑之中，无安居之所，亦可请射，各自修营。其空闲有主之地，仍限半年，本主须自修盖，如过限不见屋宇，亦许他人占射"[76]，同时还为各类官员划分出独立的居住区。926年的诏令则允许人们填平护城河并在上面进行建设[77]，这进一步暗示洛阳当时的损毁程度。此外，河南太守还被委派在过去城墙的地方铺设道路。

可见，两道诏令显示的后唐都城已不再是我们在之前章节所描述的洛阳了。在残存的城墙内部，一些里坊被完全破坏，甚至连街道都不得不重新建设。住宅被摧毁，人们可以在空置的土地上造房子，只要向河南府申请即可。

5年后，即931年，左右巡使向皇帝奏报称都城重建中出现了下述问题：

诸厢[78]界内，多有人户侵占官街及坊曲内田地，盖造舍屋，又不经官申判押凭据，厢界不敢悬便止绝，切恐久后别有人户，更于街坊占射，转有侵占，不惟窄狭，兼恐久后别有人户，及至人户争竞。近日人户系税田地，多被军人百姓作空闲田地，便立封疆，修筑墙壁占射，又无判押凭据，及本主或有文契典卖，兼云占射年深。或有税额，及无税空闲，拦吝不令修盖。以此致有争竞，厢界难以止绝者。[79]

在对奏报的回复中，唐明宗颁布诏令，制定了城市规划指引与有关规定：

其在京诸坊曲，应有空闲天地，先降敕命，许人户请设盖造。及见种莳公私田地，如是本主自有力，便令盖造舍屋；若无力，即许人请射修盖。自后相次诸色人陈状，委河南府勘遂。如实是闲地，及不侵占官街，然后指挥擘画交付。今所称诸色人侵占街坊，于见有主税地内占射盖造，必虑有妨车牛过往，及恐百姓互有争论，须定规绳，各令禀守。京城应天街内有人户见盖造得屋宇外，此后并不得更有盖造。其诸坊巷道两边，常须通得车牛，如有小小街巷，亦须通得车马来往，此外并不得辄有侵占。应诸街坊通车牛外，即日或有越众迥然出头，牵盖舍屋棚阁等，并须尽时毁折，仍据撙截外，具留街道阔狭尺丈，一一分析申奏。此后或更敢侵占，不计多少，宜委地分官司量罪科断。其街道内除水渠外，不得穿掘取土。若已有穿掘，各勒逐地分人户速速填平。[30]

这道诏令还详细规定了城市土地的价值，并为新里坊的建设提供了指引：

京城内诸坊曲，除见定园林、池亭外，其余种莳及充菜园，并空闲田地，除本主量力自要修造外，并许人收买。见定已有居人诸坊曲内有空闲田地，及种莳并菜园等，如是临街堪盖店处田地，每一间破明间七椽，其每间地价，宜委河南府估价收买。除堪盖店外，其余若是连店田地，每亩宜定价钱七千，更以次五千。其未曾有盖造处，宜令御史台、两街使、河南府依已前街坊田地，分擘画出大街及逐坊界分，各立坊门，兼挂名额。先定街巷阔狭尺丈后，其坊内空闲，及见种田亩，并充菜园等田地，亦据本主自要量力修盖外，并许诸色人收买，修盖舍屋地宅。如是临界盖店处田地，每一间破明间七椽，其每间低价，亦委河南府估价准前收买。除堪盖店外，其余连店田地，每亩宜定价钱七千。以次近外，每亩五千，更以次三千。未有人买处，且勒仍旧。[81]

上述文件显示出这段混乱年代中城市建设进程的大量信息。首先，它们表明最初洛阳城大部分已遭到破坏，空置的土地无论有无主人都很充裕。城内状况良好的住宅可能所剩无几，因此人们被鼓励进行新的建设。不过，在鼓励建房的同时，普通百姓与兵士们非法占用土地，他们竖起围墙以保护自身的利益，并在道路上挖洞取土来获取建设所需的泥土。[82]这种抢占土地与其他破坏行为导致了纠纷与城市失序，从而阻碍了交通。由此造成的景观可能也是混乱的，至少在有关法令实施之前如此。临时搭建的围墙可能是普遍存在的边界，它们被用来划定个人财产的范围，而道路与其他公共设施则遭到破坏，或荒废不理。随着每个居民瓜分的公共土地越来越多，住宅与棚屋就随意搭建起来，城中的大街小巷于是变得越来越窄，越来越拥挤，尽管程度还不是特别严重，但从8世纪中叶开始这就成为一个旷日持久的城市问题。

其次，土地成为可以买卖的商品。更重要的是，现在土地的价值取决于它所在的位置和用途，这些都在法律层面得到认可，并作为官方政策得以实施。由此对城市产生的影响可能是，在地段优越的昂贵区域出现了小地块，狭窄临街面与界墙构成的稠密肌理因之产生。

再次，带有坊墙与坊门的旧里坊体系仍然在发挥作用，对它们的建设都做了限定。规划布局——即主要街道、巷弄、里坊边界，甚至坊墙坊门的位置与建造——都由官方来承担，而个人房屋则由百姓自己负责建造。

然后，之前曾被限制在特定里坊中的商业活动现在也合法地出现在居住里坊中。它们沿街排布，主要位于里坊内地价昂贵的地段。即便是靠近店铺的土地，因可以用作毗邻的作坊、货栈或其他商业用途，所以价格也比其他土地要昂贵。靠近店铺则便利性增加，这可能是另外一个原因。不过有一点需要注意，那就是店铺现在虽然临街，但它们仍被限定在里坊内的街道上。而在里坊外部，维系城市街道使其免受侵占的努力仍在继续，交通是否通畅依然是这一时期街道关注的主要问题。

最后，出现了一种新型城市管理单元，即"厢"。在此之前，"厢"主要是一个军事系统，现在则成为城市单元，位于里坊之上。"厢"最初起源于唐，当时驻扎在都城的军队被分成左右两"厢"，以便调遣与指挥。[83]开始"厢"只是负责城市的防火，如我们之前所见，最终承担了上述报告所提及的其他城市职能。

这里，后唐对城市的控制主要采取了两个步骤：第一，官方承认商业活动不必再严格限制在特定里坊中；第二，对地段良好的商业地产提出更高的溢价要求。这些都是在创建更开放城市道路上迈出的第一步。这一时期官方对城市控制放松的主要原因在于当时政权的普遍不稳，毕竟后唐从923年至936年仅维持了13年之久。在此期间，四位皇帝相继更替，在位时间最长的是明宗（926—933年，即7年），也正是在他相对稳定的统治下城市建设指引才得到确立。不幸的是，明宗死后国家再度陷入混乱，次年他的继任者被篡权者所杀，而后者又在936年大规模起义与叛军夺城时自杀身亡。

后唐洛阳的失控与明宗对城市控制所做的巨大努力并不让人感到奇怪。为使城市恢复到唐代那样秩序井然的状态，就需要一个稳固的政权，它应该能调集并监管人力展开大量而密集的建设，并且后续还能维持这些建设的完整性。显然，这些后唐是无法做到的。

2.2.2 后周开封

与后唐统治者不同，后周皇帝选择开封作为都城。开封之前曾作过其他三朝的都城，尽管更加拥挤，但它的状况却比后唐洛阳要好一些。951年，周太祖（郭威）夺取皇位，统治之初他即征召5.5万人修缮城墙。[84]954年周太祖的养子柴荣（即后来的世宗皇帝）继位，他进一步改善了都城的条件。一年后，柴荣颁布诏令要求拓展都城，当时超过10万人奉命建造新的外城墙。

惟王建国，实曰京师，度地居民，固有法则。东京华夷辐辏，水陆会通，时向隆平，日增繁盛。而都城因旧，制度未恢，诸卫军营，或多窄狭．百司公署，无处兴修。加以坊市之中，邸店有限，工商外至，亿兆无穷．僦赁之资，增添不定，贫阙之户，供办实艰。而又屋宇交连，街衢湫隘，入夏有暑湿之苦，居常多烟火之忧。将便公私，须广都邑。

宜令所司于京城四面别筑罗城，先立标帜，候将来冬末春初，农务闲时，即量差近甸人夫，渐次修筑。春作才动，便令放散。如或土功未毕，则迤逦次年修筑，所冀宽容办集。今后凡有营葬，及兴置窑灶并草市，并须去标帜七里外。其标帜内，候官中擘画，定军营、仓场、诸司廨院务了，百姓即任营造。[85]

与此同时，抗议声不绝，尽管如此，被建筑侵占到难以通行的城市道路还是被拓宽了，有的宽度甚至达到了30步。[86]柴荣即位时开封已经有了两道城墙，它们最近的一次大规模修缮可追溯至781年，由当时的开封县尉李勉主持，主要为保护城市免受其他节度使的叛乱攻击。[87]在此期间，作过三朝都城的开封也扩展了，人们开始向城墙外迁移聚居。柴荣委派彰信节度使韩通监督新城墙的建造，王朴负责城市布局与设计。[88]新的外城墙竣工后，其周长达到48里223步，对柴荣来说，军事考量是建设这道城墙的核心。据宋代杂记的相关记载，当时柴荣登上开封的城市南门朱雀门，在那里他命令禁军统帅赵匡胤策马飞奔，马累停歇之处就确立为新城墙的位置。[89]当时人们据其形状将开封称为卧牛城，由此可推断这道新城墙并不是规则的矩形。[90]新城墙上共设有21座城门，其中9座是水门。扩建后的城墙将河道围裹进来，而它们过去都在内城之外的地方。

次年，即956年，在看到之前努力的结果后，柴荣又进一步对路肩使用作出指引：

辇毂之下，谓之浩穰，万国骏奔，四方繁会。此地比为藩翰，近建都城，人物喧阗，闾巷隘狭，雨雪则有泥泞之患，风旱则有火烛之忧，每遇炎蒸，易生疫疾。近者开广都邑，展引街坊，虽然暂劳，久成大利。朕昨自淮上，迥及京师，周览康衢，更思通济。千门万户，庶谐安逸之心；盛暑隆冬，倍减寒温之苦。其京城内街道阔五十步者，许两边人户各于五步内取便，种树掘井，修盖凉棚。其三十步以下至二十五步者，各与三步，其次有差。[91]

上述两道诏令对阐明柴荣在城市制度与控制上的理念极为重要，它们还显示出当时朝廷对城市建设过程控制的明显放松。

首先，城市拓展确实是出于实际需要。作为之前三朝政权的中枢所在，开封已经变得繁荣而拥挤。与隋朝将都城建设作为政治表达所进行的努力不同，后周扩建都城主要是出于务实的考量。工程建设的安排遵循了农业周期的节奏，并不妨碍基本生产，即便这意味着需要花费更长的时间才能完成建设任务。同样，这种对人与生产的关注也是之前都城建设所不曾存在的。

其次，就城市详细规划而言，朝廷似乎仅满足于参与总体分区、交通路网与重要职能部门的选址，而有害健康的墓地、窑址等设施都被打发到远离城市的地方。密集出现的草市带动了城郊的发展，也增加了行政管理方面的负担，它们同样被禁止靠近城市。城市建设的其他部分——居住、商业活动以及没有危险的制造业，或许还有开放的空地——似乎都留给普通百姓来自行决定。

再次，与后唐洛阳对里坊建造的明确指引不同，后周并没有涉及任何里坊的事情。这是否暗示里坊不再是新城市体系的组成？仅凭这些诏令，我们无法确认新的外城墙内是否被分割成里坊，虽然它们确实显示坊墙已经不存在了。不过，这些诏令根本不曾提及里坊这一事实本身就具有重要意义。在唐代，里坊及其坊墙，此外还有宵禁的钲鼓声不断出现在都城居民的意识里，它们不仅被当时的诗词与文学作品频繁描述，而且还常常被城市翻新或维护的诏令所提及。即便是在后唐时期，里坊依然很重要，如上述引用的诏令显示的那样。然而，在后周两项重要的城市改造法令中，里坊的内容明显缺乏，如果不是因为消失，那只能意味着它们的性质已经发生根本改变，或是功能大打折扣。

然后，公众被允许为个人目的使用主要公共道路与其他街道的路肩。由于诏令中提到的50步宽的大街在都城只可能是城市的主干道，因此这些街道路肩的使用或许暗示坊墙已遭到严重侵蚀，甚至消失不见。这也更加深了人们的猜测，即如果里坊没有消失，那么它们的作用必定是减弱的。现在，大部分店铺与住宅可能都朝向城市街道开门了。侵街现象自晚唐以来就非常突出，现在肯定更加普遍。因此，开封的建设不再是一场为维系坊墙完整性而进行的战斗，而是一项阻止构筑物非法侵占街道的事务。并且不是简单地清除侵街建筑，而是将街道拓宽，必要时宽度甚至达到30步，这样居民就可以为个人目的而使用路肩。由于杜绝已经是不可能的事情，因此朝廷有关制裁措施的颁布显然只是为了限制侵街现象的蔓延。即便如此，法律层面仍允许人们使用多达20％的路肩——一项迄今仍被官方禁止的行为——这是朝更开放城市体系迈出的又一大步。

最后，城市主干道的性质相较初唐时期也发生了剧烈变化。街道不仅变窄，礼仪庆典活动与禁街现象也都减少了[92]，它们不再是被警戒的超宽仪式大道，而是变成多功能的交通动脉，至于街道边缘，普通百姓可以从自身便利与舒适的角度出发进行使用。不过，这并不意味着不再有街道巡游活动，只是规模盛况与隋唐时期比较已相去甚远。

长达半个世纪的五代是中国城市发展史上重要的转折期。唐朝后期已经松散的城市结构在这一时期政治动荡、叛乱频仍中受到更大的侵蚀。唐末被破坏的大城市于仓促中重建，但所呈现的不过是它们昔日的影子，唐长安与洛阳最初的精心规划与周思详虑都成为遥远的回忆。后唐洛阳的城市措施本质上是补救性的，坊墙、坊门以及街道的建设都是在争端迭起与其他问题浮现后才采取的应对手段。虽然封闭里坊作为城市基本组成被保留下来，但它包含了昂贵地块上的商业地产。到五代末期，甚至连里坊是否存在都成了一个问题。在开封，后周朝廷仅是参与了关键交通路网的规划与布置，而将城中大部分建设都留给个人去发挥，甚至唐代禁止居民私用路肩的行为也被允准了。中国城市的发展迈上了一条新的道路，不过并非所有继任的宋朝皇帝都乐见于此。

注释

1　宋代开封被称为东京或东都，俗称汴京或大梁。开封也曾被称为汴梁，但这只是在元代以后。

2　西历日期由何瞻（James Hargett）在《宋朝统治年表（960—1279年）》中计算得出，载于《宋元研究通报》，第19期（1987）：26-34页。

3　关于孟元老的信息，见奚如谷（Stephen West）《梦的解释》，载于《通报》，第71期（1985）：63-108页；另见孔宪易《孟元老其人》，载于《历史研究》，第4期（1980）：143-148页。

4　文中省略的货币单位假定为"文"，或一枚铜钱。另一种常用于大额交易的货币单位为"贯"，理论上它是由1000枚铜钱组成的一串。

5　孟元老，《东京梦华录》（北京：中国商业出版社，1982），1147年序，15页；在这个版本中，《东京梦华录》与其他四部作品合订在一起。本译文大部分基于伊维德（Wilt L. Idema）与奚如谷《中国戏剧资料（1100—1450年）》（威斯巴登：弗兰茨施泰纳出版有限责任公司，1982）中的章节，14-15页。道观宝箓宫由宋徽宗创建于1115年，他是虔诚的道教徒。

6　邓之诚，《东京梦华录注》（北京：商务印书馆，1959），67页。

7　关于唐代里坊体系根除的信息，见加藤繁《宋代城市的发展》，载于《中国经济史研究》（东京：1952—1953），93-140页；木田知生（Kita Tomou）《宋代城市研究诸问题》，载于《东洋史研究》第37期（1975.9）：117-129页；梅原郁（Umehara Kaoru）《宋代开封及其城市结构》，载于《历史研究》第3期与4期（1977.7）：47-74页；贺邺钜《中国古代城市规划史论丛》（北京：中国建筑工业出版社，1986）。

8 艺术活动得到促进，出现了伟大的画家与诗人，画家有王维（699—759年）、张萱、周昉、韩干与吴道子等，诗人如李白（701—762年）、杜甫（712—770年）等。

9 王赓武，《五代时期中国北方的权力结构》，第7页，有关节度使的细节可见注释。

10 见蒲立本（Edwin G. Pulleyback），《安禄山叛乱的背景》（伦敦：牛津大学出版社，1955），第2章；另见查尔斯·彼得森《中晚唐的宫廷与行省》，载于《剑桥中国史》，崔瑞德主编，472-484页。

11 池田开，《唐代户口登记》，载于《唐朝概观》，芮沃寿与崔瑞德主编，148页。

12 崔瑞德，《唐代财政管理》（伦敦：剑桥大学出版社：1970，第二版），39页及以下。

13 迈克尔·多尔比（Michael T. Dalby），《晚唐的宫廷政治》，载于《剑桥中国史》，崔瑞德主编，561-681页。

14 在这次起义之前，860年与868—869年还发生过另外两次起义。874—885年的起义最初由王仙芝领导，直到他在878年被杀。

15 《唐会要》，第86章，1867页。"三绝"住宅指位于里坊边缘、三边都被其他房屋遮挡的住宅。

16 《唐会要》，第86章，1877页。

17 《唐会要》，第86章，1867页。

18 《唐会要》，第86章，1874页。

19 迈克尔·多尔比，《晚唐的宫廷政治》，582页及以下。

20 《唐会要》，第86章，1867页。

21 《唐会要》，第86章，1867页。

22 《长安志》，第8章，2b页；《唐两京城坊考》，53页。

23 《唐两京城坊考》，43、53、72、77、84、86与126页；史念海主编的《历史地图集》，在第95页他列出了9座里坊中的11家商业设施。

24 同样，根据《唐两京城坊考》的记载，至少有12座里坊里有为游客提供膳宿的设施，见35、40、43、47、53、62、66、79、84、105、112与113页。

25 《唐会要》，第86章，1875页。

26 王谠，《唐语林》，第2章，105页。

27 《唐会要》，第86章，1868页。

28 王赓武，《五代时期中国北方的权力结构》，第5页。

29 翟林奈（Lionel Giles）翻译，《秦妇吟》，载于《通报》，第24期（1926）：343-344页；另见薛爱华《长安最后的日子》，载于《远东学报》，第10期（1963）：137-179页。

30 王才强，《开封与扬州：商业街的诞生》，载于《街道：公共空间的批判性视角》（伯克利：加利福尼亚大学出版社，1994），切立克（Çelik）等主编，45-56页。

31 公元前495年，扬州只是踞守在小山丘上的一座防御城堡，后由吴王夫差改建成著名的邗城，并将其规划为注定失败的争霸北部平原的基地。这座城市在汉代与东晋曾历经数次重建，普遍被称为广陵；见王煦柽与王庭槐《略论扬州历史地理》，载于

《南京博物院集刊》，第3期（1981）：53-65页；另见李廷先《唐代扬州史考》（苏州古籍出版社，1992）。

32 见全汉昇，《唐宋帝国与运河》（上海：商务印书馆，1936）；另见傅崇兰《中国运河城市发展史》（四川人民出版社，1985）；范力沛（Lyman P. Van Slyke）《长江：自然、历史与河流》（艾迪生–韦斯利出版公司，1988），65-80页。

33 文献记载显示，汉代以后城墙分别在东晋354—369年与刘宋统治的458年进行过两次重修；见纪仲庆《扬州古城址变迁初探》，载于《南京博物院集刊》，第3期（1981）：78-91页。

34 《扬州城考古工作简报》，载于《考古》，第1期（1990）：36-44页。

35 我非常怀疑考古报告所说的唐代街道只有10米宽的结论，因为南城门3条门道的总宽度（中间门道7米，两侧门道各5米，中间隔墙各厚2.5米）为22米，这恰好与道路交叉口的宽度相一致。

36 该遗址现在被一座寺庙占据，但考古探测发现了一座宽约100米的方形夯土台；见《扬州城考古工作简报》，39页。

37 卞孝萱，《唐代扬州手工业与出土文物》，载于《南京博物院集刊》，第3期（1981）：125-138页；最初发表于《文物》第9期（1977）。

38 尽管当时广州已经成为一个重要的港口，但实际上大部分外国商人，特别是来自南方的商人都在扬州停留，因为从广州运往长安的货物必须经过扬州。

39 在安禄山叛乱过后的动荡时期，由刘展领导的大规模起义于760年在长江流域爆发。政府兵力都被派去镇压，但他们却在城中大肆掠夺与滥杀无辜，"约有2000名阿拉伯和波斯商人被杀害"，这表明当时扬州城中有相当多的外国人；见《新唐书》，第144章，4702页。关于唐代扬州的经济状况，见全汉昇，《唐宋扬州经济景况的繁荣与衰落》，载于《中国经济史论丛》（香港，1972）第1卷，1-28页；另见卞孝萱《扬州的手工业与出土文物》，125-132页。李廷先《唐代扬州史考》，373-385页。

40 《新唐书》（地理志），第41章，1a-b页。虽然普查的区域边界可能已发生了改变，但扬州府所辖7个县的人口数据仍清晰显示出当时人口的增长。

41 全汉昇，《唐宋帝国与运河》，47-53页。

42 见《唐会要》，第87章，1887页。其中811年的一份奏章提到，这是每年船运大米的常规数量。有时这个数量会高达110万石，1石相当于1.75蒲氏耳。另见李廷先《唐代扬州史考》，391页。

43 然而扬州在9世纪后期毁于战火，并在后周再次遭遇厄运。随着长江堤岸向南退缩，这座城市主导港的地位最终在宋代让位给邻近的郑州。

44 司马光（1019—1086年），《资治通鉴》（台北：远大出版公司，1983），第229章；另见《扬州城考古简报》，43页。城门后来又加筑瓮城以进一步增强防御能力，这很可能发生在879年左右；见李廷先《唐代扬州史考》，345页。

45 根据圆仁的记载，838年的扬州城"南北十一里，东西七里，周四十里"；见赖肖尔，《圆仁的入唐之旅》，38页。沈括于1088年写道，该城南北长15里110步，东西宽7里13步。沈括与圆仁的描述存在差异很可能是因为城市后来向南拓展所导致；见李廷先，《唐代扬州史考》，339-340页。

46　我再次对唐代城市主干道仅10米宽的结论表示怀疑，因为东西两端城门都是三门道的，中间门道宽5米，两侧门道各宽4米，中间隔墙各厚4米，不包括城门其余部分，仅3条门道的总宽度就达到了21米。其他主街的宽度可能要窄很多，因为它们连接的城门只有一个门道，宽度大约为5米。

47　考古学家已探测到3条南北向主干道，正在推测第四条的存在。就像他们推测南城墙上有4座城门，但实际上只发现了3座一样。第四条主干道和对应城门应该位于其他道路与城门的东侧，靠近东城墙；见《扬州城市考古简报》，40—41页。

48　当时扬州府下辖7个县；见李廷先《唐代扬州史考》，337页。

49　《旧唐书》（杜亚传），第146章，3963页。

50　这一带可能也经常在诗词中出现，如刘禹锡（772—842年）的《同乐天登栖灵寺》（乐天即白居易），诗中他描写了在山顶处突然听到笑声后看到无数人举目仰望的情景。据圆仁描述，扬州城内至少有40座寺庙；见赖肖尔《圆仁的入唐之旅》，56页。

51　附近就是五台山，那里发现有几座唐代的墓葬；见葛治功、郑金星《江苏扬州五台山唐、五代、宋墓发掘简报》，载于《南京博物院集刊》，第3期（1981）：149—150页。事实上，该地区很可能是城墙外的墓地，这表明当时对城市功能分区的某种关注，我们将在后周开封的规划中清楚地看到这一点。

52　见赖肖尔《圆仁的入唐之旅》23页，"未时，到禅智桥东侧停留。桥北头有禅智寺。延历年中，副使忌日之事，于此寺修。自桥西行三里，有扬州府"；另见朱江《唐扬州江阴县考》，载于《南京博物院集刊》，第3期（1981）：29—32页，这里他引用《古今图书集成》第756章，以确定禅智桥就是明月桥，还有东门外的几座里坊。

53　朱江，《对扬州唐城遗址及有关问题的管见》，载于《南京博物院集刊》，第3期（1981）：41—44页。

54　赖肖尔，《圆仁的入唐之旅》，23页。

55　赖肖尔，《圆仁的入唐之旅》，16—18页。

56　赖肖尔，《圆仁的入唐之旅》，19—20页。

57　《全唐诗》，第511章，5846页。必须感谢奚如谷帮我翻译了这首诗。

58　人们可能会认为"十里"不过是诗人用来描述街道长度的一个大概数字罢了，然而，如果我们回顾一下对此提及的诗词文章数量，就可以判定扬州至少存在一条10里（5公里）长的街道这一点是不容否认的。见朱江《对扬州唐城遗址及有关问题的管见》，43页。

59　唐代每"里"有两种长度测量标准，长的大约531米，短的大约442.5米。

60　朱江，《对扬州唐城遗址及有关问题的管见》，43页。

61　1978年考古发现了一座横跨次级河道的木桥，其宽度约为7.2米，总跨度约30米，分为5个部分。见李伯先《唐代扬州的城市建设》，首次发表于《南京工学院学报》，第3期（1979）：55—62页，后收录于《南京博物院集刊》，45—52页。

62　朱江，《对扬州唐城遗址及有关问题的管见》，41页。1973—1978年关于这个区域的多次考古发掘支撑了如下观点，即河道沿岸是活跃的手工作坊区与繁忙商业区；见李廷先《唐代扬州史考》，341—342页。

63　食盐的销售由国家垄断，扬州也成为淮南地区主要的集散中心，盐铁转运使就驻扎在扬州。

64　见《唐会要》，第87章，1895页；788年，淮南节度使为解决这个问题，在城西15里（7.5公里）处开凿了一个巨大的蓄水池，这样在旱季就可以为河道提供水源。809年，还安装了一道水闸用以维持河道水位。

65　《全唐诗手稿》，63章，79页。

66　赖肖尔，《圆仁的入唐之旅》，18-19页。

67　《太平广记》，第273章，2151页。

68　这里"珍珠与翡翠"用来隐喻女性。9里30步大约是4.02或4.83公里。

69　见罗隐《江都》，作者在诗中哀叹晚唐战乱使扬州失去了往日的繁华，并提及九里长街的繁荣景象，其两旁满布着雅致的楼房；载于《全唐诗》，第663章，7599-7600页。

70　这两行诗来自王建（768—830年）《夜看扬州市》，载于《全唐诗》，第301章，3430页。

71　王建，《寄汴州令狐相公》，载于《全唐诗》，第300章，3406页。

72　《全唐诗》，第447章，5033-5034页；第691章，7925页。

73　《送友游吴越》，载于《全唐诗》，第691章，7926页。

74　周峰，《隋唐名郡杭州》（杭州：浙江人民出版社，1990），4页。20里是两座城郊市场之间的距离，它们沿着运河各自分布在城市南侧与北侧。3万可能只是一个方便的整数，不过它确实显示出当时城市商业的活跃程度。

75　南方有10个相对稳固的政权，它们各自占据着或大或小的地理区域。

76　王溥（922—982年）编撰，《五代会要》（上海：商务印书馆，1936），第26章，315页。

77　《五代会要》，第26章，319页。

78　"厢"最初只是一个军事单位，后来职能扩大到对所在辖区的管理，再后来相当于一个区或是行政区。

79　《五代会要》，第26章，315页。

80　《五代会要》，第26章，315-316页。

81　《五代会要》，第26章，316页。

82　早在731年，唐代也出现了在道路上挖洞取土的问题；见《唐会要》，第86章，1867页。

83　见《唐会要》，第72章，1531页；723年一项法令规定，皇帝在京时守卫军分成左右两厢，两者驻扎在不同的地点。另见周宝珠，《宋代城市行政管理制度初探》，载于《宋辽金史论丛》（北京：中华书局，1985），第1卷，152-167页。

84　《五代会要》，第26章，319页。

85　《五代会要》，第26章，320页。

86　《资治通鉴》，第292章，2030页。

87　李勉修筑的城墙长约21里155步，是继长安、洛阳之后规模较大的环形城墙之一。墙上有7座城门，南边1座，其余三个方向各有2座。宋代城门增至10座，其中不包括2座水门。

88　周城（？—1765年）《宋东京考》（北京：中华书局，据1672年版的再版本，1988）3页，这里作者引用了《东京记》。

89　《宋东京考》，2页，这里作者引用了（宋）张舜民（1034—1110年）的《画墁录》。

90　李濂（1488—1569年）《汴京遗迹志》，第1章，1a页。后来，宋太祖于968年下令扩建城墙时，出于军事防卫考虑，他坚持认为外城墙应采用不规则形状，这样城市更加坚不可摧，甚至城内街道布局也应该是不规则的。出于形式美学的考虑，智囊们最初曾建议城墙应采用对称设计，这让皇帝非常不高兴；见《东京梦华录注》，23—24页。

91　《五代会要》，第26章，317页。

92　然而，即便只有40步（60米）宽，以今天的标准来看开封主街仍然是十分宽阔的。

CHAPTER 3
ATTEMPTED RETURN TO URBAN CONTROL

第3章

试图恢复城市控制

后周是一个短命但却硕果累累的政权，这一时期政治经济变革、税收地租下降。955—958年，在经历了与南唐3次成功的战役后，后周疆域一直向南延伸至长江北岸，今天的湖北、安徽、江苏等省份都成为它的一部分，从江淮流域到都城开封的漕运水道也得到恢复，而所有这些都为后继的宋朝帝王奠定了坚实的基础。959年6月，柴荣英年早逝，禁军统帅赵匡胤（后来的宋太祖）从七岁皇帝的手中夺取皇位，建立了宋朝。979年，在征服北汉后宋朝获得了表面上的国家统一。相较后周而言，宋朝版图有所拓展，但中国北方的大部分地区仍掌握在契丹人手中。虽然开国皇帝赵匡胤曾想把都城迁往更易防守的洛阳[1]，但最终开封仍被留作都城。

不过另一方面，人们想要放弃严苛里坊体系的抗争却没有那么容易获得胜利。北宋时期，朝廷曾试图在开封这座繁华城市恢复里坊体系。在开国皇帝已巩固政权的基础上，宋朝统治者，特别是真宗（998—1022年）和仁宗（1023—1063年）都将注意力转向了日益混乱的都城。例如，980年的奏报称有其他官方建筑侵占了外城东北角通往景阳门的街道，为此皇帝勃然大怒，他下令拆除这些侵街建筑，并对负责官员作降职处罚。[2]然而，这并不是宋朝统治者第一次拆除侵街建筑，事实上早在976年太祖皇帝于会节园宴请群臣时就曾下令拆除狭窄街道旁的民宅，以方便其出入。[3]

995年，恢复唐代城市旧秩序的努力又有了进一步的发展。当时宋朝统治者诏令张洎恢复里坊名称、修复坊墙、竖起鼓楼、建立巡街制度。[4]宋敏求在1046—1050年的作品中对此予以确认，他写道：

> 京师街衢置鼓于小楼之上，以警昏晓。太宗时，命张公洎制坊名，列牌于楼上。按唐马周始建议置鼟鼟鼓，惟两京有之。后北都亦有鼟鼟鼓，是则京都之制也。二纪以来，不闻街鼓之声，金吾之职废矣。[5]

这些听起来是那么熟悉，开封似乎又恢复了唐长安的里坊制度，不过我们并没有足够的证据来确认这个制度后来是否真正得到实施。就在30年前，即965年，宋朝开国皇帝就已废除了宵禁制度[6]，这意味着开封居民可以在城内街道上闲逛至三更（晚上11点至凌晨1点）。开封百姓应该早已习惯了这种自由，如果有新规定需要遵守，想必也是极其勉强的。如果鼓楼与巡街制度真的再次用来加强时间管制，坊墙用来抵抗侵街行为，那么它们充其量只在开始阶段才有效。1002年，殿前承旨谢德权奉真宗旨意拓宽开封狭窄的街道，当时遭到了权贵们的强烈抵制，许多必须拆除的店铺与住宅都属于这些特权阶层，他们建造这些出租物业是为了个人谋取私利。要不是谢德权的强力坚持，皇帝已经准备撤回旨意。最终，开封街道被拓宽延长了，朝暮宵禁制度重新实施，旧的城市管控体系再次回归。隶属开封府的街道司还奉命展开进一步的调查，并在街道两旁设立标帜，以防止侵街行为的再次发生。[7]

3.1
社会秩序

如上所示，宋朝在城市控制方面所做的努力遭到官绅阶层越来越多的抵制，其中一些被委派执行命令的官员甚至亲眼看见自己的利益受损。而唐朝的官场如我们之前所见，是由显赫的世家大族通过权力世袭的方式所垄断的，皇帝不过是平辈中的嫡长子。[8]科举考试虽然可以通过不同途径选拔治国人才，从而为出身相对贫寒的学子提供社会流动的可能性，但这种做法的影响力还不足以撼动整个统治贵族的构成。武则天统治时期（660—705年），这种努力尤为突出，她当时以学识才干为基础，通过扩大科举考试来提升平民官员的数量，试图借此打击自己的对手。总体而言，唐朝统治者一直在为削弱门阀贵族的力量而努力。当时官方曾多次修订国家谱牒，将更多家族纳入进来，希望通过增加望族的数量来实现消解之前门阀势力的目的。安禄山叛乱过后，贵族阶层的力量逐渐衰弱，黄巢起义中大量豪族又被摧毁，动荡的五代更进一步加速了门阀势力的消亡。

中唐时期，朝廷中有15％的官员是通过科举选拔的，而宋朝这一比例则达到了30％。一种新的社会秩序在慢慢形成，它以效忠国家的新型士绅精英阶层为首，北宋由此成为刘子健所称的"官僚国家的顶峰，这不仅因为它发展了文官制度，还因为它善待官僚的政策"。[9]这种新的职业官僚群体像之前朝代的贵族那样，在北宋大部分时间里主导着国家的财政与政治官僚体系。根据郝若贝的研究，这个官僚群体通过联姻、控制官员选拔及晋升程序来确保自身的支配地位。[10]然而到北宋末期，派系之争这一困扰朝廷的问题导致专业官僚精英的衰弱，他说"在11—12世纪末的政治权力斗争中，获胜的一方进行了日益严酷的清洗"，而这促成了1102—1165年地方士绅的崛起。[11]由于宋朝官员的特权与之前朝代贵族的不同，既不能世袭，也不允许后代继承，因此一种多元化的新策略应运而生。精英家族的社会活动逐渐多样化，其所倚靠的"很少是家族成员的职位，而更多是家族的财富、权势以及在当地的声望"来维系他们的精英身份。[12]与此同时，有限的政府职位限制了候选官员与入仕学子的数量，也助力了提高社区精英与当地家族关系网的重要性。

3.2
官方对贸易及城市房地产的态度

3.2.1 贸易

社会新秩序的出现——通过公开科举选拔的专业官僚取代了旧的统治贵族——使官方对商业活动的态度发生重大转变。虽然士大夫精英历来鄙视商业与商人，但宋代官方对贸易与商人的态度却有所改善，许多官员甚至冒险直接或间接地与商人进行生意往来[13]，为规避官员禁止经商的有关规定，他们一般以秘密投资的方式或以亲属名义从事商业活动。此外，长时间的委任等待以及高昂的城市生活成本也迫使一些负债的候选官员在获得任命后即"无耻地参与到贸易中来，与百姓争利"。[14]

负债候选官员并不是唯一卷入贸易中的官方人士，对利益的追逐也诱使许多官员投身到商业冒险中来。例如，石延年（994—1041年）任海州太守届满时，曾派遣走私盐船到寿春，在当地官员的帮助下于市场公开售卖[15]；萧固（1002—1066年）任桂州太守时，曾派遣下属到长江下游地区变卖个人财物。[16]在都城，情况同样很严重。100年后，台州太守唐仲友（1131—1183年）在家乡婺州开设了一家丝染坊、一家渔场与一家书店，他甚至在自己的书局里雇佣工匠刻版印书出售。[17]宋代，诸如赵太丞、国太丞这样的名字及头衔公然陈列在药铺这种体面行业的店招上（图27）。[18]

高级官员和皇亲国戚普遍参与到贸易中来。例如，980年皇帝接到奏报，称一些高官贵戚将原木与竹子运往开封售卖时沿途却没有按比例缴税，为此他勃然大怒。这些建筑材料运抵都城时有关官员受了贿，货物卖给朝廷后高官贵戚从中牟取了暴利。[19]此外，还有一些官员不太公开地参与到放贷、典当与制造业中来。[20]

3.2.2 城市房地产

城市房地产是官员们参与的一项投资。如我们在后唐洛阳所看到的那样，地段良好的商业地产的价格远高于住宅地产。城市中的黄金地段，特别是在坊市体系倒塌后带来了土地溢价。依据所处位置的不同，城市中空置的国有土地被分成了紧地与慢地两种类型。紧地的地段优越，交通便利，建在上面的住宅与店铺亦有分类，租金相应不同。在开封，当时的人写道，"重城之中，双阙之下，尺地寸土，与金同价，非熏戚世家，居无隙地。"[21]在某些特定城市中，土地甚至有更为细致的类型划分，例如明州的土地被分为三类共10种[22]，

图27 一个下级小吏开的药铺（《清明上河图》细部）

临海县城亦是如此。然而，尽管城市土地与地产都进行了分类，但欺诈与滥用行为在高额利益诱惑面前仍时有发生。在宋代，城市土地与房屋所有权成为重要的收入来源。商人一旦可以自由地开设店铺，"以商业与制造业为目的的出租经营场所就成为一种独特的城市收入来源，完全不同于乡村出租土地。"[23]为了能够获得高额的回报，在郊区拥有农田的城市居民开始囤积土地。除私有土地外，地段优越的国有土地往往也会落入权贵们的手中，他们通过转租这些土地而获取利益，却又拖欠应向政府缴纳的款项。如斯波义信（Shiba）指出，城市土地"是一种比商业更有保障的投资，因此富裕阶层步步为营地取代百姓成为城市地产的主人"。[24]总体而言，宋代见证了世袭统治贵族被新型士大夫官僚阶层取代的过程，后者慢慢变成"大地主，并成为土地所有者的上层"。[25]

　　甚至住宅物业也成为有利可图的投资。在开封，包括官员在内的大部分人都是租房居住的。朱熹（1130—1200年）将当时的状况描述为，"且如祖宗朝，百官都无屋住，虽宰执亦是赁屋。"[26]就住宅而言，依其所处地段同样带来溢价。记载显示，当时文人们为靠近藏书丰富的名士居住而乐意支付高昂的租金，表明住宅租金的差异普遍存在。不过，租金滥用问题再次出现，这使官方不得不进行干预，1107年颁布的一项法令曾试图对这一状况进行纠正：

> 在京有房廊屋业之家，近来多以翻修为名，增添房钱，往往过倍。日来尤甚，使编户细民难以出办，若不禁止，于久非便。自今后，京城内外业主，增修屋业，如不曾添屋间椽地步者，不得辄添房钱，如违以违制论。[27]

谢德权于1002年试图拓宽街道时曾引起公众的强烈不满，几乎使真宗撤回自己的诏令，而这种状况在宋代却并非孤例。在10年后的1012年，朝廷颁布诏令"诏现任近臣除所居外，无得于京师置屋"。[28]不过这道诏令可能收效甚微，因为当时的一位高官兼著名学者——张方平（1007—1091年）——后来就因为在开封"贱买邸店"而遭到弹劾，"邸店者，居物之处为邸，沽卖之所为店。"[29]而另一位官员何执中（1044—1117年），据说"广殖赀产，邸店之多甲于京师"，每日租金收入就高达120缗。[30]

恢复旧的城市管理体系说起来容易，实施起来却很困难。城市管控举措不仅遭到权贵们的抵制，而且受到普通百姓的阻挠。1012年的另一项法令显示，尽管拆除令早已下达，但普通百姓的房屋仍然侵占着街道。该法令颁布于1012年12月，鉴于冬季严寒，它建议拆除工作应推迟至来年春天进行。[31]

除地方豪绅建造的商铺与出租屋外，城中百姓的房屋也侵占着道路。随着城市人口的急剧增加，宋代城市因此变得越来越拥挤。在随后的几年里，更多拆除侵街建筑的法令颁布，不过这些法令提到的主要是街道标帜（1002年法令中已有提及），而不再是坊墙。这些路标大部分是用木头制成的，不过有时也会沿街种树作为原始路界。例如，1024年开封府曾告令公众以原始路界为参照，限期一年清除侵占街道与城市主街的房屋。[32]1034年6月，开封府再次下令，要求拆除超出原始路界的店铺与住宅[33]，这项工作不到两个月就宣告完成。[34]4个月后，开封府命令所属左右军巡院进一步调查侵街状况，并允许百姓向官府举报此类违法行为。[35]1059年，关于襄州（即襄阳）侵街事件的奏报称，当地的侵街行为导致竹屋毗邻建造，火灾中这些建筑遭到了毁灭性破坏。这表明宋代侵街的违法现象可能并非偶然，而是在城市范围内普遍存在。可能因为人口增长过快，城市变得越来越杂乱无章，侵街行为也就无法避免。同一年，襄州府在清除侵街建筑时约有1500多栋房屋被拆除[36]，由此可知当时侵街现象的大量与普遍。

3.3
人口的增长

正如我们所见，侵街现象因人口的迅速增长而变得更加复杂。742年，唐中叶中国人口大约有4370万，到1080年这个数字几乎翻了一番，达到约8500万。郝若贝指出，长江中游地区与中国东南部人口的增长尤为惊人，那里同期增长四五倍并不罕见。[37]人口急剧增长很大程度上归因于两个主要因素，即发生在11世纪的"农业革命"与宋代的长期和平稳定。

756年之后，伴随均田制的瓦解，大型庄园开始出现，它们由庄园主管理，后者主要为缺席的地主控制佃农。这些大庄园一般拥有雄厚的财力与人力，可以进行大规模开垦与灌溉，从而使宋代早期的耕地面积获得大幅增长。[38]五代与宋初，对占城早熟抗旱稻的选种也助力了粮食产量的提高。[39]这些新稻种在以前不适宜农业生产的干旱地区也能够栽种，并且一年有两季甚至三季的收成，这有助于腾出多余的土地种植经济作物。[40]在此期间，农业技术与灌溉系统的进步以及通过印刷术对它们的传播，都对当时生产力的提高起到关键作用。所有这一切，都是伴随人口向更富饶的南方地区大规模迁移而发生的。

政权巩固以后，长期的稳定对人口增长至关重要。不过，这种和平是以宋辽之间于1005—1042年缔结的条约为基础，每年以高昂代价购取获得的。宋朝统治者与官员们意识到，在经济上补偿契丹人要比发动战争更划算。虽然每年仅向辽国纳贡就达到白银10万两、绢20万匹（后来分别增加到20万两和30万匹），但这些尚不及战争花费的1%~2%，且不包括战争中损失的人口及战争对生产的干扰中断。[41]当时这一绥靖政策由王旦（957—1017年）实施，他于1006年出任宰相，因维系宋辽和平取得巨大成功而被世人称为"太平宰相"。[42]进一步来说，通过与周边国家的贸易顺差宋朝也能够挽回纳贡损失的所有银两。[43]

作为屈辱的回报，北宋享有了一个半世纪的和平。在此期间，人口持续增长，文化及物质财富不断累积。哲学家邵雍（1011—1077年）在去世前不久曾写下著名的《病亟吟》，就对北宋这种长期的稳定表示了称赞：

> 生于太平世，长于太平世。老于太平世，死于太平世。
>
> 客问年几何，六十有七岁。俯仰天地间，浩然无所愧。[44]

基于上述这些条件，北宋人口以前所未有的速度迅猛增长，城镇也因此变得越来越拥挤。开封在976—984年约有178631户，而1078—1085年已达到235599户。[45]除本地居民外，开封还需要解决大量流动人口与无家可归者的居住问题。既是都城又是帝国最重要的行政中心，是开封这座城市人口急剧增长的主要原因。当时开封实际人口数量尚不清楚，学者们的估计也很宽泛，约从80万～500万不等，但大多数人认为北宋末年开封人口约在150万[46]，其中驻扎在都城及其周边的军队占据了很大的比重。据郝若贝估计，1048年开封周边驻军至少有30万人，30年后保守估计驻军人数有15万人[47]，大多数时候开封驻军人数可能维持在10万人左右。人口构成的另外一个重要群体是政府官员及其家属，当时行政阶层人数可能多达25万人。工匠也是开封人口的一个重要组成，仅政府就有数以百计的工坊掌控在少府监、将作监、军器监等部门，兵部自己就拥有超过51个工坊、近8000名工匠。虽然数量并不那么突出，但开封当时还有许多私营制造业人口。

就实际规模而言，北宋开封城内面积并不比后周时期大多少。城市人口密度与日俱增，住宅相应如雨后春笋般出现，不仅在城墙内部，城墙外亦形成连绵的郊区。之前我们在中唐扬州与后周开封所见到的城郊发展正在大规模蔓延，尤其是在我国南方地区。随着大量乡村交通节点发展为城镇，许多州府与县城的城墙外也拓展出郊区[48]，其中一些还发展成为繁华的城郊。有时，还会建造新城墙以容纳这些发展起来的城郊。事实上，在1077年和1082年分别颁布了两道重要诏令，它们都要求环绕所有城郊建造新的城墙，并为各州县重新分配了治安任务。[49]然而，著名学者兼杭州知府苏轼（1036—1101年）并不认为这种做法总是行之有效的，他于1092年写道：

宿州自唐以来，罗城狭小，居民多在城外。本朝承平百余年，人户安堵，不以城小为病，兼诸处似此城小人多，散在城外，谓之草市者甚众，岂可展筑外城。[50]

3.4
属地管理

例如开封，即便城市进一步扩展，但并没有增筑新的外城墙。975年前后，开封归属两个县管辖——开封与祥符——每县分管着8个"坊"。[51]如我们在之前章节所见，随着人口增加与管理的复杂化，最初作为军事管理单位的"厢"发展成为城市管理单位，介于坊与更高层级的县之间。虽然"坊"这个词仍在使用，但它的含义已发生改变，不再是我们印象中的唐长安与洛阳那样的封闭居住里坊，而是用来指代邻里行政单位。一般来说，"坊"有时可与街道名字互换使用，另一些时候则特指"某个以街道为中心的街区"[52]，例如苏州西市坊也称铁瓶巷。作为都城期间，开封的厢及其所辖坊的数量有很大不同。真宗年间，开封共有19厢130坊，人口较多的厢多达26坊，而城郊厢仅有1～2个坊。每厢配备的政府职能机构的数量取决于其所辖的户数，通常情况下500户及以下配有10个不同品级与职责的机构。1008年，开封城外已形成9厢14坊的广阔城郊[53]，其人口数量可能占城内人口总数的5%～10%。[54]到了北宋末期，这种城厢体系已相当普遍，如温州有4个，楚州有2个，饶州、福州、建康等地也都有。[55]画作《清明上河图》前面三分之二描绘了开封东门外一段的城郊景色，那里活跃着大量店铺与酒馆，热闹非凡（图26）。按照斯波义信的说法，城郊发展使城市商业活动变得更难以控制，这随后造成控制性市场体系的瓦解，可出租地产作为一种有利可图的投资方式由此得到发展。

城郊的扩散也带来了郊区土地的投机。斯波义信指出，城市居民有时会在城市周边拥有农田，他们通过对田地进行管理来期待地产升值。《宋会要辑稿》中一条记载就提供了这样的证据，它写道："近郭之田，人情所惜，非甚不得已也不易也"。[56]

除城厢发展外，整个帝制时代中国的属地行政结构几乎未有大的改变[57]，隋朝约有1255个基层县，唐朝1235个，宋朝1230个，但同时期中国人口却增长了一倍多。与此同时，政府的规模几乎保持未变，仅官职数量略有增加，从唐朝的约1.8万个增至宋朝的约2万个。因此，在人口稠密的核心地区，宋朝地方官负责管理的人口数量要比唐朝多得多。如施坚雅所说，随着人口增长与领土的扩张，宋朝政府并没有设置更多的基层县到一种难以管理的程度，而是将人口稠密核心区的县进行整合，同时在边缘地区增设新的县。结果政府效率降低，地方行政职能减弱，对市场体系与商业事务的严格控制便有所放松。[58]正因为县级行政的管理负担日益加重，最初作为军事组织单位的厢才被改制为城市管理单位。这有助于缓解县，甚至更高级别行政机构对其所在城市及周边郊区的部分管理责任。

在城市内部，管制的弱化带来市场活动的普遍繁荣。1072年，日本僧人成寻（Jojin）登陆中国后不久抵达杭州，他对这座城市繁荣的商业活动非常着迷，在日记里生动地为我们描绘了杭州府城夜市的状况：

> 戌时，吴船头、林廿郎、李二郎相共出见市。以百千七宝庄严，一处或二三百灯，以琉璃壶悬并，内燃火玉，大径五六寸，小三四寸，每屋悬之，色青赤白等也。或悬玉帘庄严，女人唝琴、吹笙，伎乐众多，不可思议。或作种种形象，以水令舞、令打鼓、令出水。二人如咒师回转，二人从口吐水，高四五尺，二人从肘出水，高五尺。二人驰马，惣百余人。造立高台，人形长五寸许，种种巧术，不可宣尽。每见物人与茶汤，令出钱一文。市东西卅余町，南北卅余町。每一町有大路小路百千，卖买不可言尽。见物之人，满路头并舍内。以银茶器每人引茶，出钱一文。[59]

如果说成寻的描述是准确的，那么他当时看到的杭州市场已扩展成为每边超过3.5公里长的广大区域，与唐长安东西两市仅1平方公里的尺度相比规模扩大了13倍还多。或许这只能说明杭州商业超出了之前指定的坊市，而所谓的市场实际上已经是城市的一大片区域，在那里商业与其他活动一起在大街小巷蓬勃发展着。繁荣府城中的城市活力已然如此可观，都城开封只会表现得更加强烈。

官方接受侵街现象的确切时间目前尚不清楚，但到11世纪末其对城市问题的态度发生了明显转变。1079年，盐铁转运使李稷发现了解决侵街问题的一条新途径，即开始对长安府所辖城镇征收侵街税。[60]在开封，官方态度的转变也很明显。1084年，朝廷下令拆除都城街道两旁所有的违章建筑，但这道命令却因遭到抵制而被撤除。当时的开封知府王存声称自己对这座城市拥有管辖权，并抗议上述命令的实施。[61]不过，更重要的是1086年颁布的诏令，该诏令指示全国所有州县进行街道与河道的检查，并对任何侵占公共土地的行为征收额外租金，若有违抗则将违章建筑拆除或是掀翻屋顶。[62]后来在徽宗统治时期（1101—1125年），另一种相似的租金"侵街房廊钱"也开始征收。[63]

3.5
社会阶层

随着对贸易与商业活动态度的转变，社会更加多元化也促使官方对城市问题的态度有所调整。之前章节我们已经看到，先秦法家将社会分成士、农、工、商4个阶层，韩愈（768—824年）认为唐代社会新增了2个阶层，即佛与道。到11世纪，陈舜俞（？—1074年）进一步将这一分类扩展至8个阶层，将士兵与流民也纳入其中。同时，他还感叹道：

> 古者士则不稼，大夫不为园夫红女之利，今者公卿大夫，兼并连阡陌。古者工商与农相生养，皆有度，今者工商之取于农，诈伪无厌。[64]

沈括（1031—1095年）也认识到宋与之前朝代在社会结构方面的不同，他指出，之前朝代在不同社会群体之间存在着严格精细的等级划分，并将其与印度的种姓制度相提并论。[65]

自8世纪中叶以来，随着多元化社会的出现以及政府对贸易与市场体系控制的减弱，商人社会地位得到提升。在晚唐与宋代早期，用崔瑞德的话来说，就是"许多强调商人社会地位低下的法律与政策——关于衣着、礼仪、住宅、车马与骑兽种类的禁奢法以及拒绝商人子弟参加科举考试等——都逐步地放宽与废除"。[66]唐律采用的四民理论将"农"视为国之根本,比"次等"的工匠与商人更为重要,但宋代三者都被当作"根本"。商人的子弟允许进入州县学读书并参加科举考试,科考成功后也能谋得官职,甚至有首考未中临时经商、后再考而中的例子。[67]战争或是灾难时期,朝廷还允许"有经济能力的家庭"向政府提供所需物资来换取官职,这种做法后来泛滥开来,并导致北宋末期特别是南宋出现了明目张胆的买卖官职行为。更富有的商人还通过结交皇族与官员,或将女儿嫁给中选学子的方式攀爬社会阶梯。宋代,商人阶层社会地位的普遍提升可能诱使许多人放弃原来的职业,转而追逐商业利益,甚至连宗教机构及其信徒也未能幸免,都积极投身到贸易与手工制造中来。例如,开封、杭州与越州的尼姑们制作并出售她们的绣品,有时甚至销往全国各地。[68]商业活动如此泛滥,以至夏竦(985—1051年)这样的高官开始哀叹社会秩序的失控:

> 臣闻周礼曰,"商贾,阜通货贿";传曰,"通商惠工"。盖成四民之业,以通天下之财。然则懋迁有无,美利三倍,游手之民,争趋负贩,先王之制,有以贱之。汉兴,察亡秦之弊,抑浮惰之业。应贾人衣锦绣,乘车马,名田为吏,皆从禁绝,谪以戍边,算比奴婢,尚有积货累镪拟封君者,况乃贵之乎。国家奄有华夏,车书万里,而经营之制未逮商旅。至有持梁啮肥,击毂列第,妻孥服珠玉,奴婢衣纨素,昼思积滞之计,夕念兼并之术。或驾驭州郡,颇为豪横,束贫民于縠中,邀美利于天下。在赋役之课,优容于农家;关市之征,姑息于平民。众以为法,贱稼穑,贵游食,皆欲货末耜而买车舟,弃南亩而趋九市。[69]

早些时候政府对商业活动与商人都不屑一顾,后者只能在受到严密监管的封闭市场中活动,贸易如果是需要的,那也主要是为了满足朝廷的消费。中唐以后,贸易蓬勃发展,再也无法"被压制或充分控制",而是"作为税收来源加以利用"。[70]北宋中期以后,以前主要依靠农业税的国库现在则是从城市税与商业税中获取巨额收入。帝国每年的商业税总额在北宋初期仅为400万缗,仁宗时已增至近2200万缗,大多时候平均为1000万缗。[71]

官方对坊郭户与乡村户进行了区分。坊郭户与乡村户一样,依其房屋质量与家庭财力共分10个等级[72],向城郭户征收的税额取决于他们所处的等级。当地贸易体系中的城市与城镇都设立了商业税站,甚至周期性集市也有同样的设施。[73]商业税一般含过税与住税两种,前者指货物只要经过运输线路税站就要征收2%的税,后者则是在销售点征收3%的税。

任何想要明确里坊体系终结时间的努力可能都是徒劳的,如我们所见,这是一个漫长而非线性的过程。同样令人怀疑的是,里坊体系是否真的在整个帝国境内得到统一实施。

事实上，在所有可能性中唯一可以确认的是，快速发展的南方城镇并没有受到北方城市那样的限制。如牟复礼所指出的，从"表面观察"，中国城市主要分为三种类型："规划过的规则城市、未经规划自由生长的大城镇以及一定程度规划与自然叠加的混合城市。"[74]北方城市普遍比较古老，且规划较多，而南方城市相对新兴，并未规划。这些南方城市发展如此之快，以至于官方的约束可能完全不起作用。例如，福建汀州在11世纪时城墙内有3个坊，到南宋时城墙外已经有了23个坊[75]，城郊人口至少是城内人口的10倍。另一方面，对于靠近边境的城镇来说，其里坊体系的完整保存也远远长久于其他大多数城市。例如，迟至1068—1077年，沈括在契丹人经常进犯的边境城镇恢复了带坊门的里坊体系与户籍登记制度。[76]相反，我们可以看到，在979年政权巩固后，为了在都城重新实施严格的里坊体系，朝廷曾进行了普遍的尝试。接下来的一个世纪里，强化里坊体系的努力频繁发生，却又屡屡失败，至少在都城如此。

随着时间的推移，强制措施的性质也发生了改变。在唐代，这些措施主要是禁止人们突破坊门与拆毁部分坊墙，而到11世纪上半叶，官方更关注的是如何将住宅与店铺限制在用木制标杆预设好的路界内。尽管颁布了拆除侵街建筑的法令，却没有进一步提及坊墙，这可能是因为低矮的夯土坊墙已不再完整，而建筑尤其是店铺都建在原来里坊的范围之外。这些建筑中肯定有很多是违规建在街道上的，从而使街道比路标设定的原始尺寸窄很多。宋朝帝王的法令表明，他们承认历史上的里坊体系已经瓦解，后周柴荣在制定路肩使用规则时也妥协于这一点。虽然宵禁制度在都城重新实施了大约30年之久（995—1024年），但最终也被放弃。在这30年里，宵禁制度的有效性同样值得怀疑，特别是965年宋太祖废除里坊体系并允许夜市存在以来。在11世纪下半叶，将住宅与店铺维系在街限后面变得越来越困难。到11世纪末，另一项重要举措出现，那就是北宋朝廷对难以控制的住宅、货栈、店铺等侵街现象作出了让步，即对违章建筑不再进行拆除，而是收取租金，至此侵街行为开始变得合法。宋朝统治者的实用主义最终将城市问题转化为赚钱机会，并催生出新的城市结构。城市中原本刻板僵化的时空限制终于被抛弃了。

到12世纪初，宋朝都城已完全放弃了隋唐时期的城市结构，新的城市范式应运而生。在长安施行的所有隋唐城市体系的特征都被去除。虽然里坊名义上还在，但它已经不再用坊墙限定。居住与商业活动的分离也让位给同一条街道上的丰富活动。城市主街两旁的低矮泥墙均被住宅与店铺取而代之，后者拥挤在一起抢夺着宝贵的沿街面。宋朝都城中充当交通要道的不再是唐长安那样令人生畏的空旷主街，而是更狭窄多元的街巷。人口的增长也使宋代城市的密度远高于唐代。关闭市场、把人们控制在里坊内的严格宵禁制度也已解除，它一旦被废止，曾经受到抑制的夜生活与娱乐活动便蓬勃发展起来。

注释

1　虽然开封位于大运河沿岸，在后勤补给方面具有战略意义，但它地处黄河冲积平原，城市军事防御能力极差。不过，宋太祖还是勉强接受了他的臣属及兄弟——继任皇帝宋太宗的建议，将朝堂安置在开封，而只将洛阳设为陪都。这么做的一个重要原因是，开封能够相对容易地获取维系一支庞大军队所需的物资，这些军队长期驻守在开封周边，他们效忠皇帝，防御着五代时期常见的军事进攻。北宋实行四京制，开封是众所周知的东京，洛阳为西京，应天府（今河南省商丘市）为南京，大名府（今河北省大名县）为北京。

2　《续资治通鉴长编》，影印本（上海，1986），第21章，7a页。

3　《续资治通鉴长编》，第17章，8a页（开宝九年四月乙巳）。

4　《宋会要》（方域"东京杂录"），第1章，12a页。

5　宋敏求，《春明退朝录》（丛书集成初编本，上海：商务印书馆，1936），9页。

6　《续资治通鉴长编》，第92章，9a页，午夜是新的限制规定，并且夜市也被允许了。

7　《续资治通鉴长编》，第51章，6b-7a页（二月戊辰）。

8　崔瑞德，《唐朝统治阶层的组成》，48页。

9　刘子健，《中国转向内在：两宋之际的文化转向》（剑桥，麻省：哈佛大学东亚研究委员会，1988），90页。

10　郝若贝，《750—1550年中国的人口、政治与社会转型》，365-442页。

11　郝若贝，《宋官僚党争研究的新途径：一种假说》，载于《宋元研究通报》，第18期（1986）：33-40页。这与韩明士（Robert P. Hymes）在《官宦与绅士：两宋江西抚州的精英》（剑桥大学出版社，1986）提出的论点基本相同，他发现首先是人事上的变动，紧接着才是生活方式与策略的调整。

12　费正清，《中国：新的历史》（剑桥，麻省：哈佛大学出版社，1992），95页。关于地方社区精英崛起的详细研究，见韩明士《官宦与绅士：两宋江西抚州的精英》。

13　关于官员的商业活动，见马润潮《宋代中国的商业发展与城市变革》（博士论文，芝加哥大学经济系，1971），129-134页。

14　马润潮，《宋代中国的商业发展与城市变革》，130-131页。

15　孔平仲（1040—1105年），《孔氏谈苑》，第4章。转录于丁传靖《宋人轶事汇编》（台北，1989），章楚与朱璋翻译，201页。

16　朱瑞熙，《宋代商人的社会地位及其历史作用》，载于《历史研究》，第2期（1986）：127-143页。

17　朱瑞熙，《宋代商人的社会地位及其历史作用》，131页。

18　《东京梦华录注》，71与85页。

19　《宋史》（北京：中华书局，1977），第257章，8957页。

20　崔瑞德，《商人贸易》，94页。关于参与贸易官员的研究，见全汉昇《宋代官吏之私营商业》，载于《中国经济史研究》（香港，1976），第2卷，1-74页。尽管只是秀才而非官员，但王科的例子显示此人涉足多种实业，拥有铸造作坊、鱼塘、酒铺、木炭坊等。见艾伯华《王科：一位早期的工业家》，载于《国际东方学会研究杂志》，第10期（1957.11）：248-252页。

21　王禹偁（954—1101年），《小畜集》，第16章（李氏亭园记），18页，载于《四库全书》（台北：台湾商务印书馆，1983），第1086卷，154页。

22　胡建华，《宋代城市房地产管理简论》，载于《中国史研究》，第4期（1989）：24-31页。建德县、宁海县的村庄以及台州黄岩的土地都被分成了三种类型。

23　斯波义信，《宋代商业史研究》（密歇根大学中国研究中心，1970），伊懋可翻译，131页。商铺位置在唐代不重要的说法并不确切，其实也很重要，这只是相对封闭的市场而言，正如窦义故事所显示的那样。一旦商业活动从坊市中解放出来，相对整个城市而言商铺地理位置就变得更重要了。

24　斯波义信，《宋代商业史研究》，133页。

25　崔瑞德，《唐宋土地制度研究》，27页。

26　朱熹（1130—1200年），《朱子语类》，第27章。目前还不清楚租住官员的比例。一方面说官员住在租来的房子中，另一方面又说他们拥有住宅与店铺可以出租谋利，我承认这看起来似乎有些矛盾。然而，我们需要记得，当时开封有大量文武官员，据估计人数多达1.26万，如果算上他们的家庭，这个数字在11世纪中叶可能会高达25万；见郝若贝《经济变化的周期》，128页，注释。

27　引自《宋会要辑稿》，载于斯波义信《宋代商业史研究》，132页。那些从国家租住房子的人生活可能会更好一些。在宋代，租住房屋与店铺的现象非常普遍，租金收入是国家总收入的重要组成。早在立国之初，宋朝政府就在开封设置了左右厢店宅务负责店铺的租赁与维修。租金按天或按月收取，视类型而定。遇到灾荒或重大节日时，租金会有所减免。1054年，仁宗皇帝就曾下令免除寒食节的3天租金；也是在同一年，因雨灾与暴雪天气也减免了3天租金。有时候，租金减免会长达半个月。此外，还有其他一些减免，如物业在首次出租时，考虑到搬动安置，最初5天租金也是减免的。两宋时期，开封房租收入不断上涨，从1012年的143549缗升至1077年的216581缗，占都城商业税收总额的一半。房产出售也分别征收4%、6%与10%的税，高于同期的商业税与过税。见胡建华《宋代城市房地产管理简论》，26-27页。

28　《续资治通鉴长编》，第107章，7a页，引自马润潮《宋代中国的商业发展与城市变革》，131页。

29　《续资治通鉴长编》，第189章，7a页，引自马润潮《宋代中国的商业发展与城市变革》，132页。

30　董弅（1162年后），《闲燕常谈》，载于《挥麈录及其他一种》（丛书集成，上海：商务印书馆，1936），1页。

31　《续资治通鉴长编》，第79章，14b页。在开封，凛冽的寒冬在1012、1015、1017、1087、1088、1097、1098、1113、1115、1116及1125等年份都有记载；见郝若贝《经济变化的周期》，132页。在12世纪，寒冷的天气在中国南方与西南地区也很普遍，甚至苏州太湖曾在1111年也结了冰；见竺可桢《中国近5000年来气候变迁的初步研究》，载于《中国科学》，第16期（1973.5）：226-256页。这一点很重要，因为冬季城市家庭采暖是燃料的主要消耗方式，其影响将在后面一章加以讨论。

32　《续资治通鉴长编》，第102章，9a页。

33　《续资治通鉴长编》，第115章，16b页。

34　《宋史》，第291章，9745页。

35　《续资治通鉴长编》，第116章，7b页。

36　《续资治通鉴长编》，第190章，21b—22a页。

37　郝若贝，《750—1550年中国的人口、政治和社会转型》，291—325页。

38　崔瑞德，《唐宋中国土地所有制与社会秩序》，26—32页。

39　关于早期占城稻的种植，见何炳棣《中国历史上的早熟稻》，载于《经济评论》，第9期（1956.11）：200—218页。

40　斯波义信，《宋代农产品的商业化》，载于《亚洲学报》，第19期（1970.11）：77—96页。伴随便捷交通网络的建立，水稻产量增长也使某些地区能够从事专门生产，例如"渔业、林业、蚕桑、果树、制陶、造纸、酿造、炼糖等"。

41　陶晋生，《蛮夷还是北方人：北宋契丹人的形象》，载于《平等的中国：10—14世纪的中国及其邻邦》，莫里斯·罗沙比（Morris Rossabi）主编（伯克利：加利福尼亚大学出版社，1973），66—86页。除了向契丹纳贡，宋朝还与西夏（及后来的金）缔结同样的条约。11世纪上半叶西夏进犯中原，这在一定程度上造成宋朝当时的通货膨胀；见全汉昇《北宋物价的变动》，载于《中国经济史论丛》，第1卷，30—86页。

42　丁传靖等，《宋人轶事汇编》，201页。

43　斯波义信，《宋朝的对外贸易：范围与组织》，载于《平等的中国：10—14世纪的中国及其邻邦》，莫里斯·罗沙比主编，89—115页。

44　吉川幸次郎（Kojiro Yoshikawa），《宋诗概论》（剑桥，麻省：哈佛大学出版社，1967），华兹生（Burton Waton）翻译，84页。

45　周宝珠，《宋代东京研究》（开封：河南大学出版社，1992），346页。

46　周建明，《北宋漕运与东京人口》，载于《广西师范大学学报》，第2期（1989）：59—66页，估计开封最多有80万人。郝若贝，《750—1350年中华帝国经济变化周期：中国东北的煤与铁》，载于《东方经济与社会史》，第10期（1967），在125页他估计1078年开封人口数量为75万到100万人。

47　郝若贝，《750—1350年中华帝国经济变化周期：中国东北的煤与铁》，在128—129页他还估计至少有"45万国家雇员"居住在开封；另见马润潮，《宋代中国商业发展与城市变化》，108—113页。

48　马润潮，《宋代中国商业发展与城市变化》，91—95页；斯波义信与伊懋可主编，《商业与社会》，127—131页。

49　《宋会要辑稿》（方域），第8章，4页与6页；《宋会要辑稿》（职官），第48章，65页；傅宗文，《宋代的草市镇与扩城建郊》，载于《社会科学战线》，第4期（1984）：162—166页。

50　苏轼，《苏东坡全集》（卷下），116页，段落来自马润潮翻译的《商业发展》，92页。

51　南北御街是分界线，街道东边由开封县管辖，西边由祥符县治理。关于城市组织的详细研究，见孔宪易《北宋东京城坊考略》，载于《宋史研究论文集》（即1982年年会论文集）（河南人民出版社，1984）：346—369页，文章第二部分载于《宋史研究论文集》（1984年年会论文集）（浙江人民出版社，1987）：361–378页。

52　柯律格（E. A. Kracke），《宋开封：务实的都市与形式的资本》，载于《宋代中国的危机与繁荣》（亚利桑那大学出版社，1975），约翰·海格（John haeger）主编，49–78页，关于都城中里坊与厢的组织和相对密度见62–67页。

53　《宋会要辑稿》（方域），第1章，13a页。

54　柯律格，《宋开封：务实的都市与形式的资本》，65页。

55　傅宗文，《宋代的草市镇与扩城建郊》，163页。

56　斯波义信与伊懋可，《商业与社会》，128页。

57　施坚雅，《导言：中华帝国城市发展》，载于《中华帝国晚期的城市》，施坚雅主编，3–31页。609年中国人口有835.1万户，742年有875.4万户，1080年有1702.6万户，1200年有2111.4万户；见郝若贝《750—1550年中国的人口、政治和社会转型》，369页。

58　费正清，《中国新史》，106页。

59　译文摘自罗伯特·博尔根（Robert Borgen）《参天台五台山记作为宋史研究的资料》，载于《宋元研究简报》，第19期（1987）：1–16页。根据博尔根的说法，日记中描述的市场区可被界分为30町，这里翻译为30个区，町在日本早期"既可指平安京400平方英尺见方的城市街区，也可约等于360英尺的距离单位"，这里他选择的是第一种含义。

60　《续资治通鉴长编》，第297章，16a–b页；另见《宋史》，第334章，10724–10725页。

61　杜大珪，《名臣碑传琬琰集》（中编），第2卷，第30章，《王学士存墓志铭》（收录于《四库全书》，450卷，435页），12b–13a页。

62　《续资治通鉴长编》，第377章，10b页。不仅街道被侵占，小贩们还在桥梁与堤坝上开店；见《宋会要辑稿》（方域），第13章，20页。

63　《文献通考》（台北：新兴书局，1963），第19章（征榷考6），186页。

64　《都官集》，第7章"说农"，引自斯波义信与伊懋可《商业与社会》，483页。

65　崔瑞德，《唐代统治阶级的组成》，54–57页，这里他翻译的相关章节来自沈括1086年撰写的《梦溪笔谈》。

66　崔瑞德，《唐代市场制度》，205页。

67　朱瑞熙，《商人的社会地位及其历史作用》，134页。

68　全汉昇，《宋代寺院管理的贸易与工业》，载于《中国经济史研究》，第2卷，75–84页；另见斯波义信与伊懋可《商业与社会》，113–114页。

69　夏竦，《文庄集》，载于《四库全书珍本初集》，第13章，引自斯波义信《都市化与市场发展》，43页。

70　崔瑞德，《商人、贸易与政府》，81页。

71　朱瑞熙，《商人的社会地位与历史作用》，129页；《宋史》，第186章，4541–4546页。

72　更详细的讨论见王曾瑜《宋朝的坊郭户》，载于《宋辽金史论丛》，第1卷，64–82页，特别是70–77页。

73　斯波义信与伊懋可在《商业与社会》第155页所引用的《宋会要》一段话就很好地说明了这一点，其大致意思为"乡村有一个被称为'周期性市场'的机构，简单地说就是每3天开放一次的市场，最初对其没有征税系统，但随着各州县对税收的迫切需求，它们便设立了税站"。

74　牟复礼，《元末明初时期南京的变迁（1350—1400年）》，载于《中华帝国晚期的城市》，施坚雅主编，107页。

75　《永乐大典》分册（北京：中华书局，1960），第7890章，6b页。

76　《续资治通鉴长编》，第267章，4a页；梅原郁在《宋代开封与城市制度》中认为，这只是边境防御的一个策略，而不是宋代城市的普遍状况。

THE SONG CITYSCAPE

第4章

宋代城市景观

到11世纪末，后周开封新兴的城市形式终于成形，一个新的城市结构及随之而来的街道与城市景观诞生。1072年在杭州曾让成寻着迷的那些热闹景象，在12世纪早期的都城开封表现得尤为强烈。宋徽宗统治时期（1101—1126年），开封处于不断变化之中。城市的许多重要建设项目都由皇帝亲自督促实施，其中许多具有非凡的象征意义，以此试图将开封这座原本务实的城市塑造得更加礼制化。徽宗统治下的这四分之一个世纪，是1126年冬金兵入侵前开封享有的最后荣耀时刻。为了重现这座城市陷落前的辉煌，让我们追随孟元老这位工部下级官员的脚步，再进行一次如伊本·瓦哈卜在唐长安那样的假想漫游，时间设定在一个夏日的清晨，路线是从他居住的武成坊南部地区（内城西南）到他工作的尚书省（皇城西南）（图28）。[1]关于这一时期开封城市景观的描述，我们可以从当时的文献与视觉资料中获知。主要的文献是第2章已经介绍过的《东京梦华录》，它描述的主要是开封沦陷前这座城市的景观与节日。另一份重要资料是《清明上河图》，大多数学者都认为这幅画绘制于开封沦陷前不久。在开始漫游前，让我们先来尝试了解一下《清明上河图》这幅画作的主题与画家的观点。

4.1
开封

4.1.1 《清明上河图》

如果没有《清明上河图》提供的视觉线索与隐藏的行程，那么任何对开封街景的文字描写或对虚构城市场景的叙述都是不可能完成的。张择端是一位宫院画家，北宋末年曾供职于徽宗朝廷。[2]在那个时代，他已经因在界画领域的高超技艺而声名显赫。界画是一个画种，主要以建筑、舟船、桥梁、马车等市井形象作为描绘题材[3]，张择端的《清明上河图》就是此类画作目前留世的珍品之一，它为我们提供了大量关于北宋都城开封的生活与景观信息。[4]这幅画对开封城市体验进行了方方面面的记录，其详尽与忠实无与伦比，对物像描绘的逼真程度令人叹为观止。

在这幅长约17英尺，或许曾经更长的画卷中，《清明上河图》向我们展示了清明时节开封及其城郊沿汴河的一段景色。[5]如果不提前理解这幅杰作存在的理由，或许会认为它并没有什么特别之处。在对门塔、装饰性彩楼、手推车、桥梁及下面穿行驳船的描绘中，画家似乎像科学家那样对物质世界进行了详尽而客观的研究。画面中点、线的添加不仅仅

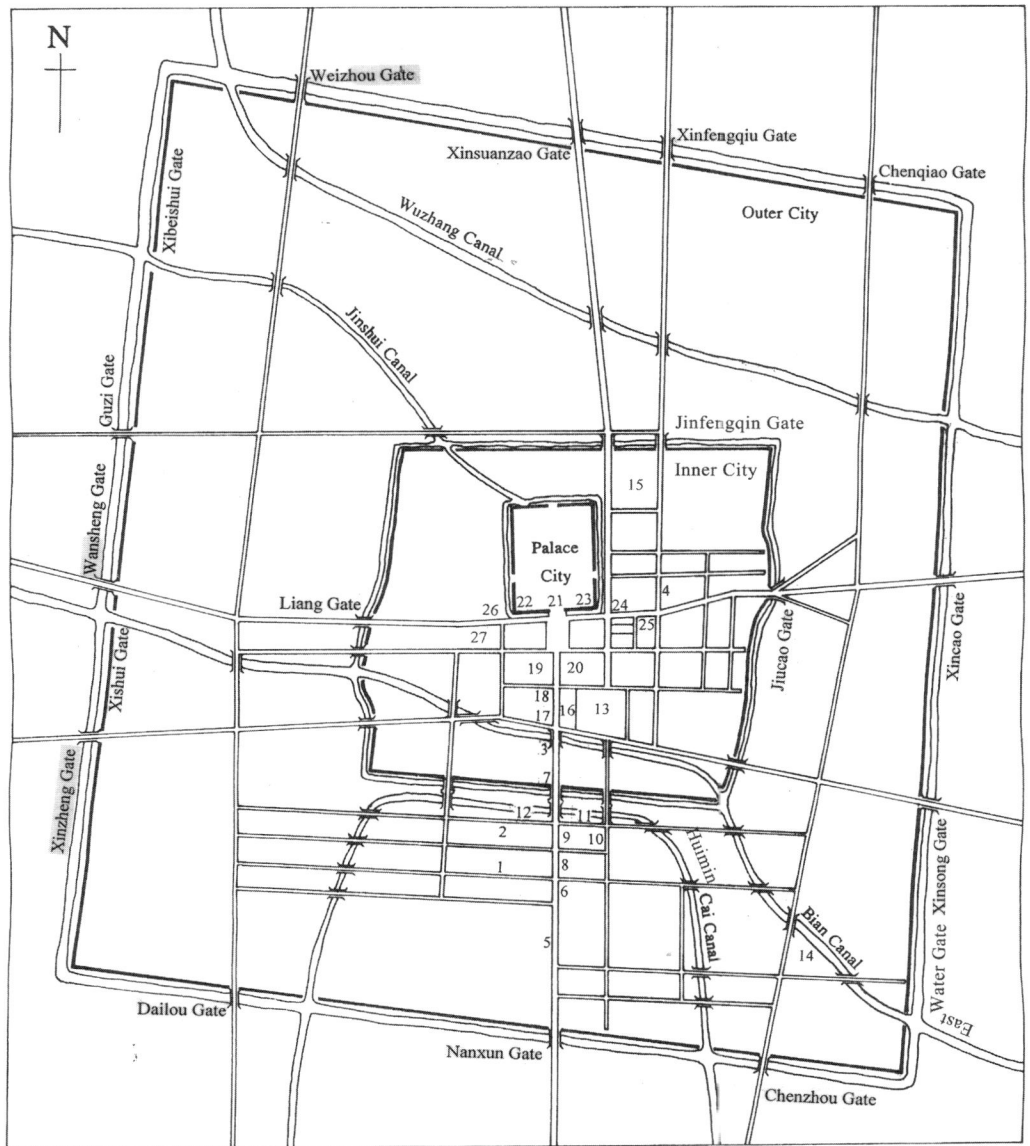

N

Weizhou Gate

Xinsuanzao Gate

Xinfengqiu Gate

Chenqiao Gate

Xibeishui Gate

Wuzhang Canal

Outer City

Guzi Gate

Jinshui Canal

Jinfengqin Gate

Wansheng Gate

Inner City

15

Palace City

Liang Gate

26 22 21 23 24 4

27

25

Xishui Gate

19 20

Jiucao Gate

Xincao Gate

18
17 16 13

3

7

Xinzheng Gate

12 11

2 9 10

8

1

Huimin

Cai Canal

Bian Canal

5 6

14

Dailou Gate

Nanxun Gate

Chenzhou Gate

East Water Gate Xinsong Gate

0   1000   2000

1. Zhang Family Pancake Shop
1. 海州张
2. Prince Wucheng Temple
2. 武成王庙
3. Zhou Bridge
3. 州桥
4. Horse Guild Street
4. 马行街
5. Imperial Avenue
5. 御街
6. Street Viewing Pavilion
6. 看街亭
7. i. Gate of the Vermilion Sparrow
   ii. Longjin Bridge
   iii. Fruit Market
7. i. 朱雀门
   ii. 龙津桥
   ii. 果子行

8. South Medical Relief Bureau
8. 熟药惠民南局
9. University
9. 太学
10. University for the Sons of State
10. 国子监
11. i. Zhuangyuan Lou
    ii. Wheat Straw Alley
    iii. Commissioner in Charge of the
         Transmission of Frontier Alerts
11. i. 状元楼
    ii. 麦秸巷
    iii. 刘廉坊宅
12. Administrator of the Court of
    Military Affairs
12. 邓枢密宅
13. Xiangguo Monastery
13. 相国寺

14. Shuncheng Granary Bridge
14. 顺成仓桥
15. Genyue Garden
15. 艮岳
16. i. Left Treasury Storage for
       Ordinary Expenses
    ii. Imperial Sacrifices Court
    iii. Bureau of Imperial Music
16. i. 左藏库
    ii. 太庙
    iii. 大晟府
17. Dutingyi
17. 都亭驿
18. Baoci Temple
18. 报慈寺
19. Jingling West Palace
19. 景灵西宫

20. Jingling East Palace
20. 景灵东宫
21. Xuande Gate
21. 宣德门
22. Zuoye Gate
22. 左掖门
23. Youye Gate
23. 右掖门
24. Main Street of the
    Easterm Turret
24. 东角楼大街
25. Pan's Tower Street
25. 潘楼街
26. Main Street of the
    Western Turret
26. 西角楼大街
27. Department of State Affairs
27. 开封府衙

图28 开封城平面复原图以及所构想的孟元老城中漫游线路

是为了装饰，而是为了具体呈现一辆车、一艘船是如何建造的（图26），并且随着画家的发现与理解，观画者也能获得同样的体验。正如高居翰在谈及另一幅画作时所说的那样，"艺术家的目的在于使观画者相信，画中描绘的世界不仅是真实的，而且看得越多发现也就越多。"[6]

对物质世界理解与描绘的探究，加之强烈的观察，促使画家对所绘物像高度写实，然而矛盾的是，这恰恰使他们创造出一种极不真实的物质环境。具体来说，就是画面中的每一处细节都被单独拿来研究，就像是通过望远镜观察到的那样，然后再将它们整合起来，拼凑成一个甚至比真实世界的信息更丰富的整体，正如在这里，因此我认为我们必须超越画作本身的详尽刻画与惊人写实的表象，理解《清明上河图》可能只是画家将一系列不同视点的城市与周边乡村片段拼合起来的整体。与其说是对物质世界的客观呈现，莫不如说是张择端在画作中构建的是他自己对开封的主观理解，承载的是他个人的价值观与世界观。在这幅作品中，画家超越对叙事的雕琢，超越对城市环境及其多元活动的刻画，似乎在探寻事物的某种秩序。可以看到，社会与经济秩序都被编织进画卷的形式结构中，包含着农田与农夫的乡郊景色为画卷提供了开端，也开启了城市生活的可能性及随之而来的奢侈消费。正如国家将农业作为国之根本、将农民视为社会基础一样，张择端的描绘也从安静祥和的乡郊开始，他没有像其他画家那样对乡村进行惯常的浪漫表达，而只是描绘了带有田野与小村落、灌溉渠与农耕劳作的富饶景色（图29）。

同样重要的是，张择端在《清明上河图》第二部分引入了汴河，这条河道主要是为开封输送粮食与物资的。在这里，画家再次对这条重要河道进行了极为逼真的描绘，河面上有许多大大小小的船只，有的装载着成袋的谷物，有的被成行的纤夫拖曳着，有的（其中

图29　开封乡郊（《清明上河图》细部）

一些可能是船屋）沿河岸停泊，另外一些则在装卸货物。此外，画面上还描绘了一些河道周边的活动，可以明显看出它们对汴河的依赖（图26）。张择端描绘的是城市生存所需的一系列社会经济活动的场景，更重要的是，他表达了汴河与周围环境的共生关系。

《清明上河图》第三部分描绘的是城区内容，其秩序同样清晰可辨。虽然商业与日常活动占据着画面的大部分，但唯一被描绘的官方机构与宗教设施都位于画面的上方，"高居于百姓之上"（图60）。[7] 在画卷左侧的结尾处，左上角显而易见是一座奢华的宅邸，大概是属于某位重要官员（图27）。

我相信这些都不是巧合，特别是如果我们还记得哪怕是一辆骡车画家都要进行精心地刻画，那就更不要说整幅画是他（或许还有很大一部分人）对城市、社会以及固有的社会结构的看法。在《清明上河图》中，由于所有事物都是以卷轴形式呈现的，需要分段逐步展开观赏，因此画卷前两部分的内容就显得尤为重要。在对整个画卷构图浑然不觉的状况下，人们受画家引导而慢慢欣赏，所看到的实际上是画家本人对这座城市的理解——一座与其腹地及生命线紧密相连的城市——以及他最终对理想城市的憧憬。这可能正是《清明上河图》想要表达的内容，即一座浓缩的开封城。因此，《清明上河图》并不是画家对北宋都城及其周边环境的客观记录，而是他对城内外所看到的一系列典型场景及其要素的复杂组合。尽管这幅画非常精湛，但它所呈现的必定是经过提炼、凝固于时间中的城市——就在都城陷落前不久的一个春日早晨——而并不是对随四季与日月轮转而变化的城市所进行的完整记录。正是基于这样的认知，我们必须审视这幅画作，并且抵制那种无休止地想要将画面中所绘地理要素与我们通过文献了解到的城市相匹配的诱惑。

《清明上河图》不仅蕴含着开封及其郊区的总体景观信息，还向我们展示了城市各构成部分的大量细节，例如街道、住宅、店铺与市场、寺庙以及衙署建筑等。品味这幅画作，结合当时的文学作品，尤其是《东京梦华录》，现在就让我们跟随孟元老这位小官吏的脚步在开封城中漫游吧。

4.1.2 漫游开封城

屋外天色依然昏暗，孟氏却被熟悉的声音吵醒，这些声音来自附近起早化缘的和尚。五更（凌晨3~5时）之前，他们就来到街上，敲打着云板与木鱼前往各自的活动区域。[8] 佛寺与道观在都城很普遍，有几座就在附近。孟氏点亮了油灯，换上从木箱中取出的青色官袍出了门。作为朝廷的下级官员，他必须遵守与穿衣有关的规定，而他的上司工部尚书则着紫袍，这是朝廷给予三品以上官员的特权。[9] 不过，越来越多的官员被赐予穿紫袍的权利了。[10] 虽然富商巨贾们公然藐视禁奢令，在穿衣打扮、居住出行等方面多有抵制，但该法令依然很严苛，大部分人仍在遵守。与百姓相比，商人们总是不同的，因为他们既负担得起奢侈的生活方式，又常与权贵们保持着紧密的联系。孟氏一路步行至卖葫芦炖羊肉的瓠羹店前，此时他能听到邻近饼店传来熟悉的制作煎饼的声音，其中一些店铺专门制作各类蒸食，另一些则出售烤酿的美食。这些店铺通常在五更时分就开始忙碌，往往有三五个厨师围在桌案前揉着面团，同时将饼胚送到炉中烘烤。在开封，最受欢迎的饼店要属州桥西南武成王庙前的海州张，还有马行街南面皇建院前的郑家店[11]，它们各有50多只烤炉同时在制作销售！[12]

孟氏点了一碗羊骨炖汤，顺便向店家要了些清水洗脸，洗漱水供应是有些饭馆为主顾提供的一项便捷实惠的服务，此时茶也端了上来。其他食客的桌子上有的点了爆炒羊肺，有的在就着配菜喝粥，还有一些人则坐在店铺外长桌边的板凳上，上面有用木杆撑起的遮阳篷。街道的对面，另一家烛火通明的店铺也在忙着招呼客人。天色尚早，暮色未褪，但夏日清晨倏忽间便到来了。城门边、桥梁周围的市集也都开了张（图30、图57）。在城市西边，鱼市聚集在新郑门、西水门、万胜门一带，那里附近的街道边聚集着数千家卖新鲜活鱼的摊位。活鱼大都养在盛着清水的浅木桶里，水中还放着些柳叶。[13]

孟氏享用着他的羊骨炖汤，此时屠宰场的屠夫们正将成百上千斤宰杀好的猪羊肉装车运往城内各处的市场。桥梁边、街道上的那些市场里都设有肉案，三五个屠夫在肉案后面招呼着顾客，所售的生熟肉类都切成薄片或大块任人挑选。到了晚上，市场中的肉案甚至还会出售廉价的烤肉。[14]在规模大些的酒楼门前，会有二三十只整扇的猪羊肉从山棚上悬挂下来，后者是用木杆与花饰捆绑而成的高大复杂的格子遮阳棚。[15]一整天下来，数以万计的猪群被几十名男子驱赶着，穿过城市正南门南薰门去往新门南侧的屠宰场。[16]

早饭过后，孟氏要了杯刚煮好的甘草药茶。炖肉汤花费虽不到20文钱，但对每月仅5000文收入的他来说还是太奢了，不可能天天享用。[17]孟氏记得物价较低的时候，开封米盐的价格还不到现在的一半。[18]不过，自从徽宗（1101—1126年在位）登基后，蔡京（1046—1126年）于1102年被任命为宰相以来，物价就不断飞涨。大量铸造铁币、滥发纸

图30　开封城东门外的店铺（《清明上河图》细部）

币（交子）等导致通胀的举措固然是应被指责的部分原因[19]，但与此同时，本就受洪旱灾害影响而中断的基本供应现在又受到建筑材料运输的阻滞，而这些材料主要是满足由蔡京与徽宗发起的那些臭名昭著的建设项目所使用的。

孟氏自南北主街西侧的街坊离开，一路上偶尔出现的店铺与饭馆打破了由百姓住宅矮墙、屋门构成的单调景观。在有空地的后街上，住宅环绕公共庭院建设，这些房子中居住的都是底层百姓，他们靠制售蒸梨枣、黄糕糜、宿蒸饼、豆芽之类为生。

来到御街上，孟氏朝北侧的皇城走去（图28）。紧靠他的右前方出现了一座塔式建筑，名为"看街亭"，皇帝出巡时就会在那里休息，观看下面行进的车马随从。可能正是基于皇帝出巡的考虑，内城与外城之间的御街部分，即朱雀门到南薰门一段，专门用朱漆权子划分出一条中央车道供皇家御用。[20]城内每隔300步（约450米）就设有一处军巡铺，每铺驻扎有5名兵士，他们的职责主要包括巡街与夜间应付官府的差使。

不久孟氏来到了熟药惠民南局，即朱雀门东南3个街坊处，这里免费提供草药与诊治服务。[21]再往北走一个街坊就是太学[22]与国子监[23]，两者共有2600多名学生。

一条名为麦秸巷的东西大街将太学与状元楼、北面的几座佛寺与一个风月场所区分隔开。御街两侧是高官们的府邸，左手是邓枢密宅，右手为刘廉访宅。像其他朝廷官员的府邸一样，这些住宅都设有立柱支撑的重檐门楼，醒目地矗立在高墙前。一些官邸的大门采用乌头门形式，彰显着主人身份的尊贵（图31）。隔着重门高墙，透过庭院花园的树叶间隙，偶尔可以瞥见住宅内部厅堂楼阁的瓦屋面。

孟氏已经走了大约1000米，现在出现在他面前的是龙津桥，这是横跨在繁忙惠民河上的13座桥梁之一。[24]每日天色将晚时分，龙津桥就像河道上其他大多数桥梁那样，经常挤满售卖各类食物与杂货的店铺摊贩。由于阻碍驳船拖曳与车马通行，甚至损坏桥面，因此朝廷在1025年颁布了诏令，要求禁止在开封桥梁上进行此类商业活动。[25]不过，这道诏令并没起到什么效果。

从桥梁上远眺，大大小小的官船与私舟在河道上航行，它们运载着来自开封以西地区与现代河南、皖西等地的货物。惠民河开凿于960年，主要是为了方便将西部与南部地区的农产品运往都城。借助这条河道，每年有多达60万石的粮食被运抵开封，为驻扎在太康、咸平、尉民等周边县域的驻军提供补给。[26]

再向北走大约100步，就是令人印象深刻的内城南门朱雀门了。在7~8米高的城墙上，坐落着一座气势恢宏的大殿，其外廊设有平座层，下面以朱漆立柱斗栱支撑（图30）。[27]城楼的下面，马车、骡子、行人正忙忙碌碌地进出内城。有些人还驾着太平车，这是宋代常见的一种两轮货车，车上有一个像开口板条箱一样的台面，车后安装着两根木托脚，当车身向后倾斜时它们可起到支撑制动的作用。大些的车子有时用20多头或更多的骡子分两列拉着，有时则用5~7头牛代替。车后面还会拴几头驴，它们的作用在于查验

图31 乌头门示例

车子自陡坡或桥面下来时的安全性。²⁸还有一些商人用比较小的车子，仅由一头牲口拖拉着，有时甚至是用人力来推。天刚亮，驮着成袋粮食的骡马与牛车就络绎不绝地穿过城门去往内城（图30、图58）。

惠民河与朱雀门之间是果子行，它是开封两处主要水果市场之一，批发零售商在这里进行各种水果交易。商人们之所以选择在此经营，可能是因为这个位置靠近运河，货物与行人往来都比较方便，从水果易腐的角度来说这确实是一个至关重要的因素。另外，书画交易也在这里聚集，售卖小贩比比皆是。

很快，在桥梁与交叉路口的周围，木匠、泥瓦匠与打杂的小工就聚拢起来，他们在等着修缮房屋的雇主出现，就像每日清晨在其他桥梁与主要道路交叉口那样。与这些人一起等待的还有出家的和尚道士，他们也常被雇去为人们诵经祈福。²⁹

朱雀门北侧是开封城中最繁忙的商业区之一，这部分街道上没有朱漆杈子分隔。孟氏现在可以看到沿路1000米外这座城市著名的地标——州桥及其两侧的桥塔。路两旁都是一两层的住宅、饺子铺、油饼铺、包子铺、灶间、餐馆、客栈、茶舍、食肆、香铺等，大大小小的建筑鳞次栉比。小贩们在街上随处可见，他们未雨绸缪地早早就支起草棚与纸伞，将出售的货品摆在地毯或桌子上。另一些小贩则聚在店铺或饭馆前的屋檐与雨棚下，坐在低矮的货架后面或是货筐边的小凳子上（图58）。在他们的身后，店铺主人已经在忙着招呼早起的人们前来光顾。店铺门前，有用竹子捆扎的醒目彩楼，它们用花饰、鲜花与灯笼装点着，轻盈复杂，上部尖顶充满升腾的气势，充当着酒肆饭馆的招牌（图32）。³⁰那些属于高档酒楼与饭馆的彩楼往往有很多层，装饰华丽，就矗立在店铺的入口处，而小些的店铺则是将简易彩楼安置在店铺入口上方的屋檐上。³¹所有酒肆前都飘扬着白蓝相间的幌子，有些上面还写着"酒"字（图32、图54、图58）。³²在街上更远的地方，人们正从路边的公共水井中汲水（图27）。很快，职业打水人就会到他们常去的水井边，为人们取水赚钱。

晨曦初露，孟氏知道街上会变得更加热闹，因为会有更多的小贩涌上街头摆摊售卖，同时普通市民也参与到晨间活动中来。街上到处都是小食摊，空气中弥漫着各种食物的香气。在富裕人家的门前，一些食贩在叫卖羊头肉、腰子、白肠、鹌鹑、兔肉、鱼肉、虾肉、褪毛鸡鸭、蛤蜊、螃蟹、杂燠、熏香、香药果子等，另外还有人在出售冠梳、领抹、头面、衣着、铜铁器、衣箱、瓷器等杂物。夏日里，军中乐师也会聚在小巷子里为妇孺们表演，并出售糖果糕点以补贴收入。

不过，这番晨间景象到了晚上可能会更加壮观，那时华灯初上，生意喧嚣直至三更（晚上11时至凌晨1时）。在州桥与龙津桥之间，沿御街延伸的夜市应该是开封城中最热闹的餐饮区之一。各种摊铺就摆在街道中央，有卖水饭、炖肉、肉脯、鸡鸭的，还有卖獾、野狐等野味的，应有尽有。其他店铺，如梅家店与陆家店主要出售鹅肉、鸭肉、鸡肉、兔肉，以及牛肚、鳝鱼包子、鸡皮、鸡肾、鸡胗等内脏，每样菜的价格都不超过15文。此

图32　彩楼图（《清明上河图》细部）

外，还有人在卖炒羊肉、羊肠、咸鱼、鱼头、生姜辣椒腌萝卜、生姜与豆豉烧肉，等等。到了夏天，街面上会出售更多的水果与凉菜，如荔枝冻、冰镇糯米圆子、冰镇甘草饮料、木瓜、杏、李子以及来自全国各地的水果。[33]

　　孟氏逐渐接近前方不远处的州桥。[34]宋代这座恢宏的桥梁也称天汉桥，因为当时人们认为它跨越的汴河是天河。在河的南岸，沿街排布着卖羊肉与羊肉饭的食肆商铺，甚至还有一家木炭店。河对岸，即桥的西侧又是一处果铺聚集区。州桥是开封少有的石桥之一，由于正位于御街上，故这座桥的桥面是平坦的。桥下密密麻麻排列的石柱支撑着桥面，石栏杆则将桥身两侧围护起来。[35]桥梁附近的河岸边都砌着石墙，上面雕刻有海马、水兽与祥云的图案。[36]在河的北岸，州桥两侧的塔楼分立于御街两旁。桥的西侧停泊着两艘浅浅的方舟，其船尾固定着几根巨大的铁锚。在桥的同一侧，有3条铁链拴在河岸上，每晚这些铁链会升至水面，以防止着火船只顺流而下撞向州桥，毕竟后者只是一座平桥。[37]在这座以木材为主要建筑材料的拥挤城市中，防火是一个不容小觑的问题，作为都城的166年间，开封曾遭受过44次毁灭性大火与无数次小火灾的破坏。

由此可以理解，开封有着非常严格的防火规定与完善的防火设施，它们不仅影响着市民的生活，也丰富着城市的天际线。[38]除了实施监控的军巡铺外，城市高地上还建有砖砌的望火楼。在这些显著地标的顶部，兵士们时刻在瞭望警戒，另外还有百十名兵士驻扎在望火楼底部的官舍里，那里储备着水桶、洒子、麻衣、斧锯、梯子、火叉、粗绳、铁锚等各类救火工具。[39]一旦发现火情，瞭望的兵士就会马上通知厢主、马步军、殿前三衙以及开封府，接着这些职能机构就会带领兵士们前去救火。

州桥实际上将汴河分成了两段。桥梁周围只能看到可通过平桥的小扁舟，它们主要来自汴河的上游，而从东部驶来的大型漕船则被下游一个街区处的另一座平桥拦下，这座桥就位于著名的相国寺前。汴河近来经过了疏浚，河道深度已经达到了规定的6尺（2米左右）。疏浚河道通常在春天进行，因为那时冰封的河流开始解冻。自11世纪中叶以来，汴河疏浚的次数越来越少了，如今通常是每3～5年才疏浚一次。由于汴河的水主要来自浑浊的黄河，因此泥沙在河道中堆积的速度非常快。[40]

汴河是为开封服务的4条水道中最繁忙的一条[41]，由于它是将南方货物与农产品运往都城的生命线，所以河上的交通特别繁重。来自南方的漕船络绎不绝，它们供养着开封不断膨胀的人口。在仁宗统治下（1023—1063年）的高峰期，经由汴河运抵开封的漕粮数量在某些年份达到了800万石[42]，不过大多数情况下固定在600万石左右。[43]这些粮食大部分可能存储于东城墙内外顺城仓桥附近沿河的广阔粮仓区，或许这些粮仓就是楼钥（1137—1213年）于50年后沿汴河旁御道穿过开封时见到的那些。[44]来自南方的其他产品，从贵金属、奢侈品到茶叶也都经过汴河运抵开封，这也难怪1072年来华的日本僧人成寻于同年拜访相国寺时，会被河上顺溯往来的船只所震撼。当时他注意到，汴河两岸有数不清的驳船，每艘可以轻松运载7000～8000或1万斛粮食。在开封停留的两天时间里，成寻肯定看到了成千上万的船只。[45]汴河两岸都栽种了柳树，种树的部分原因是为加固与维护河岸。[46]

穿过州桥时，孟氏慨叹运送奇石、珍花与异兽的船队对汴河交通的阻碍，这些东西都来自太湖流域及全国其他地区。[47]人们不遗余力地搜寻与运输这些奇石，其中有些石头甚至重达数吨，目的只为装点徽宗在宫城东北建设的神秘艮岳。为了获取这些石头，长江下游的公共与私家园林都被搜罗一空。这些石头主要用来在皇家园林中堆叠假山，最高的假山高达90步，有时也用来美化池塘、溪流或其他数不尽的荒唐事上。[48]由于大量官船与私舟都被挪用运送奇石，因此可向开封运输粮食与其他必需品的船只变少了，这导致都城供应的短缺与物价的飞涨。某些情况下为给这些巨石的运输让路，桥梁甚至城门都会被拆除。[49]

州桥以北的御街是开封城中最繁华、最正式的一段道路，它是通往北部千米之外壮丽皇城南门——宣德门——的前导空间。在这段道路的中央，两排朱漆权子再次限定出皇家御道的范围，那上面是禁止其他一切人车通行的。在道路内侧，砖石贴面的水渠紧挨着猩红色栏杆，水渠里种满了荷花。而皇家御道两侧则种满了桃树、梨树、李树、杏树及各种花卉植物，春夏时节，放眼望去，满目繁花。御街两旁都设有御廊，商贩们原先是可以在里面进行买卖交易的，但到政和年间（1111—1118年）便被勒令禁止了。御廊两侧后来也竖起黑漆杈子，只供行人使用。[50]

孟氏走入左侧的御廊。对面东廊的后面排布着一系列皇家衙署，有左藏库、太常寺、大晟府等。在孟氏的左手边，紧挨着他的是新修葺的都亭驿，这是接待辽国使节与贸易团的客馆。都亭驿共有525间，是当时开封最大的客馆之一。[51]这些辽国使团人数一般限制在百人以内，平均每年到访开封两次。

都亭驿北侧是佛教场所报慈寺，这座寺庙后来在金兵入侵时被毁。正前方，东西景灵宫就分立于御街两旁。景灵东宫建于1012年，最初用于供奉开国皇帝宋太祖的画像。到1070年，共有4位皇帝的画像被分别供奉在景灵东宫内不同的殿堂里。[52]后来，神宗决定将存放在开封佛寺道观中的皇室画像都搬移到这里，于是景灵东宫又加建了约11座殿堂。到1100年，景灵东宫已经变得拥挤不堪，朝廷只好在御街对面又建造了景灵西宫，用来安放神宗及后来哲宗的画像。

州桥到宫城门前的御街上有无数小贩在沿街叫卖，他们向路人兜售着草药与食物。[53]巍峨壮观的宫城南门宣德门高耸入云，赫然在目。宣德门前是一个巨大的广场，宽约300多米，长度可能也差不多。[54]就在这里，全开封城的人聚在一起举行重大的节日庆祝活动，那时皇帝也会坐在城楼上与民同乐。1118年，原本只有3条门道的宣德门又添建了2条新门道，这主要是采纳了蔡京的建议，因为他坚称皇家御道必须有5条门道（图33）。宣德门巨大的门扇上都刷着朱漆、镶着金钉，四周砖石墙上雕刻有龙、凤、祥云等浮雕图案。[55]在大门的上方，矗立着一座气势宏伟的七开间大殿，它饰以朱漆栏杆、立柱与平座，顶部是覆

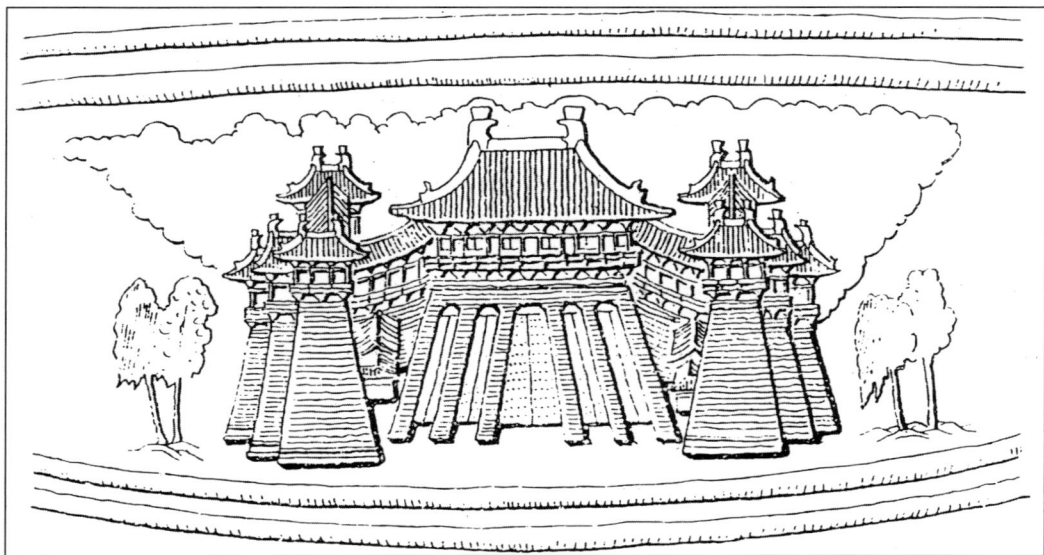

图33　宋代铜钟上刻画的五门道皇城门。辽宁省博物馆藏

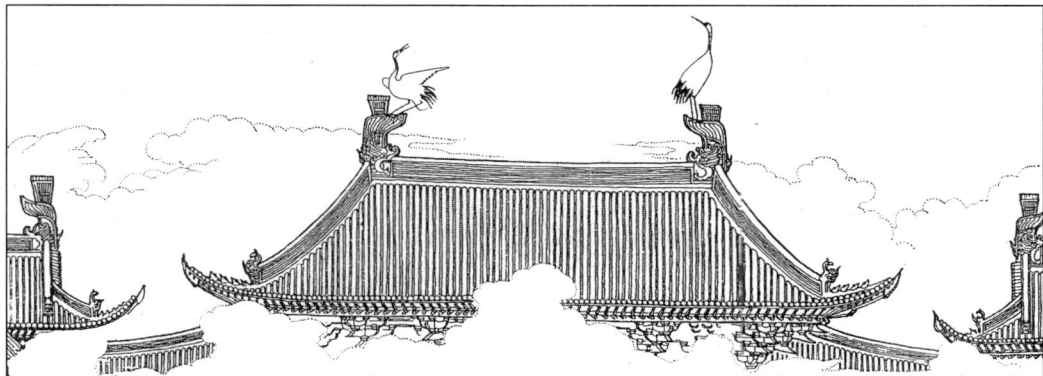

图34　宋徽宗所绘《瑞鹤图》的城楼屋顶。辽宁省博物馆藏

盖着青绿琉璃瓦的庑殿顶，正脊两端饰以螭吻，垂脊上布列着蹲伏的仙人走兽（图34）。在大殿的两端，各有一条斜廊与相邻城墙上的阙亭相连。阙亭又称垜楼，其翼角伸向宣德门前的广场，端部以三阶式阙楼收尾（图35）。[56]两侧阙楼之间的地面上放着朱漆权子，用于阻止闲杂人等进入守备森严的皇宫正门。[57]孟氏知道，在宣德门的后面，沿着中轴线的就是宫城主殿大庆殿了。令人生畏的大庆殿是宫城中规模最大的一座，其面阔九间，两侧还各有一座五开间的副殿（东西挟），这使其通面阔达到了惊人的十九间。[58]大庆殿前也是一座巨大的仪式性广场，两侧各有60间廊屋环绕，可同时容纳上万人。

　　宣德门东西两侧分别是左掖门与右掖门。自宣德门往东便是东角楼大街，这是开封城中一条主要的商业街，它一直延伸至与潘楼街相连。孟氏朝西边的右掖门走去，他任职的官署就在这座门的西南，而门的东南则坐落着中书省与枢密院，即所谓的两府，它们都是在神宗时期（1068—1085年）建造的，4座建筑两两相对。[59]再往西去就是孟氏工作的尚书省了，神宗年间尚书省搬入了这座多达3100间的宏伟建筑群中，现在这里集中着包括吏、户、礼、兵、刑、工六部在内的国家主要职能部门。[60]

4.1.3　变换的面貌

　　没有一条漫游路径能向我们展示开封这座城市的复杂性及其不同面貌，在作为都城的日子里，它的城市景观每一天、每一季都在不断发生着大规模改变。例如，我们在之前的章节曾提到的潘楼街，就随一天节奏的变化而变化。在潘家酒楼下面，商业活动夜以继日，每天交易的货物种类变化多端。凌晨3～5时，市场就聚集起来，搭建起各种店铺与货摊，出售着衣物、书画、珠宝、犀角和翡翠等货品；拂晓时分，小饭馆开张了，它们主要出售羊头牛肚、兔肉乳鸽、螃蟹蛤蜊等食物；紧接着，兜售各种小玩意儿的商贩也出现了；早饭过后，市场上开始出售美味的甜点与琳琅满目的零食；夜幕降临，商贩们又开始出售衣物、家用器具、贵重小物件与玩具等。潘家酒楼再往东不远就是土市子，这是开封城里最热闹的交叉路口之一，人们在这里进行竹竿交易。城中最大的娱乐区也在这里，它由里瓦、中瓦以及桑家瓦三大瓦肆所包含的共50多家戏院组成，其中最大的戏院——莲花棚、牡丹棚、夜叉棚、象棚——每一座都能同时容纳数千名看客。由此不难理解，这里与沿着南北向马行街的夜市为何是开封城中最热闹的地方。路面上，车辆、牲口与行人络绎不绝，道路拥堵程度甚至超过了州桥的夜市。[61]这里的活动才刚刚平息，东边再往前一个街区的交叉口，那里五更时分的商业活动又开始了。茶馆里灯火通明，人们在里面买卖衣物、字画、花环、领抹等物品，这就是所谓的"鬼市子"，它黎明即散，让位给其他活动。[62]

如果说街道景观是随着一天时间更替而变化，那么城市景观也随着一年四季的轮转而变化，这不仅体现在所售的货物上，而且在店铺与住宅根据临近节日及庆典所进行的装饰上也可以看出来。如每年农历七月初七的"七夕节"期间，在这三五天里，开封大街小巷到处都是摊贩们搭建的遮蓬，市场中停满了马匹与车辆。[63]大多数有钱人都会在自家院子里搭起装饰性棚架，他们称之为"乞巧楼"，并在上面摆放泥人、布料，甚至其他贵重的材料，此外还有酒肉、笔墨、针线等。在这里，女人们特别是待字闺中的女孩祈求神灵能保佑她们心灵手巧。此外，中秋节前，城中所有酒肆都会在门前竖起新的彩旗遮阳棚，或重新装饰原有的棚子，悬挂新的横幅与彩带，出售新酿的美酒。到了晚上，富人们聚集在自家装饰一新的露台或廊下，百姓们则聚在饭店酒肆中，共同欣赏夜空中的满月，住在宫

图35　山西繁峙县岩山寺南殿金代壁画，据称是受宋开封宫殿启发绘制的，显示了入口处城楼、大殿与防御工事

城附近的人甚至还能听到宫中芦笙传来的悠扬乐音。整个中秋晚上，开封城中热闹非凡。[64]不到一个月，重阳节又到了，农历九月初九这天开封城中大小酒肆都会在门前绑扎各种菊花，做成花洞摆放在店铺前。

冬季，重要的节日接踵而至，开封陷入快乐的海洋。冬至、元正和寒食节是3个最重要的节日，每个节日都有一个7天的节庆期，分别是节前3天与节后4天。[65]在新年的头15天里，开封变成一个巨大的节庆舞台。新年伊始，这座城市允许进行3天的赌博，这时候各式各样的货物摆满城中的大街小巷，如食物、家居用品、水果、柴火、木炭等，吸引着人们前去下注。马行街、潘楼街沿线，城东宋门外、城西梁门外踊路上、旧封丘门外往北以及城南整个区域都张灯结彩，摆卖冠梳、珠翠、头面、衣着、花朵、领抹、靴鞋、小饰品等各种货物。在这中间还夹杂着舞场歌馆，车辆马匹则在街上来来往往。到了晚上，富贵人家的女眷也会挤到赌博的人群中围观凑热闹，或是到市场与酒馆里大吃大喝，没有人会嘲笑她们，也没有人认为她们的行为惊世骇俗，因为这已经成为开封的一种习俗。[66]

所有节庆活动都在正月十五这天的盛典中达到高潮。主要的庆祝活动在皇城前巨大的广场上举行，从前一年冬至开始，开封府就在广场上朝向宣德门的地方绑扎起"山棚"、竖起彩杆（图33、图35）。正月十五这一天，欢庆的人们早早聚在御街两侧的廊下观看各种奇术异能、歌舞百戏，"乐声嘈杂十余里"。[67]在这里，猴呈百戏、鱼跳刀门、使唤蜂蝶、追呼蝼蚁等应有尽有。此外，还有卖草药、算卦看相的，以及在地上用沙子写谜语的。

正月初七，宣德门前灯笼山高悬，并用彩带装饰，熠熠生辉。灯笼山朝向宫城的北侧装饰着彩结，山沓上绘制着神仙的故事。宣德门的三扇大门依次排开，每扇上面都悬挂着系有彩结的金字大匾，中间匾额写着"都门道"，左右两边则分别写着"左禁卫之门"与"右禁卫之门"。在这些门匾的上方还有一块大匾额，上面写着"宣和与民同乐"。

孟元老进一步写道：

彩山左右以彩结文殊、普贤，跨狮子、白象，各于手指出水五道，其手摇动。用辘轳绞水上灯山尖高处，用木柜贮之，逐时放下，如瀑布状。又于左右门上，各以草把缚成戏龙之状，用青幕遮笼，草上密置灯烛数万盏，望之蜿蜒，如双龙飞走。

灯笼山至宣德门前的大街约有百余丈，这个区域用棘刺环绕，称为"棘盆"，里面竖立着两根高达数十丈、以彩带缠绕的长竿，上面悬挂着纸糊的百戏人物，风一吹就像天上的飞仙一般起舞。棘盆内设有乐棚，衙前乐人在此作乐杂戏，左右军百戏亦是如此，只等皇帝落座，所有人便齐声表演。

帷幔装饰的宣德楼上有一个黄丝绸华盖，下面就是御座，以黄色帘幕遮挡。帘后站立着御龙卫士，手执黄盖掌扇。两侧垛楼上各悬挂着一盏丈余大的球形灯笼，里面点着"椽烛"。跺楼下面是用枋木垒成的露台，彩结栏槛，教坊艺人在上面表演着喜剧。楼上帘幕里传来阵阵乐声、笑声与宫中嫔妃的欢语，楼下百姓则在乐人们的带领下不时高呼着"万岁……"。[68]

正月十六庆祝活动继续进行。这一天，皇帝在早餐后会登上城楼，他着红袍戴小帽，以便所有人都能看到圣驾。广场上再次上演盛大的节庆表演，官员与权贵们在两侧垛楼的幕次空间里相向而坐，幕次空间里与广场上的乐声大作。西垛楼下的幕次空间是开封府尹的临时办公场所，在这里可以惩处不法行为。城楼上偶尔传来口头赦免声，犯人罪行即可免除。

至三鼓，楼上以小红纱灯球，缘索而至半空，都人皆知车驾还内矣。须臾闻楼外击鞭之声，则山楼上下灯烛数十万盏，一时灭矣。于是贵家车马，自内前鳞切，悉南去游相国寺。寺之大殿前设乐棚，诸军作乐。[69]

在开封城里的其他地方，例如：所有的寺庙都是欢庆的场景，灯火通明，人声鼎沸；所有城门前都搭起乐楼，供大众娱乐。若街巷路口没有乐楼，人们也会在那里布置皮影戏舞台。这一刻，整个开封城变成了快乐的海洋，店铺与寺庙的灯光以及娱乐活动交相辉映，城内所有设置乐楼与舞台的公共空间都吸引着百姓们前往。

随着新年庆祝活动的结束，开封城又恢复到往日的节奏。这种与日常及季节更替相协调的城市变化不仅是宋代城市的真实写照，同时也适用于中国其他时代的大部分城市，如初唐的长安与洛阳，其城市面貌也随着日常变化而周期性调整，只是复杂程度不同而已。与宋代开封相比，由于严格的时空限制、苛刻的活动隔离以及严厉的城市管制，初唐都城的面貌变化要相对简单些。例如，在长安的东西两座坊市里，宵禁的鼓声一响，热闹的场景马上就变成一片死寂。在一天中大部分时间里，唐都城中那些宽阔的大街始终是些空旷的过渡空间。而在北宋末年的开封，城市管制放松，空间上由此叠加了丰富的时间层次。至于位置方面，虽然地理空间固定，但白天与夜晚的表现不尽相同。这种复杂性也延伸到社会构成中，开封人口高度混杂，各行业、各年龄、不同性别的人共处一地。重要的是，甚至富贵人家的女眷也能在节日期间与赌场中那些粗鲁的人打成一片。其实，北宋社会在许多方面都没有后来南宋那般保守，这主要是因为新儒学在南宋才得到发展，并逐渐成为国家思想的正统。不过，我们必须明白，北宋的社会差异仍然是非常显著的，明确的禁奢令仍然限制着人们根据自己的社会地位着装。因此，大多数时候，只要看一眼衣服颜色与头饰类型，就足可判断出穿戴者的社会地位。可即便如此，公然违反禁奢令的仍大有人在，这些人主要是富裕的商人与制造业主，相较于普通百姓，他们有能力也有影响力来维系自己想要的生活方式。

4.2
开封与杭州作为都城的选择

赵匡胤于960年2月3日登基建立宋朝时，开封的城市状况远比12世纪初逊色许多，他所继承的这座城市刚在5年前由其前任后周皇帝柴荣做过扩建。开封的历史非常悠久，自隋朝开始就一直沿用，10世纪上半叶它曾先后作过后梁、后晋、后汉、后周4个政权的都城。由于这座城市既小又拥挤，故柴荣这位后周第二任皇帝对它进行了相对小规模的改造，主要是新建了罗城以及拓阔了主要街道。

隋文帝登基之初，全然不顾一半疆土仍掌控在陈朝手中的事实，从零开始建设长安城，与之不同，登基之后的赵匡胤满足于保留后周都城开封作为自己新政权的所在地。[70]当然会有人认为这是因为当时宋朝立基不稳，尚无法承担宏伟新都的营建所致。不过，这种论调肯定会大打折扣，因为宋太宗在979年巩固政权后，开封仍被保留下来作为都城。当时，他夺取南方所有领土后即率军北上，进攻以北方太原为据点的最后一个小政权——北汉（951—979年），并于同年将其攻克。

隋朝皇帝营建新都的努力彰显出他的政治野心与奢侈无度，甚至为快速建设而缺乏对民众劳役负担的考量，而开国皇帝宋太祖对开封的沿用所揭示出的是宋朝统治者的实用主义与节制意识。这同样表现在两个政权各自对都城选择的趋向上，隋炀帝登基之初即建立新都洛阳，而宋朝历代统治者始终以开封作为都城。

不过出于防御的考虑，宋太祖确曾考虑过把都城迁往更具战略意义的洛阳，毕竟开封位于黄河冲积平原，这是他始终忧心的事情。然而，在他的兄弟及倾向开封的群臣劝谏下，宋太祖最终搁置了迁都计划。究其原因，宋朝帝王的政治与军事理念使其认为选择开封作为都城更为关键。宋朝是在摧毁前朝的军事起义中建立的，由于担心叛乱事件在边境地区再次上演，所以宋朝统治者将一半军队驻扎在都城及其周边地区，由自己牢牢控制。据记载，高峰期的开封及周边驻军人数超过了30多万人[71]，后勤供给相应成为都城选址的重要考虑因素。开封位于大运河沿岸，相对靠近富饶的江南地区，这些都是不容忽视的优势所在，它们确保了日后这座容纳100多万居民的城市能够便利地得到物资保障。

当时替代迁都计划的是设立陪都。开封是众所周知的"东京"，其他三个军事重镇也被选作都城，洛阳因在朝廷遭受威胁时便于退守，故被选作"西京"，大名府（今河北大名县东）为"北京"，应天府（今河南商丘）为"南京"。这三座"陪都"分别位于开封的西、北、东三个方向，与后者相距都在180公里左右，它们共同为开封提供了一道外围防护圈，因为都城极易受到来自这些地区的进攻侵扰（图36）。[72]

与长安相比开封尺度相对较小，它的外城墙建于955年，周长仅48里233步（27公里），而唐长安的则为67里（36.7公里）。[73]即便后来经过加固拓展，开封外城墙的周长也仅有50里165步（28.07公里），仍比唐洛阳的短了大约1公里。[74]虽然开封城内面积与唐洛阳的大致相当，却只有唐长安的六成左右。[75]

开封不仅整座城市的规模比唐代时期要小，皇城亦如此。事实上唐宋都城中的皇城几乎没有任何可比性，因为开封的皇城不

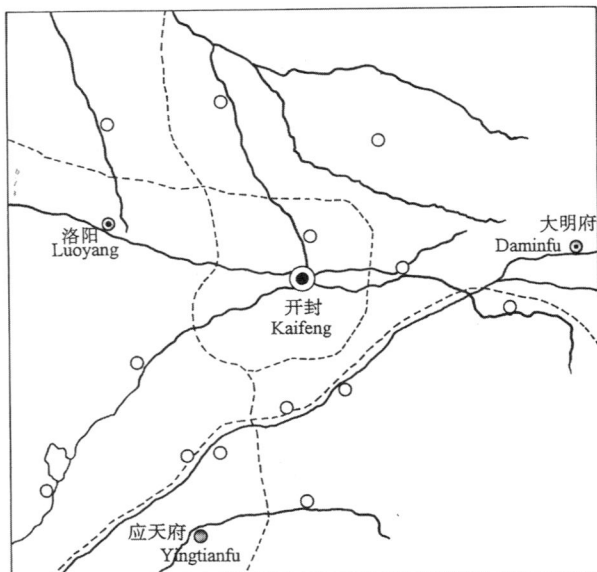

图36　宋代陪都分布示意图

仅包含宫殿建筑，同时还容纳着众多衙署（图37）。小规模的皇城无法承载全部的官方机构，因此有些衙署不得不安置在城内的其他地方。而在唐长安与洛阳，宫殿建筑群都是被单独安置在界限分明的防卫宫城里。长安仅宫城面积就达到了约4.2平方公里，这相当于开封皇城的10倍。皇城则另设，面积约为5.2平方公里，大明宫的建设又使皇城面积额外增加了3.31平方公里。唐洛阳宫城的面积虽然小一些，但也达到1.78平方公里。[76]开封皇城的尺度狭小，主要是因为它不像长安与洛阳那样是从零开始建造的，而是以后周皇城作为基础，而这座皇城在初期也不过是唐开封府治的所在地。

宋太祖登基以后，曾试图以洛阳为蓝本重新建设开封皇城。962年，他整顿并扩建了宫殿区，将其城墙拓展延长至5里。986年，进一步扩建的计划被放弃，因为拓展皇城就必须拆毁民宅，显然百姓们并不愿意搬迁——对于朝廷官方来说，这是一种极不寻常的考虑，也再次表明了宋朝开国皇帝仁慈的品性。[77]在开封皇城内，居住与办公建筑也不再分置于各自的防御堡垒中。虽然皇帝的宫殿与办公场所都位于城墙的西北侧，但在皇城与宫城之间并没有严格的界分。[78]直到北宋末年，开封的宫城一直都没有什么大的变动，不过在宋徽宗统治下建造了一座新的宫殿"延福宫"。这座宫殿的建设分成两个阶段：第一阶段，将宫城北侧原有的一座酒坊、油醋柴煤与马具仓库、两座军营、两座佛寺及尚衣局都迁走，清除过后的宫城至内城北墙之间区域被用于扩建；第二阶段，将宫殿建筑扩出宫城北墙及其外部的壕沟。经此大幅拓建，新皇城的面积增至原来的两倍多，周长达到9里13步（5公里）。[79]如果将皇城东北侧毗邻的艮岳考虑为皇家园林的组成，那么宫殿区及御苑的实际范围就更加可观了，因为仅是这座臭名昭著的园林其周长就达到了十几里。延福宫

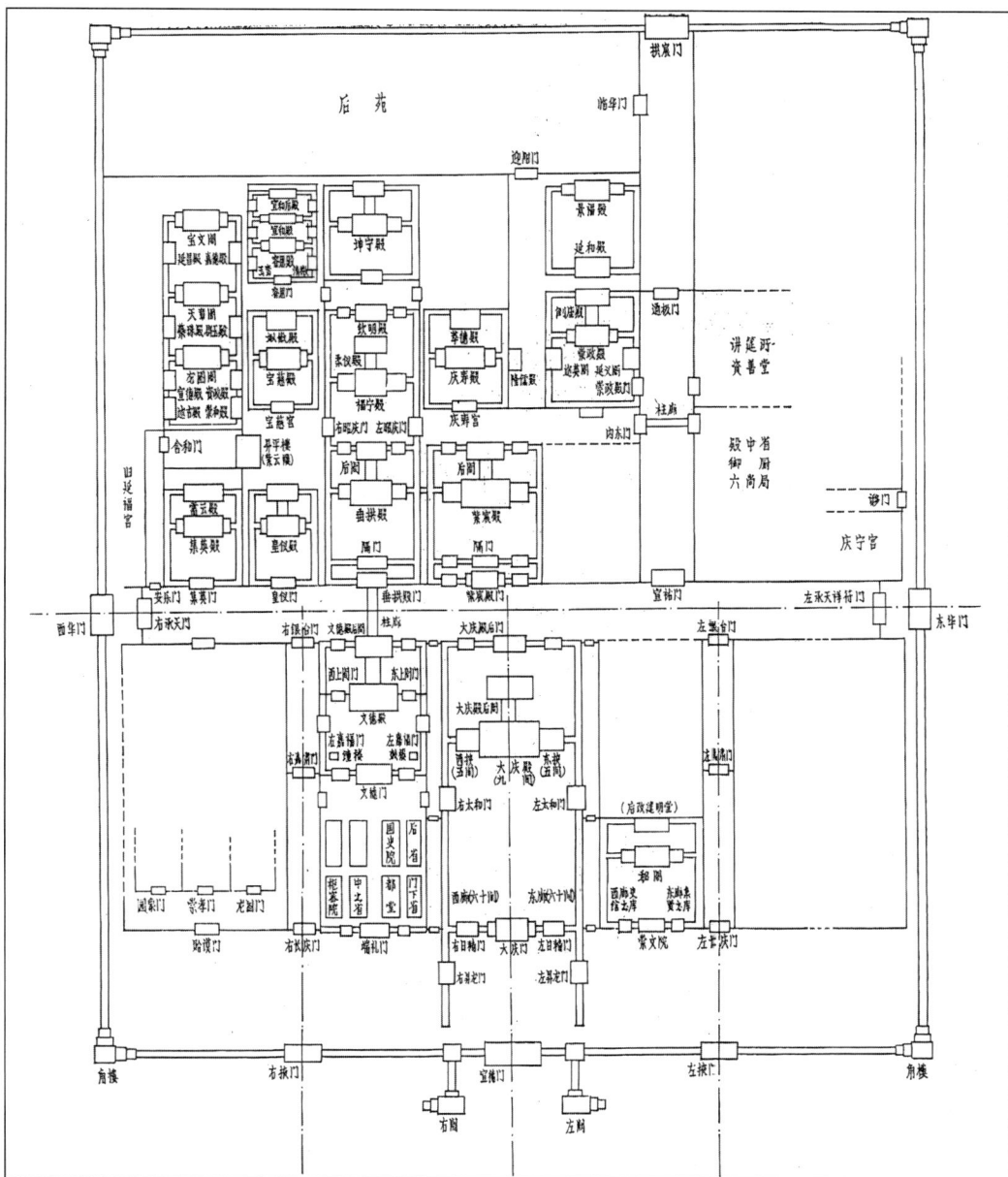

图37　开封皇城图

建成后，徽宗就一直住在那里，直到开封沦陷。[80]

　　宋朝的实用主义或可作为北宋沿用开封作为都城的理由，但临安（今杭州）则几乎是无奈地成为南宋都城的。虽然也是皇帝的首选，但临安是在经历了漫长的一系列事件后才转制成为都城的。1127年1月9日，金兵攻陷开封，并掳走徽、钦二帝，徽宗第九子赵构（后来的高宗）旋即在南京应天府称帝。在金兵紧追下宋高宗被迫向南撤退，他先是逃到扬州，然后渡过长江到达镇江，次年他又撤退到更南边的杭州。然而，民意与叛乱迫使他不得不北上建康，以图采取更有效的军事手段来抵抗金兵。虽然建康也位于长江以南，一定程度上可抵御北方敌人的进攻，但高宗始终更中意杭州，因为这座城市不仅位置更靠南，而且有钱塘江提供进一步的保护。另外，马背上的敌人习惯于北方的平原作战，对他们来说，杭州周边的丘陵、湖泊与水系等地形又成为一道额外的阻隔屏障（图38）。很快，高宗被迫逃离建康再次撤退，这次他借助海路南下温州与台州。1131年，高宗于绍兴设立朝廷，仅在这座城市停留一年多便迁往杭州，1138年最终宣布杭州为其"行在所"。[81]

杭州作为"行在所"的地位仅是象征性的，这一称谓意味着宋朝统治者很快会收复失地重返北方的开封。然而，宋金不久就签订了一项和平条约，确立以淮河为界分而治之，

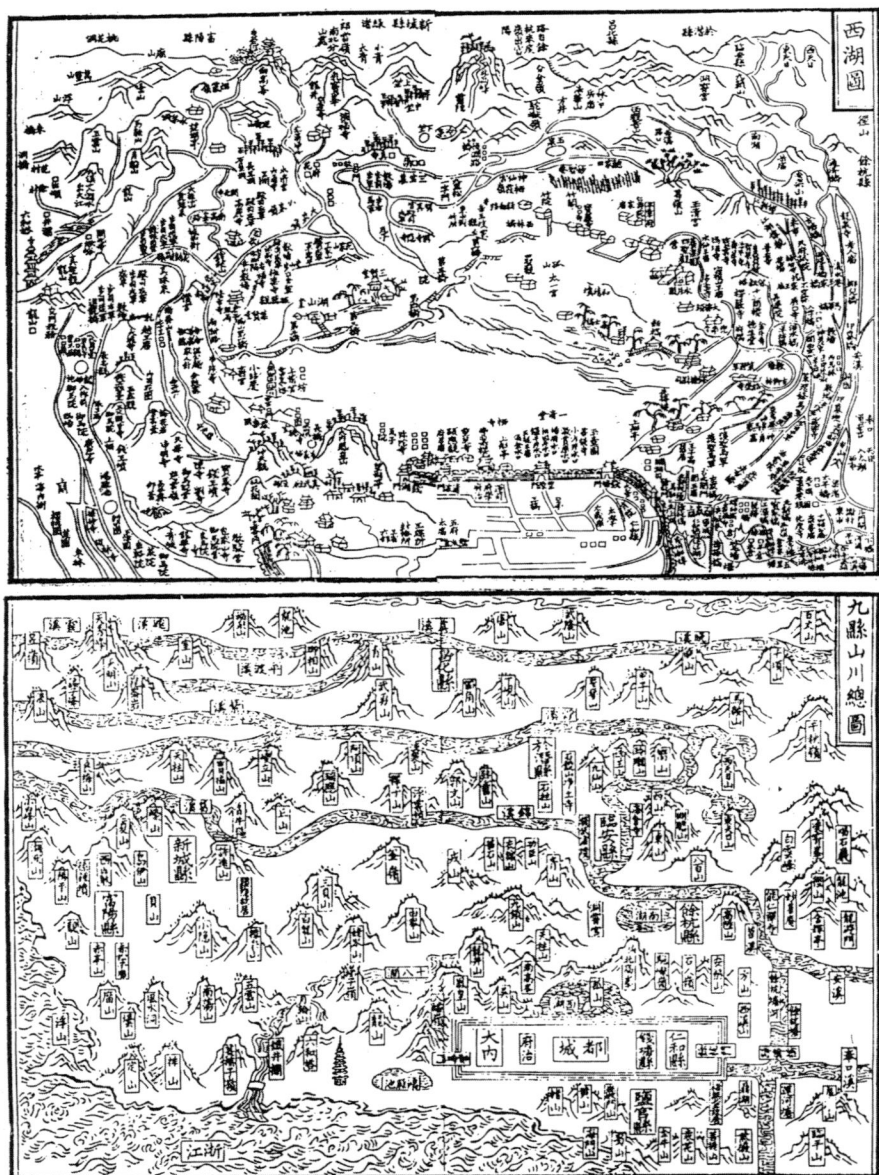

图38　当时舆图所示杭州城的位置

杭州由此作为都城贯穿了南宋的始终。

杭州是一座比开封规模更小的城市，它位于钱塘江口，陆路与水路交通都很便利。隋朝大运河的开通使杭州成为当时国家生命线的南部终点，其城市地位由此得到提升。在西部美丽的西湖、东部河流、南部群山的夹击下，杭州整个城市呈现不规则的细长腰鼓形状，唯一有扩展可能的是城市的北部。虽然杭州所在位置早在六朝时就已有城市存在，但杭州的声望直到唐代才真正崛起，当时它作为最具生产力的地区之一而声名显赫。591年，隋将杨素在杭州新建了一道长36里90步（约20.2公里）的城墙[82]，后来又进一步扩建了城池。杭州人口快速增长，从隋代的约1.54万户增至742年的约8.6万户。[83]安禄山叛乱所引起的巨变导致北方人口大量南迁，这座城市的人口数量因此大幅度增加。到了1085年，杭州人口达到20.28万户，成为长江下游人口最稠密的城市。在确立为都城后，"近2万朝廷高官、数万吏从、40万军队的大部分及其家眷"迁往杭州及其周边，包括苏州、建康与镇江等地。[84]据估计，南宋时期杭州人口可能在150万至500万，但大多数学者认为，就每年运抵杭州的粮食总额来看，较保守的数字应该更符合实际。[85]

杭州城市规模也在不断扩大。作为五代时期南方10个政权之一的吴越国都城，杭州城墙曾在890年、893年和910年分别向北、南、东三个方向进行扩建（图39），建成后的城墙长度达到70里。[86]在此期间，杭州南部城墙内也建起一座拥有自己的围护墙体的行政机构——王城，与后周治下的开封一样，当时的杭州也拥有了三道城墙。

杭州的经济发展迅速，除了是丝绸、造纸、印刷、酿酒、造船等制造业的中心外，还是重要的港口城市，来自高丽、日本、波斯与阿拉伯的船只常年在这里停泊，贸易额相当可观。唐宪宗时期（806—820年），杭州每年税收约占全国总税收的4.2%。作为吴越国都城期间，杭州经济因政权稳定而进一步发展。[87]与北方那些平均寿命仅十数年的政权不同，吴越国统治时间长达70年之久，直至978年才纳土归宋。到了北宋时期，杭州已成为中国四大港口之一，是东南部最重要的城市。杭州的繁荣令人印象深刻，1072年日本僧人成寻到访时，曾在日记中留下关于这

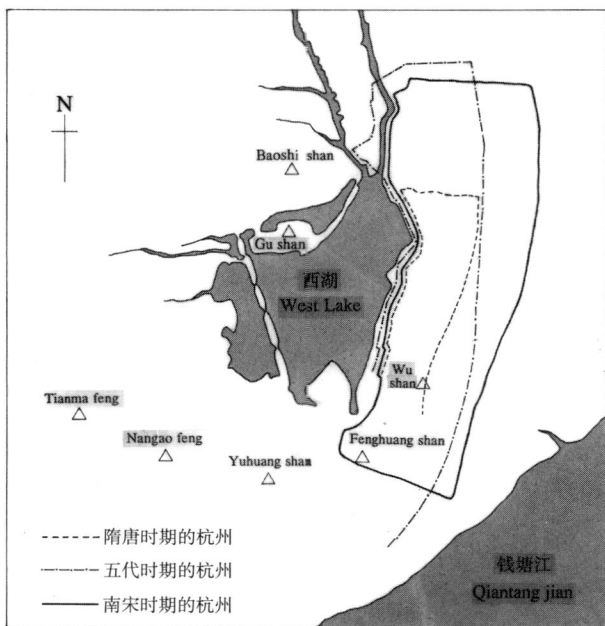

图39 杭州不同时期的城市轮廓

座城市的冗长描述。5年后，杭州商业税收达到了82173缗。[88]

　　高宗皇帝选择并保留杭州作为都城，愈发体现了宋朝统治者的实用主义、能力弱化以及政治野心的缺失。杭州本来就已拥挤不堪，几乎没给逃亡的朝廷提供任何可用的土地（图40）。[89]唐与北宋时期，杭州府衙就位于城市东南的凤凰山脚下，南宋朝廷最终也选择这里，在起伏不平的丘陵山地间造起宫城，初期仅建设了少量建筑。窘境中的高宗皇帝力倡简朴与节制，一座厅堂不得不满足多种不同功能，因此标示建筑名称的牌匾根据场合不停地更换[90]，如主殿文德殿就依场合而分别被称为紫宸殿、大庆殿、集英殿、垂拱殿与祥曦殿。更为尴尬的是，南宋宫城位于城市的最南端，这在中国都城史上可以说是前无古人后无来者。然而，像所有前朝都城那样，杭州仍保持着与之前相同的皇城功能布局，即北部

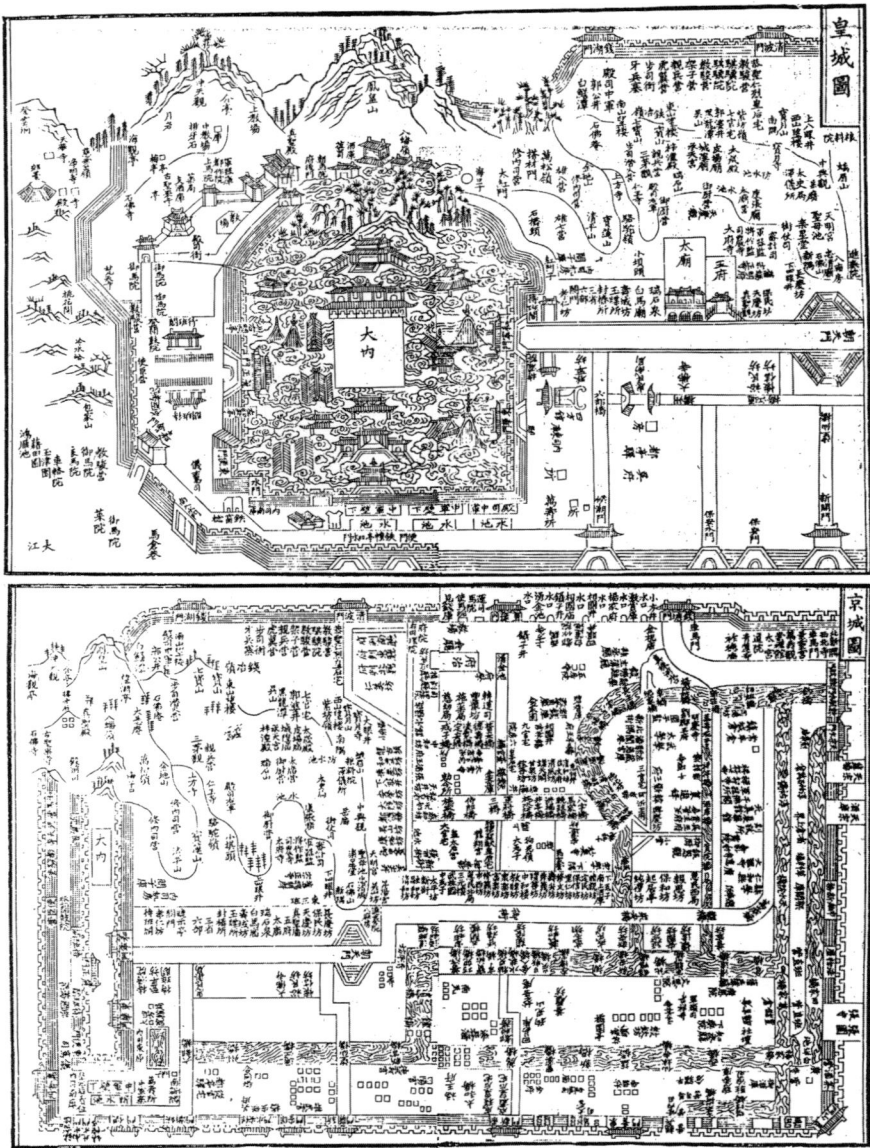

图40　当时舆图所示杭州及其皇城图

为居住部分，而行政礼仪部分则放置在南边。由于皇帝上朝时必须面南背北，相应所有建筑的正向也都朝向南方[91]，因此整体来看，可以说杭州皇城是背对着城市的。

4.3
宋代城市

中国古代城市的三个主要组成——城门、街道与建筑——在很大程度上决定了一座城市的特征。[92]就宋代城市而言，其城门要比唐代更加雄伟壮观（图41、图42）。战争技术的改进，包括火药的发明与使用都对宋代城墙与城门的设计产生了影响。[93]到北宋末年，开封外城墙经过多次加固修缮，已配备有马面、敌楼、女墙等防御设施（图43、图44），这些设施彼此间隔约有百步的距离。沿着城墙的内侧，每200步就设有一座军械库，因此开封带有城门的巨大新城墙可以说是名副其实的壁垒。在所有陆路城门中，只

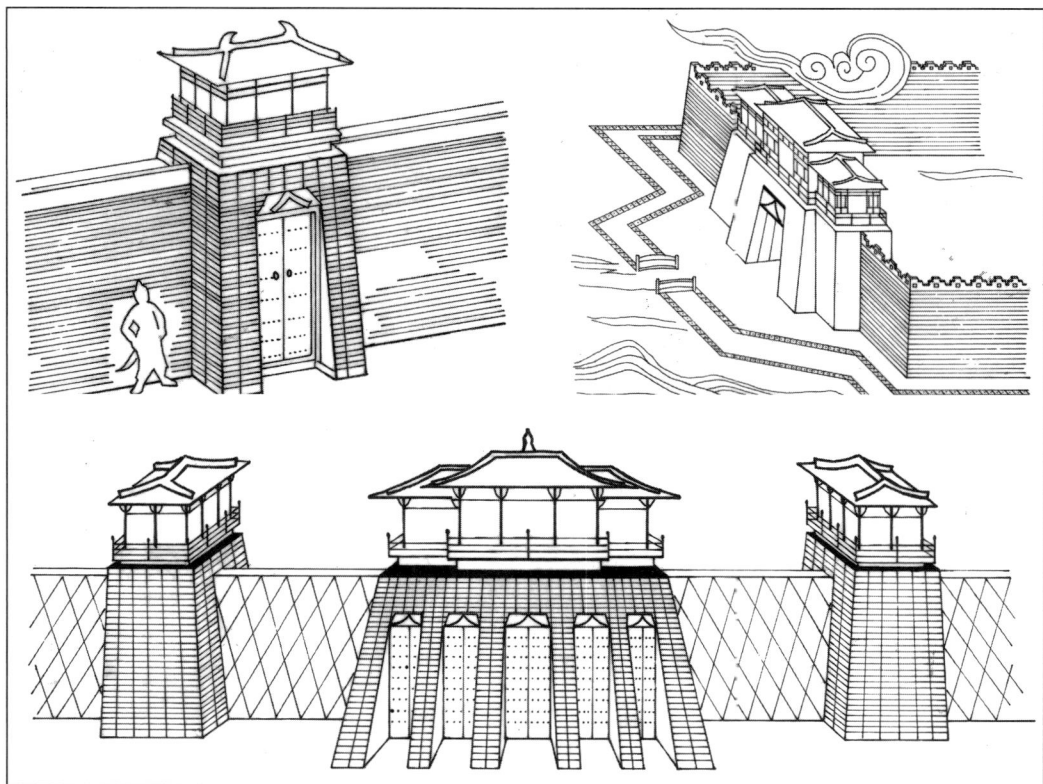

图41　敦煌壁画所示唐代城门示例

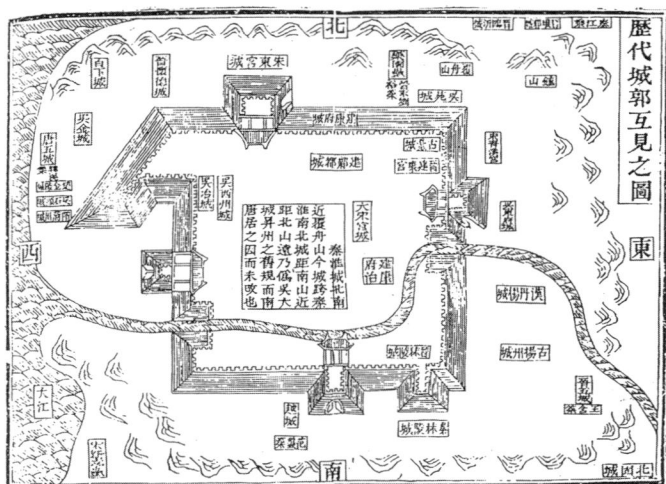

图42　当时文献所载宋代城门样式

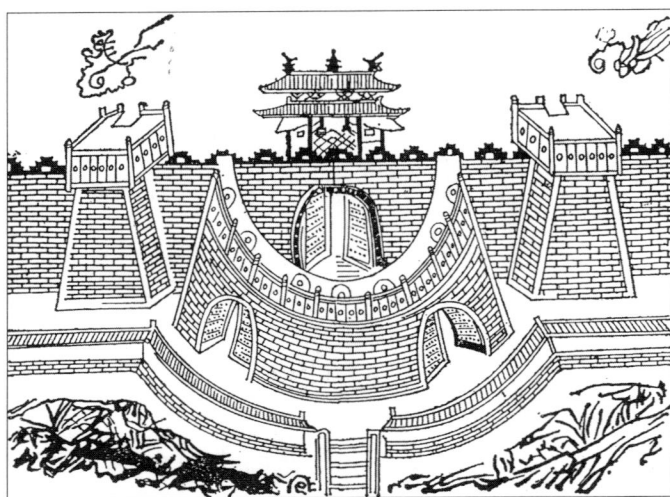

图43　瓮城示例

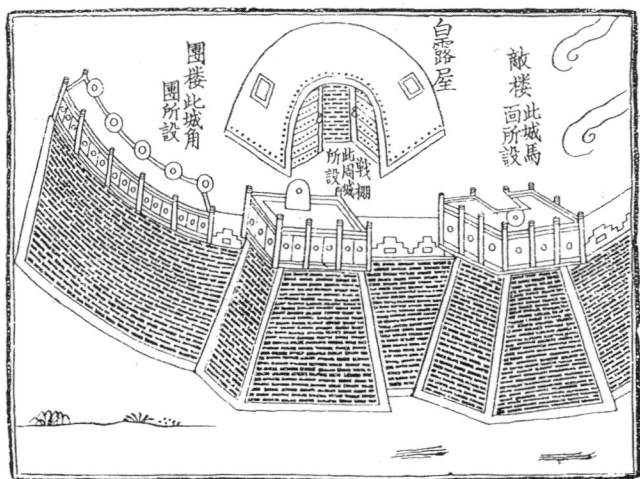

图44　马面示例

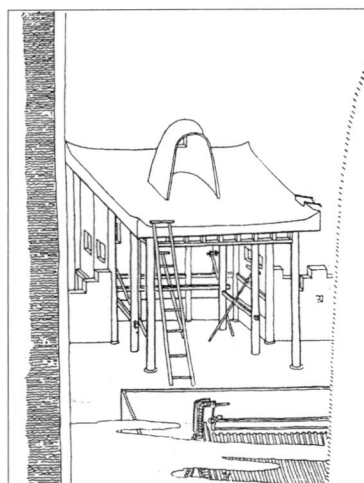

图44a　敌楼示例

有南薰门与其他3座主城门——新郑门、新宋门、新封丘门——采用的是双层直对式瓮城，两重城门间有一个杀伤区（图45），而剩下的其他城门均采用防御性更强的多层迂折式瓮城（图46）。在开封考古队已探明的10座城门中，新郑门是规模最大的一座，其遗址占地为东西宽120米，南北长150米，门道宽度约为30米。[94]这座城门尺度如此巨大，可能是因为它正处于连接开封与洛阳的御道上。另外新郑门外就是金明池，那是朝廷操练水军的地方，每年三月皇帝及全城百姓都会来此观看水上嬉戏与其他表演（图47）。在为期40天的时间里，平日里对公众封闭的池塘与花园都对外开放，供人们开展各种休闲活动。

另一座横跨御道的双层直对式城门是新宋门，它位于东边的外城墙上，关于这座城门的描述来自南宋官员楼钥，当时他正经过开封向北出使金国的都城燕京（即金中都）。1169年腊月初九，楼钥自新宋门进入开封城，当时他对这座城门的描述为：

城楼雄伟，楼橹壕堑壮且整，夹壕植柳，如引绳然。先入瓮城，上设敌楼，次一瓮城，有楼三间，次方入大城，下列三门，冠以大楼，由南门以入内城。[95]

1368年，即南宋灭亡90年后，一座与新宋门相似的聚宝门建于明（1368—1644年）南京。这座城门迄今仍在，被称为中华门，其虽为四层瓮城，但职能及外观与宋开封的新郑门可能都比较接近（图48）。关于宋代城门，也可以在敦煌壁画、军事要塞石刻以及当代

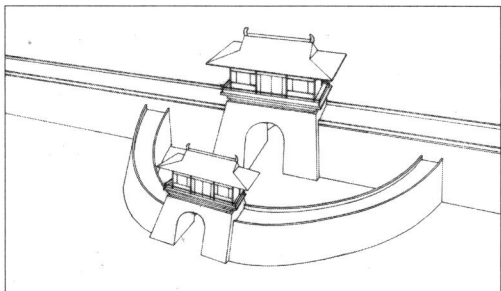

图45　双层直对式瓮城示例

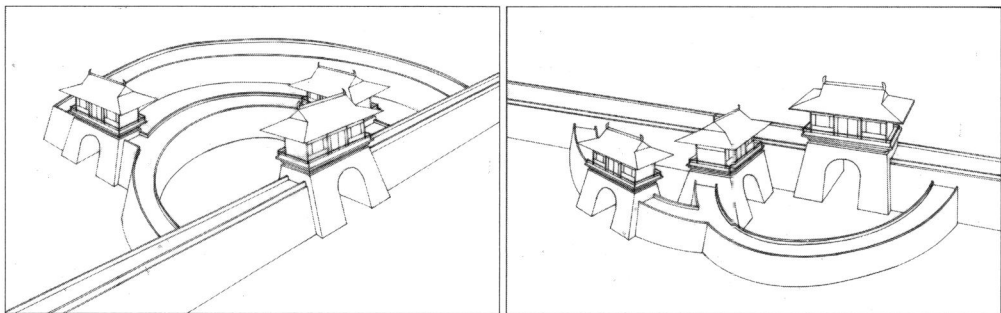

图46　三层迂折式瓮城示例

图47 宋画《金明池争标图》。辽宁省博物馆藏

图48 明南京中华门模型

出版的方志中看到与其相关的简洁描绘（图41、图42、图67）。

万胜门位于新郑门以北，它可能是开封其他城门的代表。最近的考古发掘证实，此门的形式与后来木版画中描绘的开封城门相一致（图49），即在城门前加设了一道半圆形瓮城以提供额外的保护。万胜门遗址占地为东西宽60米，南北长105米。必要时，还可以在现有瓮城基础上再增加一道环形墙，以此进一步提升城门的防御性。为增加攻城难度，这些防御设施的开口都交错布置，在当代有关城市防御的文献中，其所载插图进一步阐明了开封这些令人印象深刻的城门结构（图45、图46）。

并非仅有陆路城门才防备森严，开封水城门也都配备有防御机制，以确保城市的安全。东水门是汴河穿越城市东墙的通道，它的门扇用金属包裹，夜间可以像水闸一样落下来封住门洞。在城门外，夹河的两条道路设有专供行人通行的戍门。[96]南宋苏州也有一座与之类似的水陆两用城门，即盘门，它可以使我们对这种防御结构的外观与工作原理有清楚的了解。盘门位于苏州的西南角，虽然设计上可能更复杂些，但其背后的防御机制与开封城门应是相同的（图50、图51）。

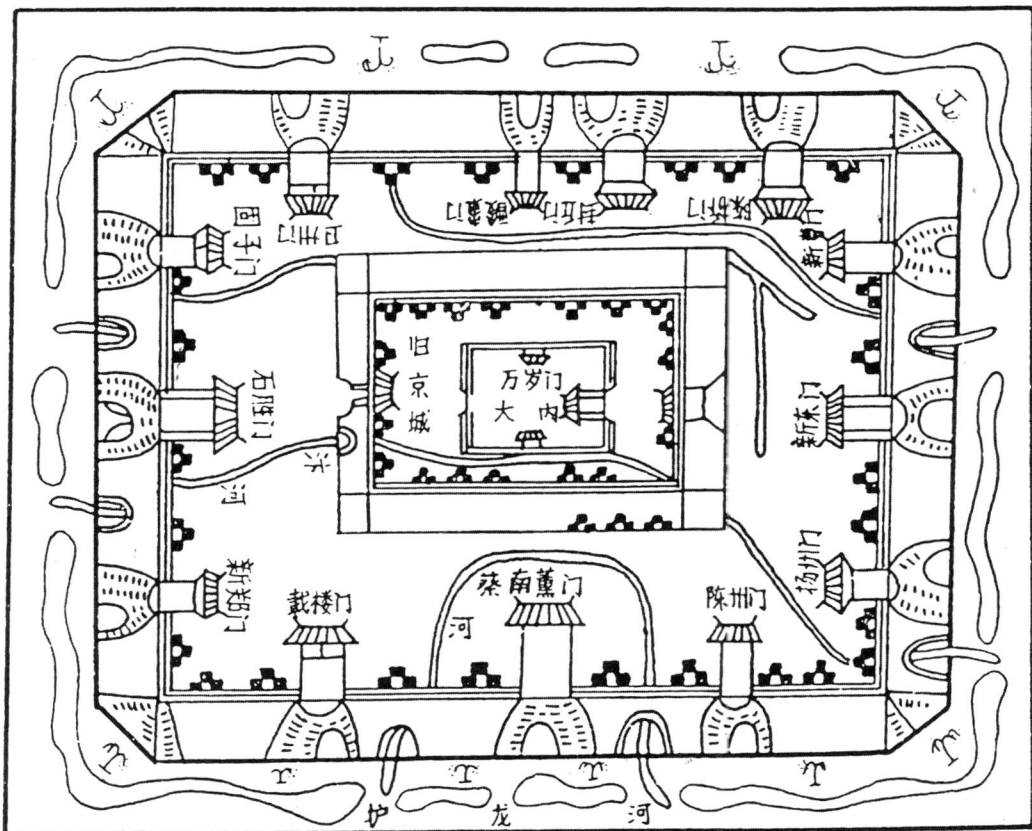

图49　宋元《事林广记》中的开封城图

只有都城开封以及静江府城这样的军事城市才设有防御性城门，其他城市则没有如此完备的防御设施，例如杭州外城的13座城门中，仅东城墙上的艮山门才设有瓮城。

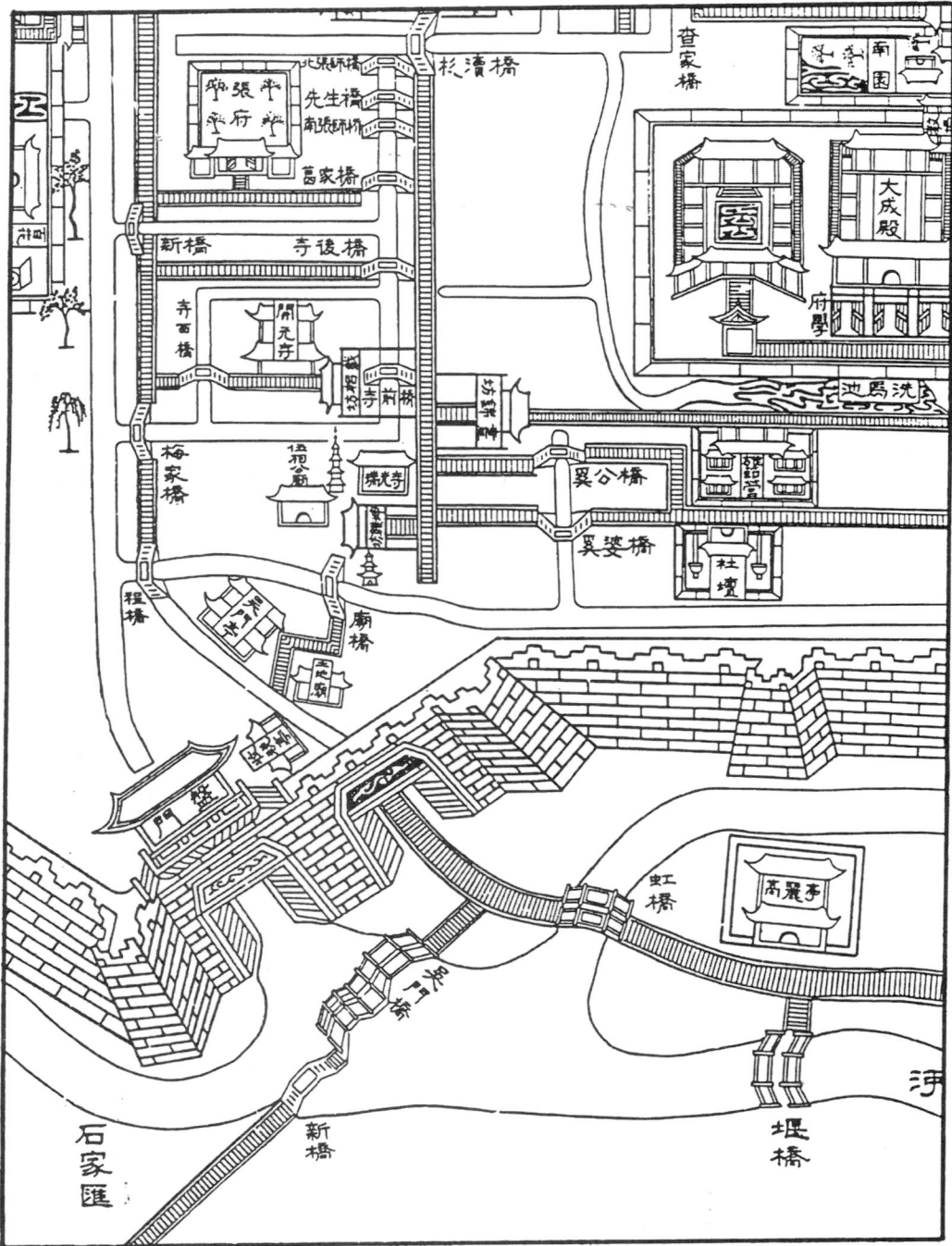

图50 《平江图》中水城门盘门的细节

图51 现代苏州盘门的照片

正如城墙及城门给予游客与居民关于城市边界的第一印象那样，城墙内部的街道与建筑构成城市的肌理，它们共同组成城市景观，其组成与使用方式也揭示了城市的性质及其被控制的方式。

4.3.1 城市的大众化

到了北宋末年，中国城市明显比之前更受欢迎。从某种程度上说，政治上的逐渐放松使城市与居民更容易接近。街道、城门前的公共广场、寺庙庭院、餐馆、酒肆与其他类似设施都成为大众喜闻乐见的娱乐场所，它们的区别仅在于强度与节律上的不同。皇亲国戚、文人官员与普通百姓经常光顾同样的场所，限制他们的更多是自身的经济实力，而并非所承袭的社会地位。城中土地大部分都掌控在官员与富商的手中，他们利用这些土地建造了供自己消费的城市——街道纵横交错，街旁店铺、酒肆、饭馆、娱乐设施等鳞次栉比，这些场所提供的各种服务只有社会新贵阶层的购买力才能与之匹配。属于平民百姓的无数院落住宅依然构成城市的背景，在过去几个世纪中并没有发生明显的改变，但是城市中某些特定的组成现在开始凸显出来，值得我们关注。

4.3.2　街道

在开封，3条主要的商业街与4条御街构成城市的基本骨架，其他二级与三级街巷依附其上，形成了盘根错节的交通网。开封主街承载的功能与唐长安宽阔大道有所不同，后者尺度巨大，看起来更像是空间的分隔物，而开封街道足够狭窄，主要承担着空间的连接作用。正如我们在《清明上河图》中看到的那样，侵街建筑也缩减了开封街道的实际宽度，使道路变得更加拥挤。

从政治层面来说，壁垒森严的坊墙、进出的严格管控以及路口频繁部署的岗哨，都使唐代的那些城市大道成为控制人口的工具。相比较而言，开封的线性街道所受到的监管要少很多。虽然街道上仍旧经常布置岗哨，但狭窄的道路尺度、沿街林立的店铺、棚屋与摊位，加之城市的拥堵，都弱化了岗哨在视觉与物质上造成的冲击。宵禁的取消使这些街道因市场与娱乐活动而整日喧嚣，而在有些地方，街道的热闹氛围甚至通宵达旦。

开封街道发挥的心理与社会作用也迥然不同。唐长安与洛阳居民意识中那些持续存在的时空限制已成为过去，唐诗中所吟诵的都是长安的宵禁鼓声、棋盘布局、坊墙与"六街"，而宋人著作中强调的则是街道的商业与娱乐活动。同样，社会限制也变得不那么重要了。807年刘禹锡作为朗州司马只能在城楼上观望与描述市集，而宋朝官员却可以在城中拥有许多高档的商业地产，并且节庆期间富贵人家的女眷还可以与平民百姓在街头巷尾争相观看赌博与庆祝活动。在城市的主要商业动脉中，活动、功能与社会阶层的丰富组合也得到充分体现。

开封城中有3条穿城而过的商业街，其中一条自皇城前广场出发，朝西沿西角楼大街先过梁门，而后过万胜门，最后到达城墙外的御花园。在这条长约2.5公里的道路沿线，分布着许多衙署机构，如殿前司、防御药铺、都亭西驿、京城守具所等[97]，同时还散布着大量的宗教性场所，至少有一座祆教庙宇、两座佛寺（太平兴国寺和大佛寺）、一座道观（建隆观）和一座纪念太宗皇帝诞生地的启圣院。[98]另外，街道两旁还有各式各样的店铺，既有卖炖羊肉与包子的小吃店，又有像清风楼与宜城楼这样的高档酒楼，此外还有大量客栈、药铺以及各种小贩。街道边还有瓮市子，那也是公开行刑的地方，瓦子等大型公众娱乐区也在这里。普通百姓的房子与达官贵人的宅邸在这条路上并不鲜见，例如宰相蔡京的府邸就在梁门外。在这条商业街的东边，与之相对的是开封的第二条商业动脉，它自宣德门广场向东一直通达旧曹门，然后过新曹门后再继续延伸。第三条重要的商业街沿着皇城东墙向北发展，先过旧酸枣门，而后经新酸枣门进入郊区。后面的两条商业街都穿过开封最繁华的地段，是呈现城市中随时间与地点变化而变化的各种热闹景象的舞台（图52）。

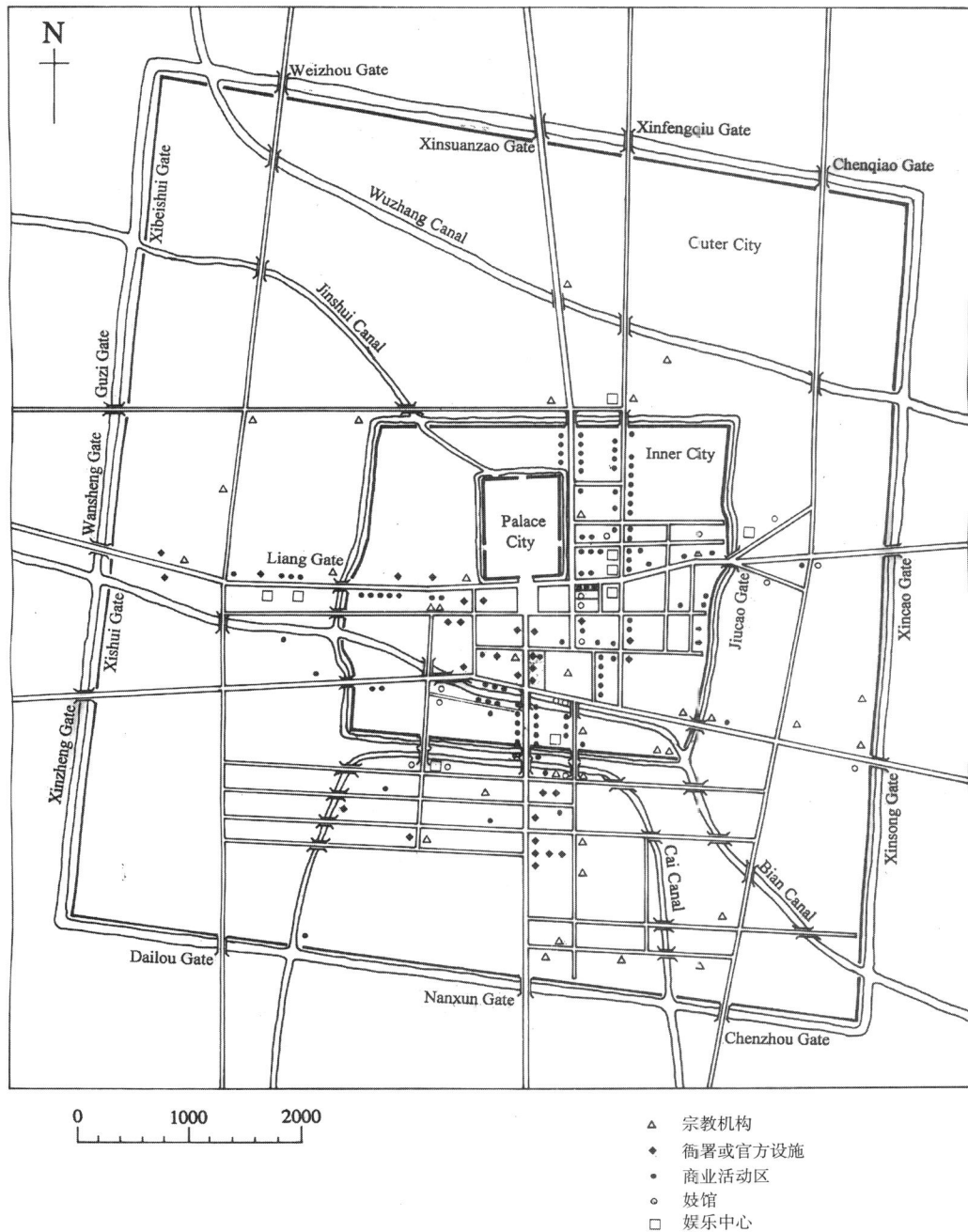

图52 开封及其活动复原示意

对于开封来说，军事与经济上更重要的是4条御道，其中一条——南北御道——我们已经看到过，它南出南薰门，连接襄阳、江陵、荆州、湖州与广南等众多地区。4条御道将开封及更广大的区域与全国性路网连接起来：东段自州桥始，过新宋门，将开封与南京应天府相连接，然后南至徐州、楚州，最后到长江下游地区；西段从州桥至新郑门，再至洛阳、长安，最后到达西夏西部地区；北段从潘家楼东侧的土市子左转，过封丘门，一直北上与北京的大名府、保州相连通，最后抵达辽国境内。

在开封，那些陆路旅客抵达经过的大街也是城市重要的商业街。北边道路尤其繁忙，沿途首先经过娱乐区，接着是热闹的马市、繁忙的餐馆酒肆与药铺区。出内城后，这条道路又汇入另一处拥挤的店铺与住宅区域，更北边还有军营，之后道路继续延伸至北郊。

同样重要的还有东边的岔路，沿途分布着许多餐馆与风月场所，还有一座鱼市与几座寺庙。其中一座就是著名的相国寺，它也是一处重要集市，每月有5次"万姓交易"。

尽管人们对开封的繁荣及其以街道为中心的活动赞不绝口，但这座城市恶劣的道路状况尽人皆知，我们从王安石（1021—1086年）《省中二首》的诗句中就可以洞察出来，"大梁春雪满城泥，一马常瞻落日归。身世自知还自笑，悠悠三十九年非。"[99]并非所有宋代城市的街道都如开封这般糟糕，例如杭州的街道就铺有石板，通过1229年石刻地图判断，苏州的街道也是如此（图53、图55）。

因此，正如我们所见，不同的活动内容及其性质使开封街道扮演的城市角色与唐长安的大相径庭。开封可以被描述为由7条主街构成的网络系统，这些街道旁布满了五花八门的活动，穿越整个城市，这本身就具有重大意义。城市活动现在被看作是沿街组织的，城市心理地图相应有着相似的结构。例如，关于开封的文学描述中常以马行街与潘楼街作为叙事的线性结构，而唐长安的情况却有所不同，其结构明显是以里坊为基础，主要街道则是宽阔的无人之地，并没有日常活动的喧嚣。如果有被文学作品提及，那么这些街道的作用也主要是为简单确立一个识别里坊的框架，日常活动则被限制在里坊中。这种差异的意义，在平江府与静江府两座城市的石刻图中也以图形的形式被深刻表达出来。如文学作品描述的那样，两幅城市地图都强调街道网络的连接，其间偶尔象征性地点缀些建筑与地标。然而，唐长安的地图描绘却与之大相径庭，如同有关唐都城的文学作品所描述的道路框架那样，长安地图刻画的交通动脉构成一个网格，网格中的封闭里坊显得尤为突出。

从实际情况来看，我们所描述的开封主街可能并不宽阔。后周柴荣时期，开封最宽的街道也只有50步，两边各留出5步用于种树、掘井与架凉棚，窄些的道路在25～30步，每侧各留有3步路肩。如果没有侵街建筑，这些宽约62米及29～37米的道路是足够自由通行的。[100]然而正如我们所见，宋代店铺与摊位侵街现象非常严重，道路因此变得十分狭窄，

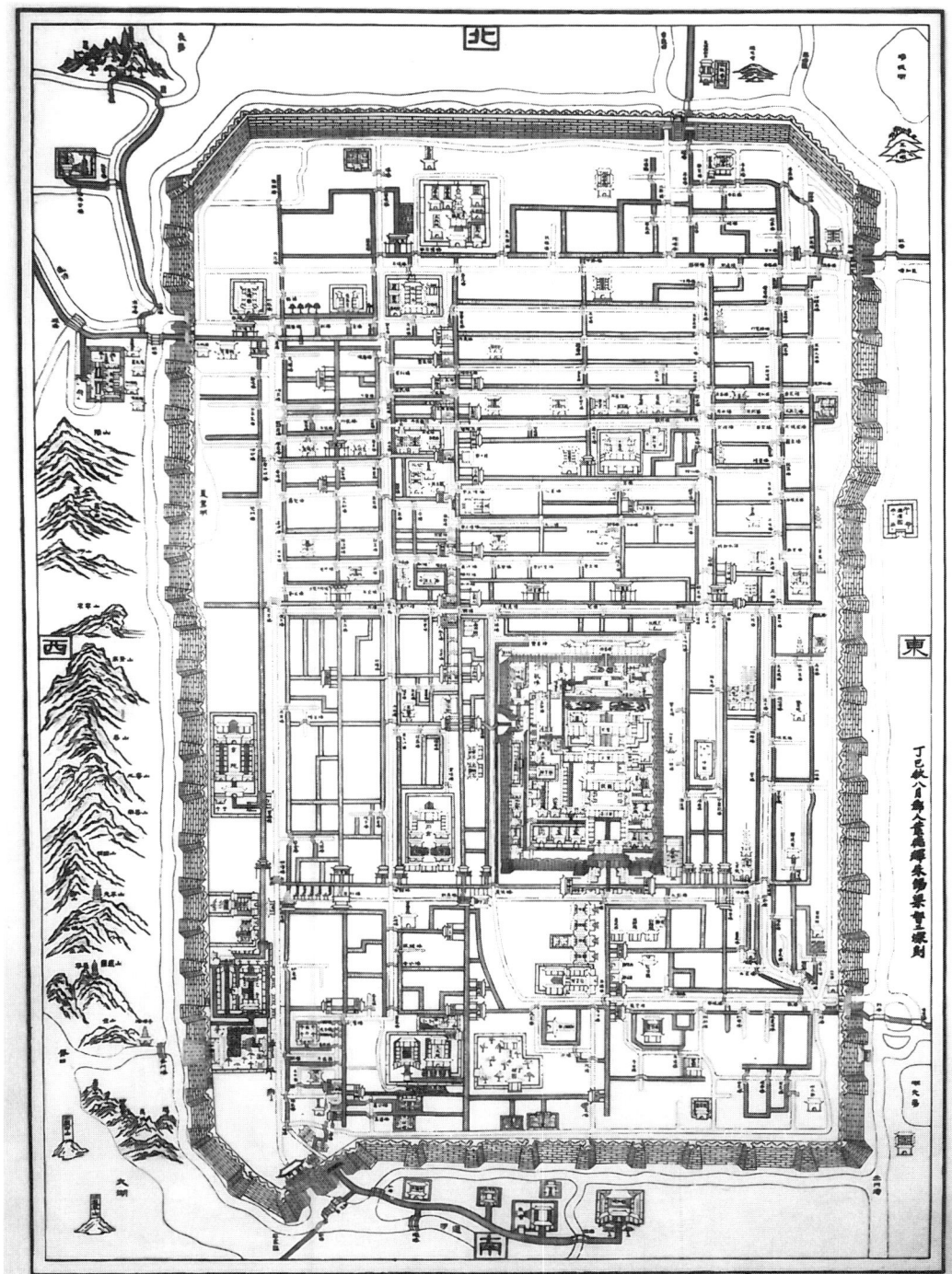

图53　《平江图》

邻近的小街小巷也更加局促了。《清明上河图》向我们展现了一系列不同的道路，主要交通动脉——引向东墙城门的商业街——狭窄而拥挤，其他地方的街道与小巷曲折蜿蜒，河道沿线与城墙外弯曲倾斜的道路随处可见。大多数街道旁都种植着树木，排水沟也被遮盖，只是偶尔会有带木质加固堤岸的沟渠沿街汇入河道（图54）。在宋代的一些城市中，挂有街区名字牌匾的坊表或牌楼跨立于街道上（图55），按一些人的说法，这是坊墙瓦解后旧坊门的遗痕。[101]

居住里坊与坊墙的瓦解以及多功能街道在城市中的扩散，这些可能是宋代城市大众化最明显的表现。之前严格的功能分区让位给邻里与街道的混合使用，居住区、店铺、妓馆、寺庙与书院都相距不远。对开封百姓来说，不仅街道白天夜晚都可以使用，而且街上店铺也全天候营业，空间的管制也都取消了。寺庙、政府机构与百姓住宅都直接朝向同一条街道开门。摊位与货架、棚子与遮阳伞、装饰性彩楼与马厩都拥挤在街道旁。桌子与长凳、招牌与幌子、遮阳伞与临时雨棚侵占着公共空间。由

图54　用木堤加固的排水沟（《清明上河图》细部）

于作坊内空间不足，工匠们只能在街道上干活（图56），甚至连桥面的空间也不能幸免（图57）。

4.3.3　市场、店铺与娱乐设施

虽然商业街在宋代城市中纵横交错，并且之前严格控制的市场不复存在，但商人们仍然在城中的不同地点设立了专门市场。以开封为例，尽管城内大部分区域都可看作商业性的，但仍有许多特定商品的交易地点分布在城中专门的位置[102]，这些市场往往成为经营同种生意的店铺聚集区。在宋代，经营相同生意的店铺不需要再集中于同一地区，实际上我们在《清明上河图》的街道中可以看到各种类型的店铺。然而为方便起见，许多同类型的商人还是选择聚集在一起。[103]如我们之前所见，开封两座果子行中的一座就位于朱雀门外惠民河沿岸，肉行位于州桥以东汴河沿岸，马行位于著名酒楼合乐楼下的马行街沿线。[104]其他专业性市场，如米、肉、鱼、竹、蒜、葱、布、缸、金、珠宝等也都在城中有自己特定的位置。这种状况在宋代其他城市中普遍存在，例如在杭州，米市位于城北，菜市位于城东，柴市位于城南。苏州很多桥梁都是以市场命名的，如鱼行桥、果子桥、靸鞋桥等。[105]虽然这些市场大都位于交通便利的位置，如靠近桥梁、沿着水道、围绕城门与主要道路交

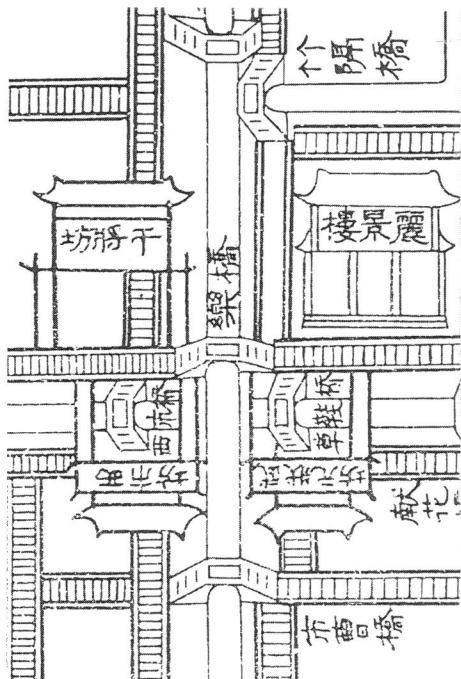

图55 跨立在苏州街道上的坊表与牌楼（《平江图》细部）

图56 在街道上劳作的工匠（《清明上河图》细部）

图57 桥上的店铺与摊贩（《清明上河图》细部）

叉口周围、大街上、毗邻货栈等，但它们的位置可能受到了货物产地的影响。比如，开封鱼市就位于城市西门附近，因为水产品都要经过这里运输，果子行沿城市主水道分布，交通非常便利。

城市中店铺位置的放宽也意味着商人阶层影响力的增强与社会地位的提升——这是政治松动的另一个方面。经营同种生意的商人组成行会，由行首领导，后者充当着商人与官府之间沟通的桥梁。行会现在可以自行确定本行所营货物的价格，并且规范行内成员的事务等。[106]在王安石任宰相期间，行会甚至被允许通过向政府缴纳"免行役钱"的方式来替代他们应承担的商行义务。

《清明上河图》中描绘了各种类型的商业单元，其中最突出的是众多的酒肆。开封共有72家正店或上等酒楼，它们有自己酿酒的权力，其他数千家酒馆与酒铺每天只能从这些正店买酒，《清明上河图》就描绘了这样一家正店，其后院堆满了像小山一样的酒缸（图58）。此外，画面中部虹桥前还描绘了一家较简朴的小酒馆，即脚店，其入口处有一个复杂的结构（图32）。孟元老在《东京梦华录》中花费了大量篇幅描写开封的许多酒铺、酒馆与酒楼，它们使这座城市始终洋溢着节日的气氛，例如在酒肆饭馆林立的九桥门，"彩楼相对，绣旆相招，掩翳天日。"[107]

在开封餐饮场所中居首位的是正店，它们为这座城市提供了最优质的酒食。略逊一筹的是脚店，虽然权贵们经常光顾其中一些还不错的店铺，但它们主要满足的是更大众的消费。接下来的是提供各类茶食的小店、面店与炖肉店等，如果说正店迎合的主要是权贵们的奢侈口味，那么这些数以千计的小食店所满足的则主要是平民百姓的需求。开封最简陋的餐饮设施不过是些用茅草盖的小棚子，就像《清明上河图》所描绘的郊区那种（图59）。

在开封所有正店中，白矾楼可能是规模最大的一家，仅它自己就负责为开封3000多家小酒馆供应日常的酒水，同时它也是这座城市中最著名的酒楼，可同时接待1000多名食客。到北宋末年，白矾楼已扩建为含5座3层建筑的大酒楼，这些建筑很可能按十字形进行布局，它们彼此间通过飞桥环廊联系，许多房间都装饰着珠帘与绣匾。[108]

等级与风格上可与白矾楼相媲美的酒楼在开封还有很多。这些酒楼的入口处都布置着装饰华丽的彩楼，有时还辅以栏杆与绢纱制作的栀子花灯，大部分酒楼都是带红绿门窗的大体量瓦顶建筑。有些酒楼是由先前的官员别墅改建而成的，花园和庭院一应俱全[109]；另一些则设有大厅与廊院，其周边布置着饰有帷幔与窗帘的小房间，悬挂着花朵与竹子的屏风进一步增强了房间的景致与私密性。[110]一家名叫任店的酒楼，从主入口延展出一条长约150米的廊道，南北两院旁沿长廊布置的小房间夜晚看起来就像珍珠般光彩夺目。主廊屋檐下，数百名歌女站在那里随时准备为客人服务，那场景如同仙境一般。[111]其他像仁和楼、会仙楼这样的酒楼，都有100多房间满足食客光顾，在这里动辄就能花费百余两银子享受一顿双人盛宴，所用餐具皆是精美的银制品。

图58　正店及其后院堆积的小山般的酒缸（《清明上河图》细部）

图59　郊外简陋的小吃店（《清明上河图》细部）

　　娱乐与餐饮总是相辅相成的。除酒楼雇佣的歌女为食客服务外，还有一些下等歌者主动上前为食客们献唱，他们只有在得到赏赐物品与银钱后才会离开。许多酒楼的第二层还设有屏风遮挡的妓馆，据说以红色丝制栀子花灯悬于门前就标示有风尘女子的存在。除了与餐饮业联系在一起，妓馆也普遍出现在城中其他商业与娱乐场所附近。一处妓馆区就位于大相国寺的前面，后者也是举行周期性集市的地方。此外，开封还有一些妓馆靠近娱乐区与太学设置。

大众娱乐是宋代都城的一个重要特色。北宋开封曾有8座瓦社（或瓦子），而南宋杭州至少有17座。[112]瓦社中有各种娱乐表演，如说书、说古、唱词、舞蹈、滑稽戏、木偶戏等。[113]这些娱乐场所是纨绔子弟们经常出没的地方。娱乐场所的规模与尺度暗示当时城里大部分人都会经常光顾，如潘楼街以东的娱乐区就有50多家大大小小的戏院，其中最大的一座可同时容纳数千名看客。[114]娱乐场所的受欢迎程度又被同区域中的商业活动推动增强，这些活动从餐饮供应、旧衣买卖到剪纸算命，几乎无所不有。

随着娱乐设施在城内扩散，开封成为名副其实的娱乐之地。正如我们在之前所见，人口增长与城市竞争迫使许多人开始高度专业化，例如专门训练动物进行各种把戏表演等。娱乐活动此时已不再是社会上层阶级的专属，它流行于城内各行各业，大多数人都能负担得起。

4.3.4 宗教设施

《清明上河图》中段的上部描绘了一座颇为壮观的佛寺入口，它坐落于店铺与住宅之间，令人印象深刻。佛寺入口正对河道，前面有一个小广场，有一群猪正在附近游荡（图60）。寺庙中部的主入口比较高，有三开间，中间门扇镶满门钉，两侧立有雕像。主门两侧各有一个次入口，尺度略窄，但也是三开间。如此规模的佛寺道观在开封应是司空见惯。1021年，宋朝境内大约有4万座佛寺道观，仅都城地区就有913座。[115]相国寺、开宝寺、太平兴国寺、天清寺是开封4座主要的佛教机构。

开宝寺位于皇城的东北，就在旧封丘门外，是开封一处重要的地标。寺内共有24座院落，其中最引人注目的是它拥有开封最高的佛塔。开宝寺塔平面为八角形，全木造，13层，据说高度达到了360尺（111.3米），不幸的是该塔在1044年遭受雷击后毁于大火。后来取代开宝寺塔的是一座砖塔，这同样是一座非凡的建筑，由于其通体采用红褐锈色琉璃砖建造，故该塔通常又被称为铁塔。[116]太平兴国寺位于内城一座桥梁的北侧，桥与其同名，是开封另一处著名的地标。[117]寺内的楼阁为安放巨佛而建，它与佛塔等高，数里之外就可以看到。同样引人注目的还有天清寺内240尺（74.18米）高的佛塔，因寺俗称繁台寺，故塔被称为繁塔，就位于内城东南方的高地上。

不过，开封最值得一提的宗教场所还是相国寺。这座佛寺始建于555年北齐统治时期，后来遭到废弃。712年，即唐延和元年，它被重新修复，但在890—892年的一场大火中又再次被毁。入宋以后，宋太祖对相国寺进行重新修缮，特别是在朝廷官员私人努力下，这座佛寺逐渐成为开封最重要的宗教场所。

图60　寺庙示例（《清明上河图》细部）

从建筑角度看，相国寺是一组气势恢宏、规模巨大的建筑群，与它作为皇家寺院的地位相匹配。[118]寺门朝向街道，这是一座令人惊叹的4层门楼，面阔至少五开间，设3个出入口，因此得名"大三门"（图61）。跨过门槛，两座宝瓶状琉璃塔伫立于大门两侧。往里走，一座柱廊环绕的内院将南面正门与中门相隔开。中门很可能有2层楼高，它于890年年初大火后重建。廊院东西两侧可能都是佛塔区，这使整个佛寺建筑群的构图更加对称。中门后面是尺度巨大的主庭院，其北面为弥勒殿，这是相国寺两座主要厅堂之一。廊子从弥勒殿两侧延伸出来，与院落两侧的东西回廊相连接。[119]弥勒殿后方沿主轴线上矗立的是资圣阁，这是相国寺的第二座主要厅堂，在它的两侧对称布置着小配殿。这座气势宏伟的楼阁可能有5层楼高，有5个屋顶，是这座城市的主要地标之一。从资圣阁上俯瞰，"见京内如掌，广大不可思议。"[120]再往后走有一个后门，通过它可以从北面进入相国寺。除了这组沿中轴线排列的建筑群外，相国寺还有其他一些区域与僧院，但它们的空间组织我们还无法确定。

虽然相国寺及其供奉舍利的佛牙院是开封重要的佛教圣地，但它对这座城市的经济以及其他方面的意义同样重大，这是因为寺内每月都会举办5次庙市活动。孟元老再次为我们生动地描绘了这座佛寺内典型的集市活动：

图61　京都南禅寺三重门楼：宋代设计的17世纪仿本

相国寺，每月五次开放，万姓交易。大三门上皆是飞禽猫犬之类，珍禽奇兽，无所不有。第二、三门皆动用什物，庭中设彩幕、露屋、义铺，卖蒲合、簟席、屏帏、洗漱、鞍辔、弓剑、时果、腊脯之类。近佛殿，孟家道院王道人蜜煎、赵文秀笔及潘谷墨，占定两廊，皆诸寺师姑卖绣作、领抹、花朵、珠翠、头面、生色销金花样幞头、帽子、特髻冠子、绦线之类。殿后资圣门前，皆书籍、玩好、图画及诸路散任官员土物、香药之类。后廊皆日者、货术、传神之类。[121]

简而言之，这一天相国寺内的庭院变成了一个大市场，来自全国各地的商品都在这里出售，娱乐活动同时进行。吴曾（？—1170年）就曾在他的回忆录中记述了相国寺交易日的一则轶事，说是庭院里进行歌舞表演，人们就倚在佛殿的柱子旁观看。[122]同样，孟元老也写道，"殿庭供献乐部马队之类"。[123]如我们之前所见，新年期间相国寺大殿前都会搭起乐棚供各路人士表演。在开封，相国寺并不是唯一举办娱乐活动的宗教场所，开宝寺、景德寺等其他大型佛寺也都设有乐棚进行表演。[124]

集镇上的庙市通常夹杂着戏剧表演。[125]佛教集会（佛会）、道教集会（道会）以及祭祀地方神灵的集会（社会）通常与一些周期性宗教庆典同时举行，并伴有市集与大众娱乐活动。[126]这类现象无处不在，如1214年的《宋会要》就曾记载：

自京畿以至江浙，其微之不可不谨者非一。社稷之所报有常祀也，今愚民之媚于神者每以社会为名，集无赖千百。[127]

庙会通常挤满了人，并且在重大节庆期间"以百戏酬神"。与此同时，就像在相国寺那般，贸易活动很可能像《淳熙三山志》所记载的那样进行：

> 然所至乡社亡业之民，犹有自为之者甚众。似斯之类，借是为利。岁无时节，率旬以三二日，或集民居，或聚社庙，间阎翁媪辍食诹语来赴者亦数百人。此近岁之俗也。[128]

之前的朝代肯定也有寺庙庆典与交易等活动，但可能只有在农产品日益商品化、人口与城市中心迅速扩张后，这些佛寺的交易活动才会呈现出重要市场的新维度，商业与群众娱乐在这里也才会如火如荼地展开。一般观点认为，中国古代城市是没有公共广场的，但这种说法充其量只对了一半。如我们在《清明上河图》看到的那样，寺庙前就是开放的公共活动空间。虽然隶属宗教场所，但寺庙庭院也经常用来举行庆典与集市。在庙会期间，即便本身没有舞台，寺庙也会搭建一座用于表演，并向公众开放。

政治上的松动逐渐使城市变得更加开放，这种变化不仅发生在通常与民众相关的地方，也发生在那些普通百姓无法进入的场所设施上。撇开皇家园林等不谈，就连金明池这种朝廷操练水军的地方一年中也会有40天向市民开放，用于举行各种活动（图47）。立春，即标志着春天开始的正月初十，在这前一天，商业活动甚至可以在开封、祥符两处县衙前的空地上举行。[129]活动中一头泥塑的春牛就摆放在县衙前，由衙役鞭打春牛作为迎接春天的仪式。百姓们出售的小春牛被圈在围栏里，围栏上装饰着百戏人物、小春旗与柳树枝，这些都是节日里受欢迎的小礼物。

在另一层面，出现了可识别的城市人口，他们意识到城市文化的蓬勃发展，这不仅仅发生在有能力掌控京城服务与娱乐的官绅或有钱阶层身上。相反，这种意识在北宋末年普遍兴起，它跨越边界渗透到其他社会阶层与地区，与城市生活相伴随的普遍商业化与消费就是这一意识发展的重要表征。虽然是写于13世纪的南宋，但三迈（1184—1248年）的评论对一个世纪以前的状况同样有效：

> 今天下风俗侈矣。宫室高华，僭侈无度，昔尝禁之矣。今僭拟之习，连甍而相望也。销金翠羽，囊耗不赀，昔又尝戢之矣。今销毁之家，列肆而争利也。士夫一饮之费，至糜十金之产，不唯素官为之，而初仕亦效其尤矣！妇女饰簪之微，至当十万之值，不唯巨室为之，而中产亦强仿之矣！后宫朝有服饰，夕行之于民间矣！上方昨有制造，明布之于京师矣。[130]

虽然这种状况在北宋时期还没有那么猖獗，但商品与服务的商业化已经非常重要。当城市中的富裕阶层主导潮流时，其他人要么模仿，要么提供商品与服务，以支持奢侈消费与娱乐活动的城市文化所需。

城市意识的兴起还体现在一种新画派的出现。宋代出现了以城市景观与市井生活为题材的画作，而在此之前几乎没人对这些主题感兴趣。虽然以宋代城市景观为题的画作仅有寥寥几幅存世，如《清明上河图》与《文姬归汉图》，但其他如李唐（1049—1130年）的《炙艾图》、苏汉臣的《货郎图》与《戏婴图》等都描绘了当时的市井生活（图62、图63）。李嵩（1160—1243年）在后来所绘的《西湖图》中，煞费苦心地在画卷左下角展示了杭州城市生活的一角（图64、图77）。尽管这些画作都出自宫院画家之手，但它们对城市景观的描绘说明当时的城市生活与文化已经成为大众意识的重要组成部分。

城市意识的另一个表现是城隍信仰的日益流行。尽管城隍崇拜很可能在6世纪中叶就已经开始，但在7世纪以后才逐渐流行起来，直到8世纪才变得越来越重要。[131]在此以前，社神或土地神才是城镇居民崇拜的主要对象，它们可以被看作宋代城市宗教信仰的先驱。不过，随着城乡差别的扩大，社神逐渐被"功能更具体的神灵"所取代。到了宋代，城市里的社神大都让位给城隍神，而乡下的社神则被土地神所取代。宋代城隍信仰是如此盛行，以至于当时的记载称，"故自唐以来，郡县皆祭城隍，至今世尤谨。守令谒见，其仪在他神祠上。社稷虽尊，特以令式从事。至祈禳报赛，独城隍而已，则其礼顾不重欤"，城隍甚至成为"天之所大奉"。[132]大卫·约翰逊（David Johnson）认为，正是因为"真正的城市文化"兴起，其中就包括我们在前面看到的"各式各样职业艺人的出现"，城市相对于

图62 宋代苏汉臣的《货郎图》

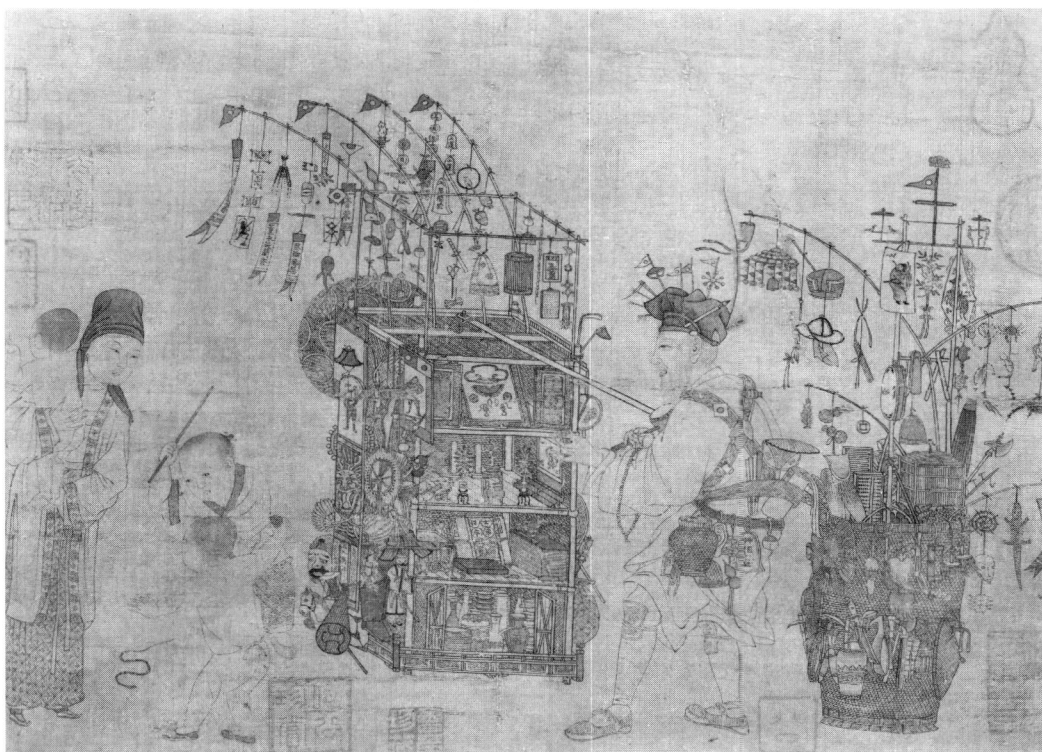

图63 宋代李嵩的《货郎图》

图64 宋代李嵩的《西湖图》。上海博物馆藏

乡村的观念才逐渐形成，对城隍的崇拜也就自然而然产生。[133]

从城市文学与大众娱乐的发展，到宋词的流行与城市管理制度的变革，即坊的重要地位转移到厢，这样的例子不胜枚举[134]，所有这一切都说明北宋末年城市文化的兴盛与城市意识的萌芽。

总之，经过晚唐以来的漫长发展，城市在政治上变得越来越受欢迎。唐以前及初唐时期高度层级化社会中对身份地位敏感的里坊体系已经瓦解，代之而起的是以街道为中心的多元化街区。虽然城市中某些地方居住环境更为理想，有钱人更为集中，但个人对地点的选择与其说是由他的社会地位或职业所决定，莫不如说更多取决于他的经济实力。大部分空间与时间的限制都被解除，街道与广场等公共场所全天候向商业以及娱乐活动开放。商业化如此重要，以至于连寺庙的庭院都向公众开放用于交易。伴随政治松动与商业化加剧，同时出现的还有城市文化。随着城市变得更加开放，城市化在整个疆域内蔓延速度越来越快，城市文化变得更加清晰可辨，城市也成为人们普遍意识的一部分。

注释

1 蔡京任宰相时，孟氏家族在工部的地位显赫。为了假想的漫游，我们假定孟氏家族的这一成员住在内城的西南。虽然居住地与工作地相距有2公里之遥，但这种状况在当时的官员，特别是有马匹可支配的高级官员中并不罕见。例如，枢密使的工作地距孟氏工作的尚书省近在咫尺，但他的家却在孟氏住地北边几个街区之外。武成坊因附近的武成王庙而得名，见孔宪易《北宋东京城坊考略》，364页。

2 人们对画家张择端知之甚少，只知道他从东吴来到都城，后来成为翰林院画师。

3 "界画"作为术语可能是"界尺画"的缩写，简单说就是用尺子作画。有时它也被翻译为边界画，但我认为尺线画应是更准确的译法。作为一个画种门类，界画表现的主题是需要以相对较长直线进行描绘的物象，如四轮马车、手推车、船以及其他机械装置等，但迄今为止建筑仍是其常见的描绘对象。

4 还有其他记录城市景色的绘画作品，但都没能留存下来。在席克门（Laurence Sickman）与索柏的《中国古代艺术与建筑》（企鹅出版社，1971）一书中，席克门曾写道，大众礼仪与风俗主题在中国绘画中有着悠久的传统，"在6世纪末，就有一些题为《村庄》《农舍》《平门翻车》……的古画"，230-231页。

5 我们不确认这幅画卷是否完整，还是向城市再远处延伸的更大构图的组成部分，因为后来的版本通常包含更多的城市场景。更详细的讨论，见韦陀《张择端的〈清明上河图〉》（博士学位论文，普林斯顿大学，1965）。

6 高居翰（James Cahill），《10世纪绘画作品面面观——见最近出版的三幅画作》，载于《国际汉学会议论文》（"中央研究院"，台北，1980.8），9页。这些文字是针对五代时期的画作《水车》而写的，那是另一幅界画杰作，表现了围绕水车进行的社会经济活动，与后来的《清明上河图》有诸多相似之处。

7　高居翰，《10世纪绘画作品面面观——见最近出版的三幅画作》，8页，这些文字再次用来描述画作《水车》。

8　《东京梦华录注》，121页。

9　李诚，1105年左右任工部将作监，1106年擢升为右朝议大夫，"赐三品服"；见《宋代人物传记》（威斯巴登，1976），傅海波（Herbert Franke）主编，第2卷，527页。

10　禁奢令规定三品以上官员必须穿紫色，六品以上穿朱红色，七品以上穿绿色，九品以上穿绿松石色，普通百姓只能穿黑色与白色。"然而，这些规定很快就被打破，因为朝廷不加区分地赋予所有品级官员穿紫袍的权利"；见谢和耐《蒙古入侵前夜的日常生活：1250—1276》（斯坦福：斯坦福大学出版社，1962），128页。

11　《东京梦华录注》，60、71页。

12　《东京梦华录注》，133页。不过，我认为《东京梦华录注》71页中提到的郑家店与133页提到的应该是同一家，据说它经营着20个炉灶。

13　关于开封鱼类的消费，见奚如谷《北宋东京的鱼与贝类的消费》，载于《哈佛亚洲研究学报》47，第2期（1987）：231–270页。

14　《东京梦华录注》，133页。

15　《东京梦华录注》，132页。

16　这些猪很可能被赶至新桥以南的杀猪巷，顾名思义，猪可能是在那里被宰杀的，不过这可能不是开封唯一的屠宰场。此外，还有人指出这条巷子里有妓馆存在；见《东京梦华录注》，60–61页。

17　流放至黄州时，苏轼每月俸禄为4500文，他把这些钱均分成30份悬于橡檩下，每天早晨取一份下来使用。见丁传靖《宋人轶事汇编》，487页。

18　以大米作标准，1068—1100年一斗米的价格一般不超过100文。例如，1072年开封一斗米的价格约为85文，1091—1092年长江下游与淮南地区的价格为每斗70～77文，而1122—1123年淮南地区的米价则飙升到每斗250～300文。到1126年北宋末年，城市被困时开封米价达到每斗3000文。据估计，每个成人每天平均需要约四分之一斗米，因此被困期间开封满街都是饿死的穷人就不足为奇了；见全汉昇《北宋物价的波动》，30–86页；见74–75页的图表。

19　清代著名历史学家王夫之（1619—1692年）在《宋论》（15c.，1840—1842）中指出，"其有大德于天下者，航海买早稻万石于占城，分授民种；若其弊之病天下者，则听西川转运使薛田、张若谷之言，置交子务是也"。他将交子视为无用的纸张，是"官以之愚商，商以之愚民"的工具；《宋人轶事汇编》，34页。

20　这段御街位于龙津桥与南薰门之间，见《东京梦华录注》，60页。关于这部分御街的宽度并没有详细记载，虽然孟元老确曾说过宫城南侧御街的宽度有200多步，或295米左右，但我认为这只是其中的一部分。事实上皇城南侧这段御街同时起到公共广场的作用，这可能是它特别宽阔的部分原因，而礼仪与军事需要也是造成这种现象的其他因素。

21　开封至少有5处这样的施药救济机构。这一制度最先在其他地区发起，并于1105年以法令形式在开封实施（此前已有其他形式的救济）。不过，这一制度很快被官员们滥用，他们为自己的亲戚徇私舞弊，或挪用为病人准备的物品而中饱私囊。关于各种救济机构的细节，见许一棠《宋代的社会救济》，载于《中国社会史选译》（华盛顿：美国学术团体协会，1956），任以都（E-tu Zen Sun）与约翰·德范克（John De Francis）翻译，207—215页。

22　开封太学初创于960—963年。由于书库对空间的需要，真宗时期（998—1022年）太学向旁边的吴越王钱镠宅邸拓伸了约10步。开封太学共设20斋，1071年教育改革后太学实施"三舍"法，包括700外舍生、300内舍生与100高舍生。1080年斋舍数量增至80个，学生人数也相应增加到2400人（每斋30人），每斋屋为五间。1102年，李诚奉命在宫城南侧修建新的太学。建筑布局外圆内方，具体参照了古代国子监的形式，此外它还被冠以辟雍之名，直接参考了这一古代机构，这是徽宗统治期间为使京师礼制化所做的一系列努力中的组成部分。随着新太学的落成，学生总人数增加到3800人，新太学主要是为外舍生准备的。关于开封太学，见周城《宋东京考》，156—162页；另见柯律格《宋徽宗统治时期教育机会的扩大与影响》，载于《宋学通讯》第13期（1977）：6—30页。关于辟雍的象征，见苏慧廉《明堂：早期中国王权之研究》（纽约，1952）。

23　"国子监"的意思是为贵族与中高级官员子弟设立的教育机构。学生人数限制在200人左右；见《宋史》，第157章，3657页。

24　由于正位于御街之上，因此这很可能是座平桥。开封城中大部分桥梁都是拱桥，便于大型船只在下面通航。

25　《宋会要》（方域），第13章，21页。

26　这是横贯城市的4条河道中最南端的一条，开凿于960年，连接西南的闵河与东南的蔡河，再通过蔡河、闵河（973年更名为惠民河）与淮河连接，因而是开封连接淮河的重要水道。河道上游称惠民河，下游称蔡河，不过在开封城内这条河道都被称为惠民河。987年，经由这条河道运输的小米有40万石，大豆约20万石。这条河道的税粮定额后来为60万石，其中35万石来自开封以西地区，其余部分来自淮南地区。然而运输的税粮定额并不稳定，从仁宗时期的5万石至7万石，再到1065年的26.7万石不等。经过熙宁年间（1068—1077年）的改革与水闸修复，该河道粮食运输数量有所恢复。关于宋代水运，见青山定雄（Aoyama Sadao）《发达的宋代内河运输》，载于《东方学报》1，第3期（1976）：281—296页。

27　城墙高度是根据《清明上河图》的描绘粗略估算出来的。从画上来看，城墙像是用土夯筑而成，上面甚至还生长着灌木与其他植物。另一方面，突出的城门表面贴着砖。目前还不确定内城周围是否有护城河，在开封博物馆复原的宋东京示意图中，显示内城周围是有护城河的。虽然孟元老没有具体说明内城城墙是否被护城河包绕，但他在描述进出内城的大街时经常提及城门外的桥梁，表明内城墙的局部地段外确实有水道存在。《事林广记》（刊印于1330年，即开封陷落200多年后，洪水淹没了老城的大部分痕迹）中的开封地图并没有显示内城墙周围有护城河，却在内城北侧与东侧局部地区画有水道。这条水道被认为是金水河，但它的位置可能是错误的，由于旧曹门外有一座桥，所以地图绘制者可能认为金水河一定就在那里。

28　这种车被称为太平车。孟元老对不同类型的货车与客辇进行了详细描述。开封有不同类型的车辆：平头车，类似太平车，但体型略小，由一头牛拉着，大部分酒坊都用它来拉送酒桶；宅眷坐车与平头车相似，只是它有遮篷，前后都有格子门，是一种载客车辆；独轮车由一匹骡子拉着，前后左右有4个人看顾，一人在前，一人在后，两人在旁侧，通常用来运输竹、木头、瓦与石材，也有人用它来卖糕点；浪子车是一种大型手推车。另外还有一种可以租借的四轮大车，由一头牛拉着，最多可坐6个人；《东京梦华录注》，123页。

29　《东京梦华录注》，129页。

30　这段描述部分源自《清明上河图》中的街景。

31　从《清明上河图》可以看出，其他性质的店铺前也有彩楼标记。

32　在村庄里，酒旗可能被换作草扫，甚至是一个碗、一把锅铲。

33　《东京梦华录注》，66页。

34　州桥是汴州桥的简称，五代时期它又称汴桥；见徐伯勇《开封、汴河与州桥》，载于《中国古都研究》，第2卷，134-143页。

35　1984年，开封宋城考古队探测发现了一座长17米、宽30米的桥梁，这座桥大概由三道石拱券支撑，桥面也用石板铺设，分成三股道路，每股道路宽约10米。虽然它的位置与宋州桥相吻合，不过其桥体大部分建设时间只可追溯至明代。这座明代桥梁的长度与宽度或许可以提供宋州桥的规模。据宋代文献记载，河道中部较窄的河段有5丈或50尺宽，或约15.56米。见《开封古州桥勘探试掘简报》，载于《开封文博》1，第2期（1990）：10-16页。关于宋代的度量衡，见闻人军与何瞻《里与亩的度量衡》，载于《宋辽金元研究简报》，第21期（1989）：8-30页。关于河道的宽度，见《宋史》，第93章，2321页。

36　在其他桥梁边，河岸都用木板与原木加固，见《清明上河图》。

37　《东京梦华录注》，27页。

38　灯火必须在午夜前熄灭，因此百姓们婚丧嫁娶都要提前告知厢使，以便可以在午夜后燃烧纸钱。官方机构也受到严格的管制。见《宋会要》（刑法），第2章，12页；见魏泰（1050—1110年）《东轩笔录》（古书集成，商务印书馆，1939），第10章，77页。

39　《东京梦华录注》，120页。各州府也有自己的消防组织，灭火队就驻扎在衙门中，一座三开间瓦顶土坯房用来存放灭火设施。在县城中，普通百姓也被组织成灭火队，每10户组成一甲，其中一户被选为甲首；见周宝珠《宋代城市管理制度初探》，163页。

40　疏浚河道对运河的通航能力至关重要，河渠司设于1051年，专门负责维护河道。同年朝廷颁布法令，要求每年都进行河道疏浚；见《续资治通鉴长编》，第171章，7a页。人们将石板与石刻沉入水中，用来标记河床原始水位，并充当以后疏浚的标准。但这些努力并没有维持太久，到沈括（1031—1095年）撰写《梦溪笔谈》时，即1086—1093年，他还抱怨河道已20年未曾疏浚过了；《梦溪笔谈》（上海：上海出版公司，1956），第25章，795-796页。除此之外，尽管被明令禁止，但开封城内的排水沟与沟渠也都向河道倾倒东西。开封以东河道，从东水门到雍丘与襄邑（现代河南的杞县与睢县，分别距开封50公里与80公里）的一段，堤坝内的河床实际比周围地面要高出4米多。不过，城内河段可能管理得要好一些。

41　汴河最早由隋炀帝开凿，是大运河的一部分，目的是将东南地区的物资运往都城长安与洛阳。从那时起，它就成为中国的生命线，对唐朝的存亡至关重要，这也是后梁、后晋、后汉、后周以及北宋等政权选择开封作为都城的主要原因之一。不过，北宋末年的漕运并不像之前那般有效，这是因为唐代依靠中继站发展起来的高效航运系统后来为节约人力财力而在1101年被废弃；见全汉昇《唐宋帝国与大运河》，114页。

42 《宋史》，第331章，10642页。这可能是为了弥补粮食收入的急剧下降，同时也为了供应正与西夏交战的帝国西部地区。

43 《续资治通鉴长编》，第64章，13b—14a页，这一容量首先确立于993年，在1006年成为定额；另见周宝珠《宋东京研究》，199页。比较来看，唐长安每年收入约为200万石。

44 楼钥，《北行日录》（上卷），楼钥的行程是从浙江处州至燕京（今北京），收入他的《攻媿集》（古书集成，上海：商务印书馆，1935），第111章，1579页。汴河沿岸有许多粮仓区，从虹桥一直到外城，如元丰仓、顺城仓、广济仓等。

45 在宋代，两斛构成一石。《参天台五台山记》，载于《大日本佛教全书》，第115卷，第4章，63页。

46 《宋史》，第93章，2317页。962年，太祖皇帝令汴河沿岸各府县官员利用徭役在河岸边种植柳树，以加固河堤。

47 全汉昇，《唐宋帝国与大运河》，114—122页。

48 艮岳周长超过10里，见《枫窗小牍》（古书集成，上海：商务印书馆，1939），6页。

49 王明清（1127—1215年），《挥麈录》（北京：中华书局，1964），300—301页。

50 《东京梦华录注》，52页。这段大街的宽度也没有给出数据。见注释20。

51 《宋会要》（方域），第10章，15页。它所在的地区也称光化坊，这可能只是过去的叫法，与封闭的里坊并没有真正的关系；另见周宝珠《北宋时期中国各族在东京的经济文化交流》，载于《河南师大学报》，第4期（1982）：17—26页。

52 天兴殿圣祖神龛、万寿殿真宗神龛均建于1023年，孝严殿仁宗神龛约建于1064—1065年，此外还有应德殿英宗神龛；见《宋东京考》，218—223页。

53 《东京梦华录注》，121页。

54 我认为《东京梦华录注》记载的300米与其说是南门到州桥一段御街的宽度，还不如说是宫城前公共广场的宽度。虽然《东京梦华录注》173页描述另一端山棚距宣德门大约300多米，但广场的长度并不清楚，徐伯安在1988年10月中国古都研究会上发表的一篇未公开论文《北宋东京宣德楼前》也持有同样的观点。《东京梦华录注》，52页。

55 《东京梦华录注》，30页。很可能，宋代皇城及其城门与后周时期并没有多少相似之处。1072年，真宗皇帝颁布诏令，要求皇城墙面用砖来砌筑。在此之前城墙均用泥土夯筑，仅城门周围部分为砖砌；见《续资治通鉴长编》，第77章，5b页。另外两道城墙则是用泥土夯筑的。

56 这些细节可以从保存在辽宁省博物馆内的题为《瑞鹤图》的画作中看到。这幅画由徽宗绘于1112年，描绘的是重建前的门楼屋顶。另一重证据来自同样保存在辽宁省博物馆内的宋代铜钟，它的上面浇筑着有5条门道的宣德门浮雕。三重瞭望塔属于皇宫专用；见傅熹年《山西省繁峙县岩山寺南殿金代壁画中所绘建筑的初步分析》，载于《建筑历史研究》（北京，1982），第1卷，119—151页。

57   即众所周知的杈子、矩马、行马、鹿角。

58   《宋会要》（方域），第1章，3a页。相比之下，北京故宫主殿太和殿是以两侧隔墙分成了十一开间。

59   徐伯安，《北宋东京宣德楼前》，4页。

60   关于这组新的行政建筑群的详细描述，见（宋）庞元英《文昌杂录》（北京：中华书局，1958）。

61   这条街得名于和乐楼下的马市，该酒楼距路口就一个半街区。《东京梦华录注》，71页；《东京梦华录注》84页有一行记载为"州桥北夜市又盛百倍"，结合马行街店铺来看这句话有些格格不入。"北"字或许是印错了，应该为"比"字，这就与日本静嘉堂文库重印的元代版《东京梦华录》第3卷、1a页的记载相一致。结合上下文来看，这句话的意思是"相比之下，马行街夜市要比州桥夜市热闹百倍"。

62   《东京梦华录注》，71页。

63   这通常发生在8月的第四周左右。

64   《东京梦华录注》，222页。

65   冬至为每年的12月22日，大约一个月后就是农历新年了，接下来是立春，标志着春天的开始，这是正月的第十天，通常在2月4日或5日。元宵节在正月十四、十五、十六，寒食节通常在冬至后的105天，其第三日就是清明节。《东京梦华录注》，171页。

66   寒食节与冬至前的3天假期也是如此，《东京梦华录注》，162页。

67   《东京梦华录注》，172-173页，下面关于正月十五节庆活动的描述很大程度上得益于奚如谷翻译的《中国戏剧》中的有关章节，33-34页。

68   有时候，饲养在玉津园的大象也会被带到城门前，朝北向皇帝的方向跪拜。

69   来自奚如谷翻译的《中国戏剧》，33-34页。

70   虽然疆域略小，但后周皇帝依然采用与后晋、后汉相同的都城。只有在第二位皇帝世宗柴荣统治下，这座城市才得到拓展，但相较隋朝在长安与洛阳的大兴土木而言，这只是一次小规模的改变。

71   郝若贝，《经济变化的周期》，128-129页。

72   应天府要近一些，距开封大约130公里。

73   《宋史》，第85章，2102页。

74   唐洛阳的外城墙长约52里（28.93公里），开封外城墙在宋代加固了十数次，最大规模的一次发生在1075—1078年，即神宗统治时期（1068—1085年），当时城墙延伸至50里165步。1082—1084年，环绕城墙开挖了护城河，并加筑了瓮城、敌楼与女墙；见《宋东京考》，2-3页。关于开封三道城墙的详细情况，见开封考古队员丘刚撰写的文章《北宋东京三城的营建与发展》，载于《中原文物》，第4期（1990）：35-40页。

75   这些比较是以考古队员丘刚在《北宋东京三城的营建与发展》38页所提供的开封外城尺寸作参照的。东城墙7.66公里，西城墙7.59公里，北城墙6.94公里，南城墙6.99公里。

76   以上面积计算所使用的数据来自宿白《隋唐长安城和洛阳城》的411-414页、420页。开封皇城面积是基于周长5里的假设计算得出的。

77　《宋史》，第85章，2097页。

78　田凯，《北宋开封皇城考辨》，载于《中原文物》，第4期（1990）：41-43页，认为宫城有别于皇城，5里长的城墙仅是宫城的城墙。皇城在宫城的南面与东面，除非考古工作能够探明皇城的详细布局，否则争议将一直存在。

79　《宋史》，第85章，2097-2102页。皇城的周长与位置都无法准确探测，因为开封曾在黄河的一次改道中被洪水淹没，过去的痕迹都深埋于现代地层下几英尺的地方。

80　傅熹年在《繁峙县岩山寺》中对开封皇城进行了深入的研究与复原，119-151页。

81　林正秋，《南宋定都临安原因初探》，载于《杭州师院学报》，第1期（1982）：29-34页。

82　《乾道临安志》（1165—1173年），载于《宋元方志丛刊》，第4卷，第2章，7b页。

83　639年，该地大约有35071户；见吴自牧《梦梁录》，序言可追溯至1334年，第18章，149页；周峰《隋唐杭州》，33页。这些数字包括杭州所辖地区的外来人口数量。人口快速增长在长江下游地区其他城市也非常明显，当时的南方作为一个整体发展十分迅速；见郝若贝《750—1550年中国的人口、政治与社会变迁》，从中可以看到人口增长的整体状态。

84　斯波义信，《长江下游城市化与市场的发展》，载于《宋代中国的危机与繁荣》，约翰·海格尔（John Haeger）主编，13-48页、19页。

85　斯波义信，《长江下游城市化与市场的发展》，22页。

86　《中国古代建筑的历史与发展》，424页。关于城墙的细节，见周峰主编的《吴越首府杭州》（杭州：浙江人民出版社，1988），26-30页。

87　周峰，《吴越首府杭州》，86-98页，这本书同样有助于了解杭州作为吴越国都城时的方方面面；另见徐规与林正秋的《五代十国时期的杭州》，载于《杭州师院学报》，第1期（1979）：84-88页。

88　《宋会要》（食货），第16章，7a页。

89　朝廷的存在虽然促进了当地经济的发展，但对当地居民而言更可能是个困扰，因为初期他们中的许多人不得不为政府建筑搬迁让道。

90　《梦梁录》，第8章，56页；《宋史》，第85章，2105页。见王士伦《皇城九里》，载于《南宋京城杭州》（杭州：浙江人民出版社，1988），周峰主编，14-29页。王所持的观点是，宋廷在晚期确实增建了许多宫廷建筑。

91　皇帝正式面北的罕见情况只在冬至祭天时才会发生，见麦哲夫（Jeffrey Meyer）《北京·神灵之都》（台北，1976），53-54页。

92　安东尼·维德勒（Anthony Vidler），《街景：理想与现实的转换（1750—1871年）》，载于《论街道》（马萨诸塞州：麻省理工出版社，1986），斯坦福·安德森（Stanford Anderson）主编，29-112页。

93　林正才，《守城录注译》（北京：解放军出版社，1990），69-70页，可作为此例。

94　丘刚，《北宋东京三城的营建与发展》，38-39页。

95　楼钥，《北行日录》，第111章，1579页。关于楼钥的简介，见傅海波主编的《宋代人物传记》，第2卷，668-672页。关于新宋门的记载有些出入，按照孟元老的说法这座城门只有两重，而楼钥的描述则清晰显示这是一座三重门楼。

96　《东京梦华录注》，1页。

97 它位于外城西厢惠宁坊内，最初称上源西驿，后来在1008年改名，主要用于接待西域（河西地区）使节，如西夏使节就曾在这里停歇。

98 佛寺是太平兴国寺与大佛寺，道观是建隆观。

99 吉川幸次郎，《宋诗概说》，18页。大梁是开封在战国时期的名字。与皇帝封诰官员相关的器具中还有一个盛水的容器，"凡贵游出，令一二十人持镀金水罐子前导，洒路过车，都人名曰水路"；见李荐（1049—1109年）的《师友谈记》（约1093年），第1章，引自丁传靖《宋人轶事汇编》477页。

100 40步或62米的距离仍比巴黎香榭丽舍大街窄10米左右。

101 加藤繁，《宋代都市的发展》，载于《中国经济史研究》，吴杰翻译，239-277页。

102 这些市场被称为行、团、作、市。"行"与"团"通常是指贸易批发的地方，"市"是零售商聚集处，"作"是与手工制造相关的地方，如玉作、石作、竹作等，主要出售他们自己制作的商品。

103 虽然"行"这个词现在仍在使用，但它的含义已经发生变化。在唐代，"行"通常用于描述一个特定的空间位置，指市场内的一条街，经营同种贸易的商人都集中在那里。不过在唐末与宋代，"行"已发展为同业公会或专门从事某一行业的商人组织，同一行会的成员不必在同一条街道上经营。加藤繁认为，'行'的这一发展是想要维系自身商业垄断地位所做的努力。"行"的发展也受到政府的鼓励，因为政府施行役或是补偿策略，以此作为回报"政府对行会持续垄断地位的认可"。仅开封就至少有160行，因为这是11世纪末以实物替代现金支付行役的"行"的数量。杭州有414行；见西湖老人（化名）《西湖老人繁盛录》（约写于1250年），18页。

104 《东京梦华录注》，71页。

105 范成大（1126—1193年），《吴郡志》（南京：江苏古籍出版社，1986），234-247页。

106 加藤繁，《中国的行与商人组织》，62-71页。

107 《东京梦华录注》，72页。

108 《东京梦华录注》，72页。

109 《东京梦华录注》，73页提到张八家园宅正店；见灌圃耐得翁（化名）《都城纪胜》，前言可追溯至1247年，第4页（酒肆）就有这种正店的特质。

110 《东京梦华录注》，75页。

111 《东京梦华录注》，72页。

112 《梦梁录》第19章166页给出"瓦舍"的词源学意思，"瓦舍者，谓其'来时瓦合，去时瓦解'之义，易聚易散也"。没有人知道瓦舍产生于何时，但它最初应该是指都城中的某个地方，在那里有钱人和普通百姓自由放纵，完全不受道德约束。"它就像一道大门，年轻的浪荡子通过它来消磨时光，走向毁灭"，引自奚如谷《中国戏剧》，15页。

113 更多的细节见奚如谷的《中国戏剧》，17-20页。

114 《东京梦华录注》，67页。这些所谓的剧场其形式可能非常简单，就是在开阔空地上搭起的舞台，四周用栏杆围起来，以幕布来遮挡视线；见廖奔《宋元戏台遗迹》，载于《文物》，第7期（1989）：82-95页。

115 这些数字并不包括那些面积不到30间的小寺庙。当时整个国家僧尼与道士共有40多万人，其中都城男女道士有2.4万人。周宝珠，《宋东京研究》，559页。

116　李濂，《汴京遗迹志》，第10章，6a-8a页。铁塔现存高度约为55.084米。

117　李濂，《汴京遗迹志》，第10章，10a-10b页。

118　尽管没有任何遗迹能告诉我们它当初的面貌，但通过残存的文献，亚历山大·索伯一定程度上还是复原了它的建筑形式；见亚历山大·索伯《相国寺：一座宋代的皇家寺院》，载于《美国东方学会会刊》，第68期（1948.2-3）：19-45页，下文对相国寺的描述即由此而来。关于更多的细节，另见熊伯履《相国寺考》（郑州：中州古籍出版社，1985）；徐苹芳《北宋开封大相国寺平面复原图说》，载于《文物与考古论集》（北京：文物出版社，1987），357-369页。

119　根据成寻的说法，院子"四面廊各二百间许"，不过索伯质疑这个说法的准确性，因为那样的话院子将"大到难以置信"，他认为"二百间"更可能是周长，或是后来版本抄录错误。尽管如此，这个院子的规模肯定是巨大的，因为提及这个院子时人们都说它能容纳上万人；见《东京梦华录注》，95页；熊伯履，《相国寺考》，89页。

120　成寻，《参天台五台山记》，第4章，74页，翻译并引自索伯的《相国寺》，26页。

121　《东京梦华录注》，90-91页；索伯《相国寺》的译文，26页，此处略有改动。

122　熊伯履，《相国寺考》，96-97页，这里他引用吴曾《能改斋漫录》（1157；再版，上海，1979），第18章，514页。

123　《东京梦华录注》，91页；索伯《相国寺》的译文，26页。

124　《东京梦华录注》，181页。

125　全汉昇，《中国庙市之史的考察》（食货1），第2期（1934）：28-33页。斯波义信，《宋代海外贸易：规模与组织》，载于《势均力敌国家中的中国》（1983），罗茂锐（M. Rossabi）主编，89-115页。

126　斯波义信与伊懋可，《宋代中国的商业与社会》，156-163页。

127　引自斯波义信与伊懋可，《宋代中国的商业与社会》，157页。

128　引自斯波义信与伊懋可，《宋代中国的商业与社会》，158页。

129　立春通常在2月4日或5日。《东京梦华录注》，171页。

130　引用并翻译自斯波义信《宋代海外贸易：规模与组织》，96页。

131　姜士彬，《唐宋时期的城隍神信仰》，载于《哈佛亚洲研究学报》，第45期（1985.11）：363-457、391页。

132　第一部分引自宋代诗人陆游写于1158年的《渭南文集》，第17章，3a页；第二部分来自《秋涧先生大全文集》（四部合集），第40章，14a页。两者都引自姜士彬的《唐宋时期的城隍神信仰》，398-399页。

133　姜士彬，《唐宋时期的城隍神信仰》，418页，特别见415-416页。

134　关于城市文学方面的发展，见雅罗斯拉夫·普实克（Jaroslar Prusek）《中国通俗文学的开端：城市中心——通俗小说的摇篮》，载于《东方学文献》36，第1期（1968）：67-121页。"词"虽由文人创作，但通常是在娱乐场所传唱，它在宋代的流行可能是因为城市娱乐的普及；见《东京梦华录注》，137-140页；另见奚如谷《中国戏剧》，17页。雅罗斯拉夫·普实克的《话本的起源与作者》（布拉格，1967）。

第5章

开放城市

并非所有的宋代城镇都如都城这般经历着城市化。开封与杭州是全国交通网络中的主要节点，国家最重要的陆路与水道都向它们汇聚。因此，作为都城的开封与杭州只是特例，并不能把这些城市中的热闹活动当作典型。如果一座城市征收的商业税可以说明它的商业化与城市化程度，那么开封在1077年征收的税额高达402379缗，约占全国总税收的5.5%。杭州位居第二，达82173缗，约为开封的五分之一。[1]尽管当时1431个设置税站的城镇中约有63个的税额超过2万缗，但其余城镇的税额普遍只接近3000～4000缗。[2]不过，无论怎样，宋代数以百计的新型小规模中心城镇如雨后春笋般出现了。

5.1
低等级中心城市

5.1.1　8—13世纪的快速城市化

自8世纪中叶强大的中央集权崩塌以来，中国经历了重要的社会与经济变革，其中的城市机构转型与快速城市化是不可或缺的。如前所述，唐代城市中的商业活动被局限在官方认可与监管的坊市中进行，这种情况后来遭到挑战，再加上前面讨论的其他因素，最终导致一种新型城市结构的出现。在乡下，非官方的乡村集市也建立起来，它们通常是周期性的，俗称"草市""村市""墟市"，主要满足远离城市市场的农民所需。

农业生产力的提高、人口快速增长、广泛通传网络的发展以及货物的高效运输，它们共同带来深刻的变革，最终将农村经济纳入到一个发展中的国家市场体系中来。多出的土地都被用来种植作物，以满足新兴产业与富人餐桌的需要。人们种植水果、蔬菜、桑树、甘蔗等，甚至还发展了鱼塘。过剩的劳动力专门从事手工制造业，他们为快速增长的城市消费人群提供产品。便利的交通保障了全国粮食市场与不断扩大的商品市场。区域中心开始专攻优势产品，例如：苏州最负盛名的是织锦、刺绣与铁器，湖南一个县"整个投入茶叶栽种，甚至连乡下人都到集市上去买菜"。[3]随着专门化的不断拓展以及区域间相互依赖的日益加重，曾经主要局限于奢侈品的贸易现在也扩大到了日常必需品领域。

初唐时期，"虽然村庄相当密集，但规模与地位均低于行政县以下的小城镇相对还是比较稀少的"[4]，但唐末与宋初大量中小城镇相继出现。农村人口开始向中心城市转移，而村庄与集市发展成为"半个城镇"、中小城镇，甚至是城市。[5]这段时期中国城市发展的重要特征是，农村市场发展为城镇，它们成为贸易的中间环节，在城市与乡村之间建立起新的经济联系。[6]贸易活动已经无处不在，例如苏州府的常熟县1241—1252年每8.65个村庄就有一个集镇[7]，其中一个就是下述文字所描述的丁桥镇：

> 今夫十家之聚，必有米盐之市。曰市矣，则有市道焉。相时之宜，以楙迁其有无。揣人情之缓急而上下其物之估，以规圭黍勺合之利。此固世道之常，丁桥虽非井邑，而水可舟、陆可车，亦农商工贾一都会。[8]

沿海城市也在快速发展。西北领土的丧失切断了宋朝的陆上丝绸之路。相反，得益于12世纪造船技术的进步与指南针的发明，海上贸易以前所未有的规模发展起来，波斯、阿拉伯、东南亚、高丽与日本等地的船只都在沿海繁华的港口城市停靠。作为重要收入来源，海外贸易得到朝廷的鼓励。例如1128年，仅海外贸易就占到"现金总税收1000万缗的20%"。[9]座港口城市，即江阴、华亭、澉浦、秀州、杭州、眀州、温州、泉州与广州都被指定为海外贸易口岸。

贸易增长与城市中心的扩散造就了这样的一种局面，即"人为"设定的行政中心其重要性不一定与它作为经济中心的重要性相吻合。初唐时期，这些行政中心虽然承担的主要是政治与军事职能，但通常兼具中心市场的次要功能。作为实物税征收的中心，赋税经由它们流向朝廷，再通过官方支出重新分配。[10]宋继承唐的行政体系，仅做了微小调整，全国被划分成23路，约有300个州与1500个县。[11]虽然州府的行政地位要高于县，但在贸易快速发展后，许多县的经济地位都超出了它们所在的州。由此一个商业网络得以发展，其中的经济中心可按等级划分为区域城市，接着是地方城市、中心集镇、中间集镇，最后是被称为"标准市场"[12]的农村集市。

长江下游地区的发展尤其迅猛。[13]自唐中期以来，北方地区的社会失序加速了中国人口向南方的迁移，加上当地人口的自然增长，南方地区获得前所未有的发展。606年，南方人口仅占全国人口总数的23%，而到1078年情况发生逆转，南方人口占到全国人口总数的65%[14]，其中城市人口是重要的组成。13世纪初，明州（今宁波）所在的鄞县约有14%的人口为城市人口；歙县（古徽州，今属安徽），城市人口约为26%；丹徒县（镇江府所在），1208—1224年城市人口约为28%，到1265—1274年增长至33%；汉阳军，城市人口约为13%。[15]在福建定州府，伊懋可注意到该地的城市人口从12世纪末的6%迅速增长到13世纪中叶的28%。[16]整个帝国境内大城市的数量也不断增加，宋代人口超过10万的城市大约有40多个，这相较唐代10多个的数量有了相当大的增长。[17]

根据1077年的统计，宋代有2041个规模不等的经济中心为国家提供大量的商业税收[18]，并且这一数字并不包括经济上微不足道但军事与政治意义突出的州县，以及大约1300个镇[19]，两者加起来总共有3200多个集镇与城市。如果将南方类似镇的小城，如墟、场、铺、渡、店、寨等也都包括进来，那么这个数字甚至会更高。[20]然而，城市中心的增长并没有带来州府县等数量的增加。如果与之前相比有什么不同的话，那就是行政席位的数量反而略微有所下降。[21]在宋代，正是因为农村市场与诸如中间集镇等低等级经济中心的扩散，才使城市景观与城乡关系发生改变。整体来看，更高等级的城市、县城、充当中间环节的集镇以及本地市场共同构成了一个城镇体系，它们通过广阔的交通网络连接起来，就像节点一般在全国蔓延。

5.1.2 州府、县与镇

在最基层，一个镇所包含的人口数量可能在100户到几千户不等。如斯波义信所指出的那样，除盐场、酒铺与税站外，这样的集镇有自己的区域边界，有时甚至还会有城墙。它们由监镇官或巡监、有时是县尉进行管理，还"有叫作'坊'的行政区划与官方认可的行会"。[22]

或许因为扩张太快，也可能部分因为地形特质，宋代许多城市不再以直线城墙进行包裹。与北方地区的宽广平阔不同，南方水源充沛，湖泊星罗棋布，溪、河、渠各种水系纵横交错，丘陵随处可见。在这里兴起的大城市，一旦适应地形后通常都会快速发展，泉州这座南方港口城市就是一个极好的例子。[23]泉州城始建于589年隋文帝统治时期，在唐代逐渐发展成重要的港口城市，介于南边广州与北边扬州两座重要港口之间，据说绵延3里160步的小规模内城墙修建于906年。泉州的内城墙基本是正方形的，城内有两条交叉道路通往四边城门，每边一座——这是中国早期城市的典型布局，与北方大部分城市形制相吻合。到五代时期，南唐（937—958年）控制了这一地区，一座矩形衙城建在了内城以北的中轴线上。可能是在同一时期，另一道长约20里的不规则外城墙也加建起来（图65）。可以看到，众所周知的繁荣与港口的快速发展，再加上独特的地理位置，这些共同打破了泉州这座城市曾经僵化的几何形状。

泉州并不是唯一形状不规则的城市。事实上，南方许多城镇的形状都不是直线型的，无锡、荆州、赣州、杭州等就是几个这样的例子[24]，在更遥远的西部，静江府城（今桂林）在某些方面也与之相似。不过，作为一个随时间推移而不断扩大的军事要塞，静江府城的规划组织要比大部分城市复杂得多，1272年雕刻于鹦鹉山南侧崖壁上的地图为我们提供了这座城市布局的详细信息（图66）。[25]静江府的子城建于唐代，规模较小，位于城市东南部。与预期的一样，该子城平面呈规则矩形，府衙等行政中心位居其中。然而，随着宋代的拓展与增建，这座子城再次打破原本刻板的几何形状。1258—1272年，为防御即将到来的蒙古军队进攻，静江府城曾先后经历了4次加固，由此这座城市可被分成6个组成部分，包括一座内城、一座夹城、两座外城（西、南各一座）、一座新城以及一座衙城。

新的城墙不再像唐代衙署区那样采用严格的直线型设计，而是呈现与周围地形特征相适应的新轮廓。此外，一道地势较低的次级砖墙（即阳马城）也建造起来，它环抱在城墙外作为附属防御设施。城东与城南的护城河都是河道的一部分，而西面的护城河则是依据场地条件开挖的，因此呈现与后者相契合的曲线形式。值得注意的还有城内的道路网，它们也

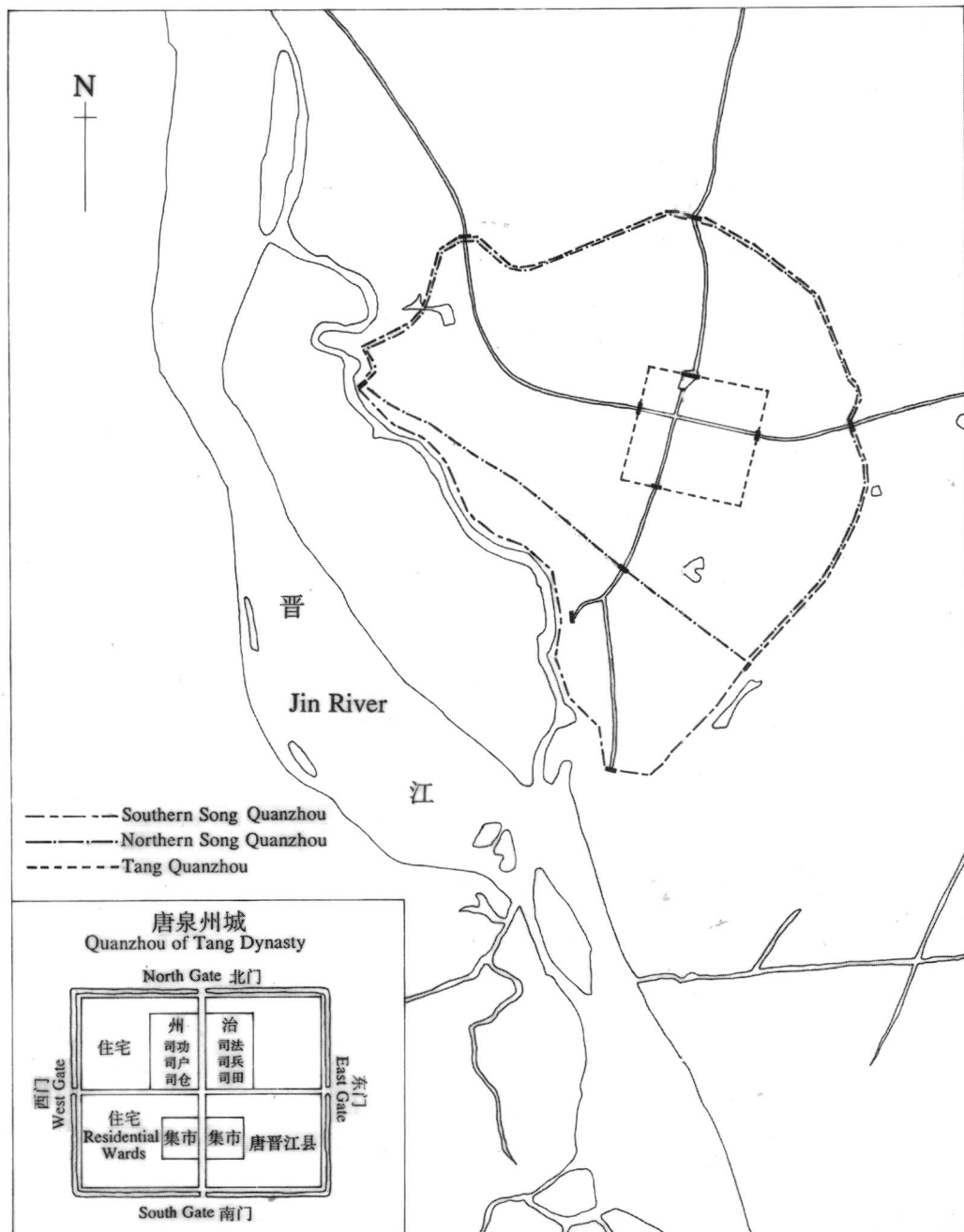

图65　宋代泉州城复原示意

宋·静江府城池图

图66　静江府城图

不再是早期的直线型网格，而是部分采用斜线形式，大多数道路的终点都是T形路口。这在当时是一种常见的军事策略，目的是迷惑与拖延敌人，使他们在破城而入后无法夺取城市的运行中枢。繁华的苏州也有这种T形路口（图53）。

然而，无论城镇的规模如何，北宋末年的城市体验与初唐已有了很大差异，即便不总是像开封或杭州那般特征鲜明，但确定无疑那就是城市。人口集中、城郊出现、管制放松及由此导致的贸易扩散与娱乐活动激增，这些都使城市与乡村的生活日益区分开来。

5.2
开放城市

除新型街景的出现，即沿街店铺与摊位林立，富商、小贩、手艺人、训禽师与普通百姓人潮汹涌，开放城市在其他许多方面都与之前城市有着很大的不同。不仅街道面貌发生了变化，它们的整体组织亦相应改变，新的城市结构与天际线也出现了。更绚丽、精美、优雅的建筑形式逐渐取代过去那种肃穆、纪念碑式的建筑风格，尽管这还并不是那么引人注目。

5.2.1　城市网格的变化

虽然我们总将中国城市假想成是一幅完美的图式，或为隋唐长安与洛阳的棋盘式布局，抑或是元大都与明清北京所遵循的周王城三重城模式，但在中国快速城市化阶段，城市的实际状况与这些却截然不同。正方形与矩形的城市轮廓主要出现在中国北方与西北地区，那里是早期王朝建立根基的地方。[26]大同、太原、大名等城市的方形城墙，以及它们简洁的网格结构都深入人心（图67~图69）。[27]然而，唐中叶以后，当经济重心南移到长江下游地区，以及后来宋代广东、福建等更南方地区的发展，高度不规则的城市形式伴随同样不规则的街道路网就在这些地方出现了。另一方面，一旦给予合适的机会与必要条件，即便是北方僵化的城市结构也会逐步瓦解。僵化的网格被削弱，代之而起的是弯曲与倾斜的街道（图70）。虽然苏州并不是一座北方城市，但其宋代精妙的水陆交通网也是说明过去严苛里坊网格被打破的绝佳案例（图1、图53）。此外，在建造新城墙用以保护新发展的郊区时，这些新建区域的内部也远没有之前那么秩序井然，例如开封外城就存在着一些斜向的街道。这一发展在后来那些增建城墙以保卫郊区人口的城市中同样清晰可见，明北京城就是这样的一个例子，其东南与西南两侧都曾在1553年嘉靖时期展筑外城墙，新城墙内由此出现了大量弯曲倾斜的街道，它们与都城原本规划严谨的网格在特质上完全格格不入（图71）。

5.2.2　城市肌理的变化

随着坊墙的倒塌，摊位、商铺、酒馆、饭店、妓馆以及其他类似场所都逐步摆脱封闭市场的限制，开始沿主街与小巷排布，城市结构随之发生改变。这些内容丰富多元的街道遍布全城，不仅对城市结构产生巨大影响，同时也改变了城市的肌理。唐代城市中居住、商业、行政等典型功能区所对应的城市肌理有着明显的区分以及不同的空间位置，但在宋代城市中

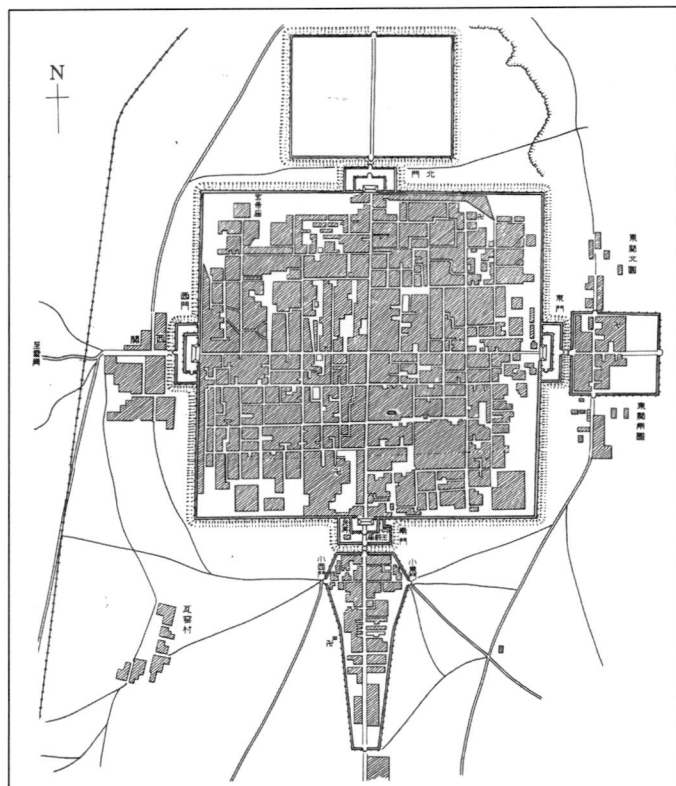

图67 大同城图

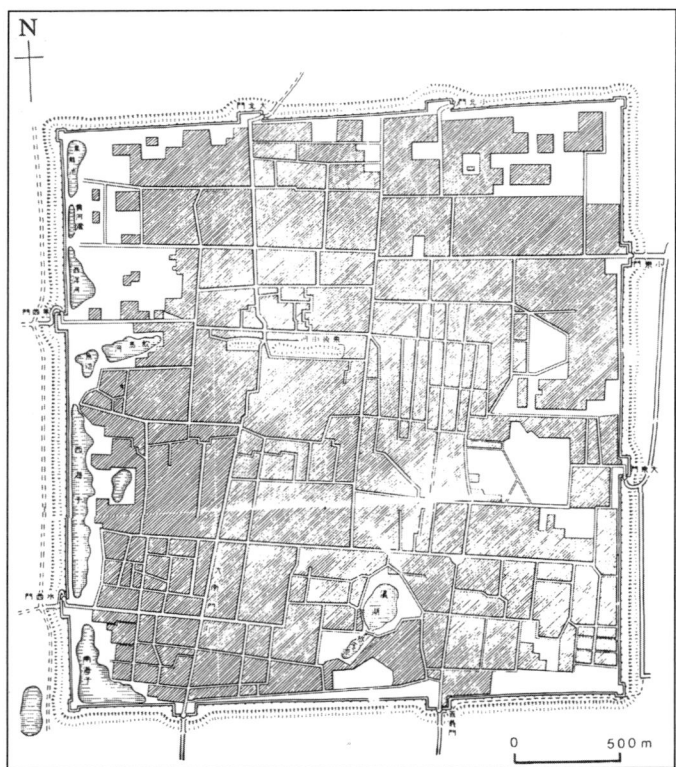

图68 太原城图

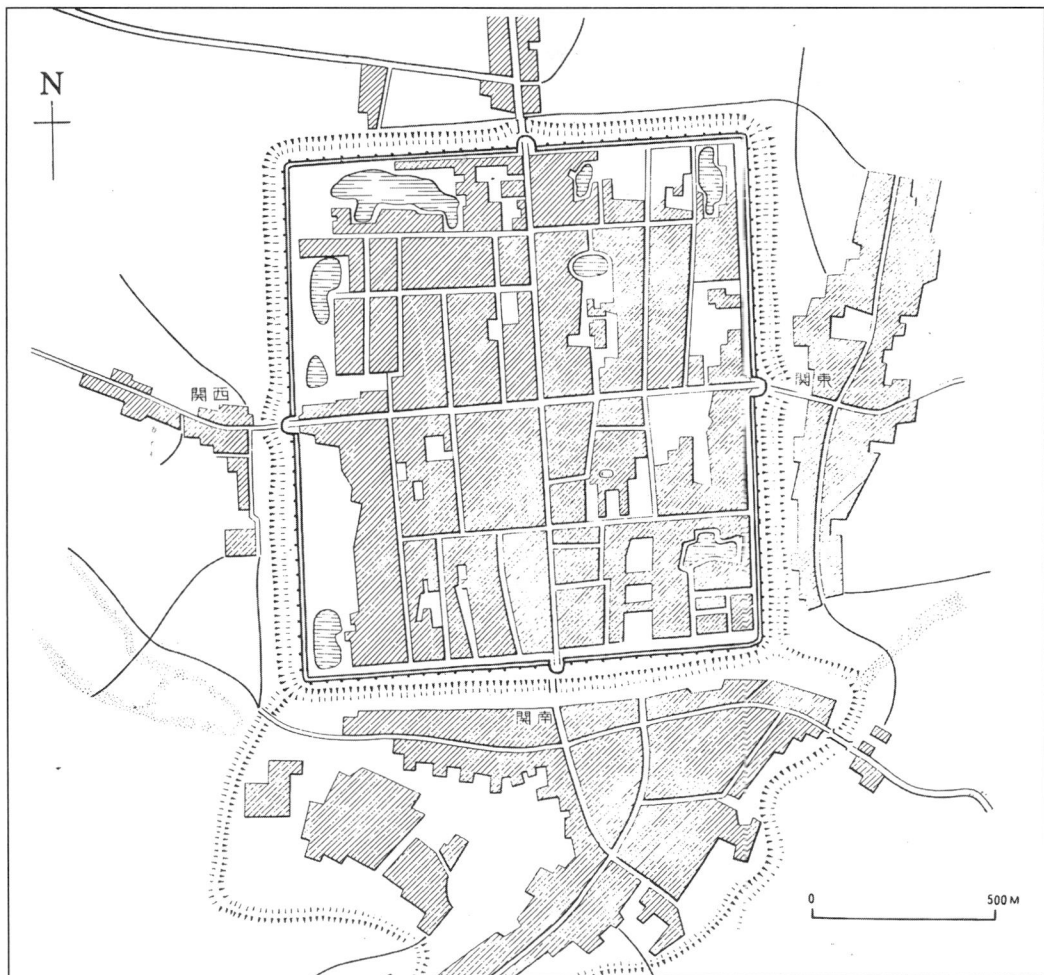

图69　大名城图

它们已经不再那么泾渭分明。在唐代，由窄地块构成的相对稠密肌理填充着长安与洛阳的市场，而城市其余部分则主要由院落住宅占据的较大地块构成，其间还夹杂着更大的地块，主要用于建设官员巨贾、国家机构、官方设施以及宗教场所等对应的宏大建筑群。

宋代城市更为复杂，其城市肌理不太容易区分。例如，开封城市街道两侧有着不同形状与尺度的地块和房产。虽然《清明上河图》只是一幅浓缩的城市图景，但它清晰地呈现出这一点。在一条街道上，一系列店铺毗邻布置，偶尔会被间杂其中的大型多层酒楼、餐馆、住宅甚至是官府建筑所打破（图70）。一般来说，城市繁华地段主要街巷旁分布的多是由商业地产构成的小地块，在这些店铺后面与不太中心的地方则是院落住宅占据的较大地块。甚至还有用作军事营区的更大地块，它们主要沿外城墙布置。

在一幅完整标注着城市特征、典型住宅与店铺的18世纪北京城图上，就展示了一座由不同类型肌理构成的城市。主街两旁是一排排开间狭窄的单层建筑（图72、图73），它们的

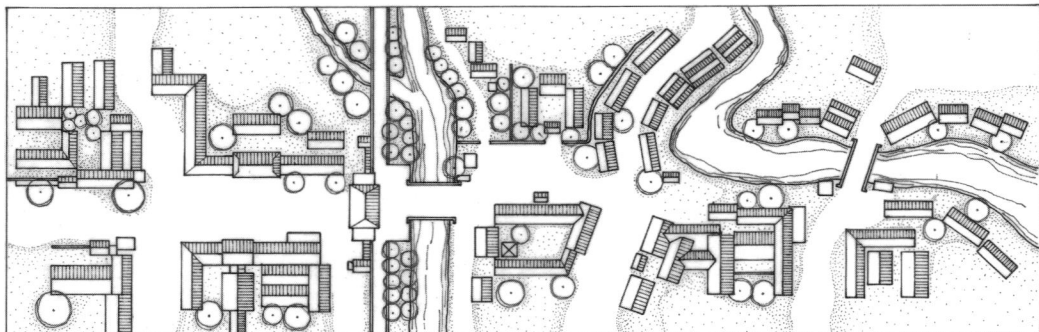

图70 《清明上河图》局部建筑平面复原示意

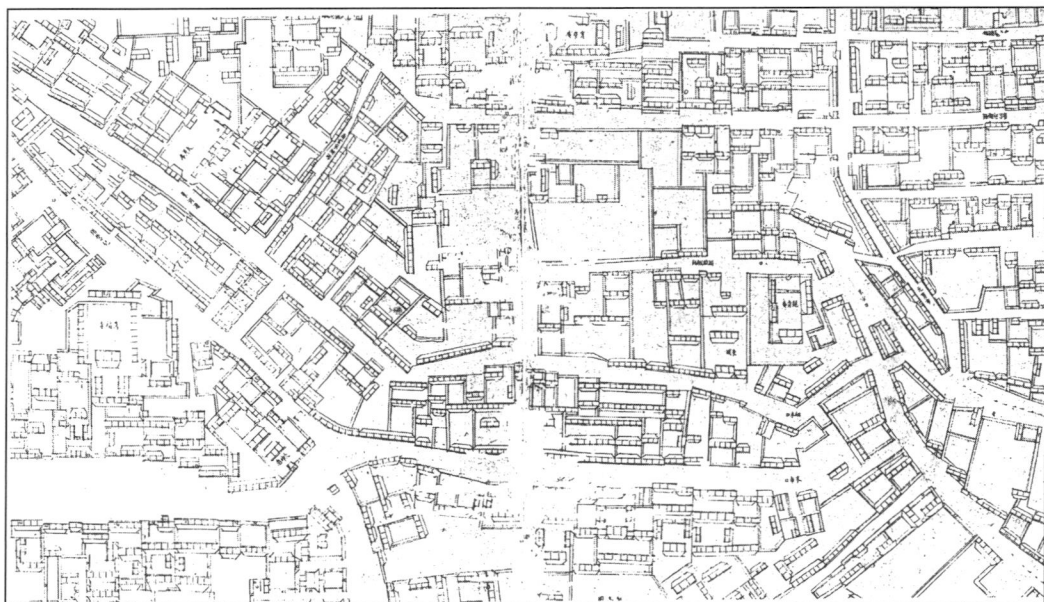

图71 18世纪北京地图细部，显示出外城崇文门东南不规则的城市肌理

后面是大型院落，其形状主要是矩形的，至少有一面被建筑包围，庭院中偶尔也会有独立建筑。大门与院墙通常位于较窄的巷子里，远离城市大街。尽管这幅图描绘的年代要晚很多，但其所刻画的城市肌理与北宋开封的可能很相似，而北宋恰恰是新的城市结构崛起的时期。

5.2.3　城市天际线的变化

城市肌理变化构成城市水平层面的变化，与此同时城市垂直层面也发生了改变。整体来说，中国城市是扁平化的，主要由一两层的建筑组成。在宋代，都城的垂直维度出现了前所未有的增长。与许多引人注目的门塔、角楼、瞭望塔相竞高的，是商业、宗教与住宅等多

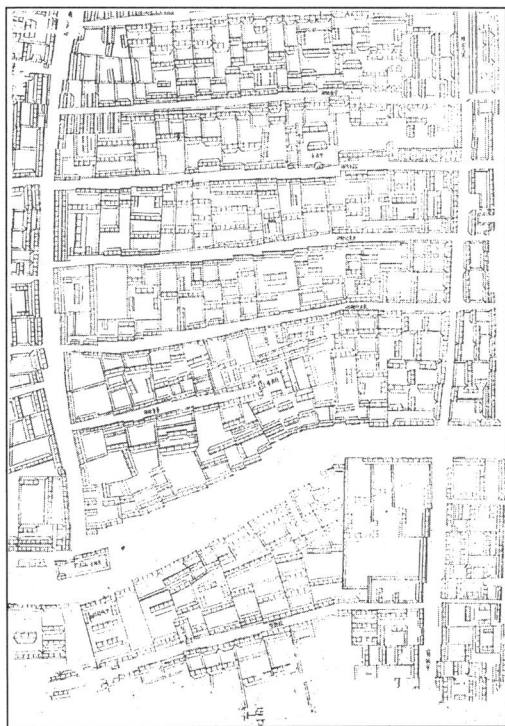

图72　1750年北京地图显示的外城主要商业区

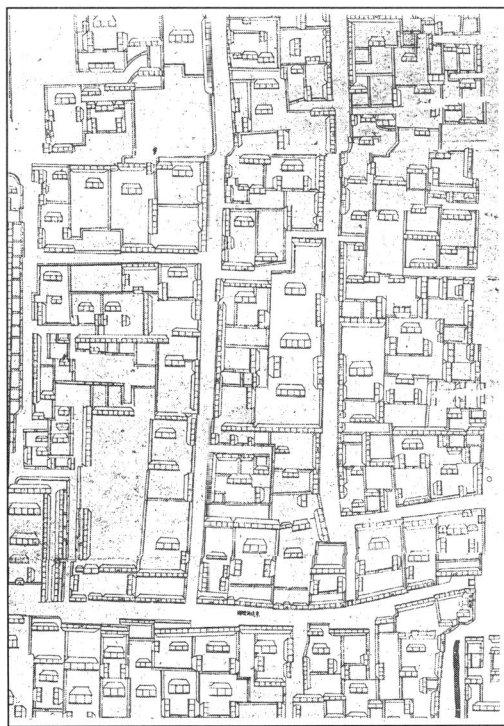

图73　1750年北京地图显示的内城东墙附近的社会上层居住区

层建筑。开封特别是杭州的空间尺度有限，加上人口的迅猛增长，这是导致上述现象出现的部分原因。正如之前章节所指出的，这一时期某些地区人口出现四五倍的增长并不罕见。随着贸易增长，城市中流动人口的数量也在增加。在都城，每3年一次的科考都会吸引上万名满怀希望的学子涌入，这进一步加剧了城市人口的流动。在南宋杭州，科考期间，"诸路士人比之寻常十倍……每士到京，须带一仆；十万人试，则有十万人仆，计二十万人，都在都州北权歇。"[28]2层建筑在当时已经非常普遍，这一点可从与"楼"（有时译作阁楼）相关的大量记载中洞察（图58、图74）。有时，这些"楼"还包含3层或更多层的建筑，就像我们在前面提到过的开封最大酒楼之一的白矾楼。略逊一筹的或许是那些横跨街巷的跨街楼，苏州石刻地图上就有一座这样的建筑，它沿着城市交通干道布置（图75）。这些建筑在当时可能并不罕见，因为楼钥北行时就曾注意到宿州也有一座这样的酒楼。[29]

　　或许，对垂直维度的追逐不仅仅是出于实际需要，正如索伯指出，"宋代似乎将中国人审美意识中长期滋长的对垂直维度的热情推向了高潮"[30]，相国寺这一皇家寺院的四重门楼就是这种努力的佐证。令人印象更为深刻的是点缀着城市天际线的众多佛塔，虽然它们在唐代城市中同样醒目，但在拥挤的开封却达到了新的高度。我们所看到的开宝寺第一佛塔，其100多米的高度刺破长空。即便是后来建于1049年的小尺度替代建筑，依然以

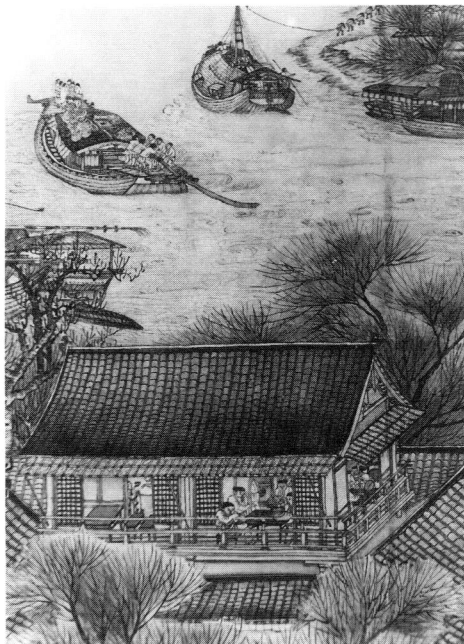

图74　两层酒楼示例（《清明上河图》细部）

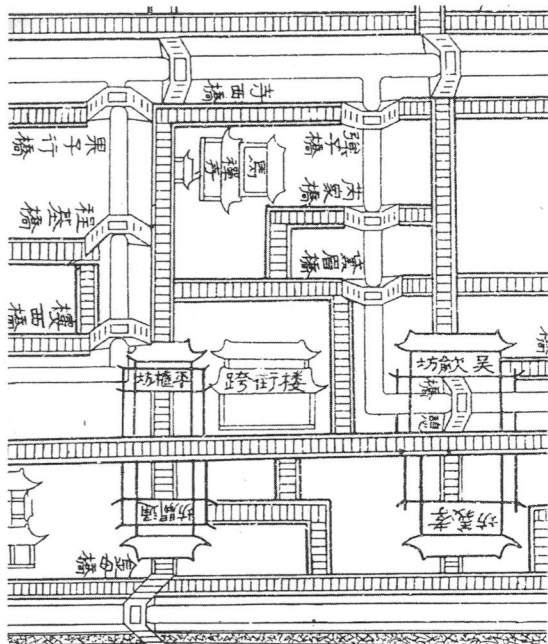

图75　《平江图》显示的跨街楼，是一座跨越街道的饭馆

55.1米的高度矗立于今日的开封城（图76）。[31]整体来看，这些佛塔的形状与唐代也有很大不同，即从之前的方形截面转变为八角形。1069年，楼钥一入新宋门就看到北面约3公里外的开宝寺佛塔，此外还有往南约2公里醒目的繁台寺塔。[32]沿御街前行，他还注意到其他几座为城市轮廓增添光彩的佛塔。在周宓（1232—1308年）后来的记述中，称当时开封的佛塔与楼阁"其高际天，坚壮雄伟"。[33]

主宰天际线的不仅仅是公共设施，富裕的城市居民也建造起塔与楼阁来装点自己的住宅。徽宗朝宰相蔡京在梁门外有一处宅邸，其内六鹤堂高达4丈9尺，约15米。官员李遵勖（988—1038年）曾沿街建造了一座高楼，他的宅邸由此得名"李家望楼"。[34]

如果我们根据当时的记载以及后来元代西方人的观察进行判断，就可以知道杭州这一时期甚至变得更加拥挤。一位当地的居民写道，"临安城郭广阔，户口繁夥，民居屋宇高森，接栋连檐，寸尺无空，巷陌壅塞，街道狭小，不堪其行，多为风烛之患"。[35]绘画作品提供的视觉信息也证实这座南宋都城在垂直方向的发展趋势，当时画家李嵩（1160—1243年）创作的《西湖图》描绘了杭州西南城墙外一条繁忙的湖边街道，画面就显示出街两旁密布着两三层高的建筑（图77）。如果说这幅画对西湖南侧这一密度相对较低区域的描绘是真实的，那么杭州城内拥挤状况或许要更加激烈，毕竟那里是较为贫苦的百姓居住的地方。《西湖繁盛全景图》可能创作于14世纪，作者不详，它描绘的景象同样显示西湖边布满了多层建筑（图78）。李嵩所绘的街道也出现在明代的画作中，后者虽然是从不同视角进行的观察刻画，但所呈现的依然是一望无际的两三层店铺与住宅（图79）。

图76 开宝寺佛塔

图77 宋李嵩所绘《西湖图》细部，左下角显示了一条街道。上海博物馆藏

图78 明代《西湖繁盛全景图》细部，佚名。美国华盛顿弗利尔美术馆藏

5.2.4 城市边缘的变化

改变不仅清晰体现在城市面貌上，城市边缘的变化亦很明显。当我们将事先经过规划的唐长安、洛阳与自发形成的宋开封、杭州进行比较时，这种差异就变得更加突出。唐朝

图79　《西湖繁盛全景图》细部，佚名。美国华盛顿弗利尔美术馆藏

都城的内部存在着大量的农田，而宋朝都城则拥有越过城墙发展的广阔城郊。

　　正如我们所见，宋开封共设立了9厢14坊，用以解决城郊扩展的问题。根据当时的记载，杭州的郊区同样引人注目。耐得翁在1235年写道，杭州城外南、西、北数十里之内仍是人口稠密之地，人们可以在那里的市场与街道上步行数日而不会感到疲累。[36]城郊发展并不仅仅局限于都城，事实上宋代许多城市都被广阔的城郊所包围。以太原为例，11世纪前期这里就有2000多户城郊人口。1038—1040年，居住在秦州城郊市场周围的军民家庭超过1万多户。在北宋后期，城郊发展更为普遍，明州与江宁府城墙外每天清晨都有市场聚集。此外，新繁县（属成都府）与军事要塞平定军城的城郊也都有重要发展。[37]一个世纪后，当楼钥路过虹县时，他也曾注意到大部分市场都位于城墙外。[38]苏轼早先"草市者甚众，岂可展筑外城"的评论凸显出当时城郊生长的普遍性。

　　然而，当我们考虑到低等级的唐代城市时，差异就没有那么明显了。不同于都城长安与洛阳，唐代许多地方城市并没有用城墙来限定城市边界，对许多城市来说，其在晚唐的状况与后来的宋代极为相似。许多最初因军事或政治原因建立的中心城市，都只有行政管理区带有小型城廓，当人口快速增长后，居民就被挤到了城墙的外面，扬州、苏州、开封及杭州就是典型的例子。晚唐时期，随着城郊人口的发展，这些城市都修筑了新城墙来容纳持续拓展的郊区。城市的这种增长在随后几个世纪中并没有停滞，直到蒙古人入侵才告终止。与此同时，越来越多的村庄、城镇与城市都向城墙外扩展，由于不能，或是不可能总是通过修筑城墙来容纳不断扩张的人口，城市边缘因此就变得越来越模糊了。

　　正如斯皮罗·考斯托夫所指出的，"权力塑造城市，而权力最原始的形式就是对城市土地的控制。"[39]隋朝帝王对都城实施强权统治，加上僵化的社会秩序，创造出由警戒大道分割而成的封闭里坊所构成的同样严苛的城市秩序，它将人们限制在容易控制的区域内。官府对商业活动与商人不屑一顾，将他们驱赶到封闭坊市中进行监管。贸易如果是必需的，也主要是为满足朝廷的消费。尽管这套制度在初唐时期就已采用，但在唐代后期，因应中央集权的弱化、经济扩张及繁荣城市阶层的出现，与其对应的城市结构逐渐被消解。在长达半个世纪的过渡期里，众多门阀贵族消亡，"大贵族权力的顶峰"自此终结，而这为新的社会秩序铺平了道路。[40]在更加多元化的宋代社会中，一度被视为难以避免的、邪恶的、并被维持在最小限度的商业活动蓬勃发展，过去主要依靠农业税充盈的国库现在则是从商业税中获得大量收入。甚至官员与士绅也被商业利益所吸引，都参与到曾被他们蔑视的有关活动中来。事实上，许多侵街的出租物业都是高官们自己建造或持有的，这使朝廷想要清除街道上的建筑变得愈发困难。

与之前的城市相比，新城市受到的控制要少得多，更加开放，更容易让民众参与其中。除了官府建筑、皇家祠庙与军队营地外，城市中原本刻板的分区与活动隔离都让位给了多元化的街区，在那里，市场的力量很大程度上决定着活动的分配。公共与私人空间开始向大众开放。密集的城市活动，从娱乐到贸易无时无刻不充斥着城市，从而导致真正城市文化的繁荣与大众城市意识的觉醒。在物质层面，开放城市与之前城市有很大的不同，在日益拥挤与经济考量等众多因素共同驱动下，城市出现了垂直拓展的态势，尽管可能是微不足道的。繁华地段的酒铺与餐馆纷纷加建了楼层，以迎合更多顾客的需求，而多层住宅也在杭州这样拥挤的城市中出现。人口的快速增长也导致城市周边战略要地上出现了城郊。在城墙内部，网格状的布局被消解为更微妙的网络结构，在复杂的城市结构中布满了T形交叉口、弯曲十字路口与倾斜的街道。到北宋末年，一种新型城市诞生了。这种新型城市将一直占据着主导地位，直到中国与西方接触以及现代工业的到来，中国的城市景观才再次发生改变。

注释

1　马润潮，《宋代中国的商业发展与城市变革》，64–70页。

2　马润潮，《宋代中国的商业发展与城市变革》，67页，表3。

3　伊懋可，《中国历史之范式》，168页。

4　崔瑞德，《唐代市场制度》，203页。

5　斯波义信与伊懋可，《商业与社会》，128页。另见傅宗文《宋代的草市镇与扩城建郊》；傅宗文，《宋代的草市镇》，载于《科学战线》，第1期（1982）：116–125页。

6　斯波义信，《长江下游城市化与市场的发展》，43页。

7　斯波义信与伊懋可，《商业与社会》，129–130页。

8　章节来自元至顺（1330—1332年）《镇江志》，引自斯波义信与伊懋可《商业与社会》，129页。

9　马润潮，《宋代中国的商业发展与城市变革》，38页；他还指出，1137年高宗皇帝颁布诏令时这已成为一项帝国政策，当时高宗说，"市舶之利最厚，若措置得当，所得动以百万计，岂不胜取之于民？朕所以留意于此，庶几可以少宽民力"；见《宋会要》，第44章（职官制），20a-b页，引自34页。

10　斯波义信，《长江下游城市化与市场的发展》，41页。

11　王朝存续期间，州与县的数量各有不同。1100年早期为高峰期，大约有1500个县与300个州。元丰年间（1078—1085年），只有224个州与1093个县；见《宋人轶事汇编》，48-49页。南宋时期帝国仅剩16路。

12　关于类型与术语，见施坚雅《中国农村的市场与社会结构》，载于《亚洲研究杂志》24，第1、2、3期（1964，1965）。

13　9个港口城市中有6个集中在长江与钱塘江流域。

14　见斯波义信《长江下游城市化与市场的发展》，16页；另见郝若贝《750—1550年中国的人口、政治与社会变迁》。

15　所有这些数字都是估计的，因为城市人口数量无法确定。斯波义信与伊懋可，《商业与社会》，137-139页。

16　伊懋可，《中国历史之范式》，175页。

17　刘致平，《中国居住建筑简史》（北京：中国建筑工业出版社，1990），41页。

18　马润潮，《宋代中国的商业发展与城市变革》，66页。

19　1077年，1135个县城中只有743个或65%设有征收商业税的税站，而1815个集镇中只有四分之一设有税站；见斯波义信《长江下游城市化与市场的发展》，26页；另见马润潮《宋代中国的商业发展与城市变革》，63页。

20　"墟"与"场"都是农村市场发展起来的集镇，而"铺"与"店"是由商业设施与小客栈发展起来的集镇，"渡"是位于渡口的集镇，"寨"最初是军事营地。

21　与742—756年唐代331个州的数量相比，元丰年间（1078—1085年）仅剩零散的220州。见注释11以及第1章的注释187。

22　斯波义信与伊懋可，《商业与社会》，131页。

23　董鉴泓，《中国城市建设史》（北京：中国建筑工业出版社，1987），53-57页。

24　吴庆洲，《试论我国古城抗洪防涝的经验》，载于《建筑史论文集》，第8卷，1-20页。这项研究在他的《中国古代城市防洪研究》中得到进一步发展。

25　《中国古代建筑的历史与发展》，435-437页；马崇鑫，《试论桂林宋代摩崖石刻〈静江府城池图〉在地图史上的意义》，载于《历史地理》，第6期（1988）：251-257页。

26　章生道，《城治的形态与结构研究》，载于《中华帝国晚期的城市》，施坚雅主编，75-100页。

27　关于未经分析与不按时间排序的中国城市地图，见《中国城郭概要：中国派遣军总司令部地图集》（香港：香港中文大学出版社，1979），华立克（Benjamin E. Wallacker）等主编。只需一眼就可以看出黄河南北两岸城市形态的某种差异。

28　西湖老人（化名），《西湖老人繁盛录》（四部合集），9页。

29 楼钥,《北行日录》,1577页。关于繁塔的研究,见孔宪易《繁塔管窥》,载于《宋史研究论文集》(1987年会版,1989年),322-333页。

30 亚历山大·索伯,《相国寺》,28页。

31 周宝珠,《宋东京研究》,569-570页。

32 楼钥,《北行日录》,载于《攻媿集》,第111章,1579页。

33 周密,《葵辛杂识》,引自索伯《相国寺》27页。

34 王明清(1127—1214年),《挥麈前录》(古书集成,上海:商务印书馆,1936),第2章,84页。

35 《梦粱录》(四部合集),第10章,81页。

36 灌圃耐得翁(佚名),《都城纪胜》(四部合集),15页(坊院)。

37 傅宗文,《宋代的草市镇与扩城建郊》,162页。

38 楼钥,《北行日录》,载于《攻媿集》,第111章,1576页。

39 斯皮罗·考斯托夫,《城市的形成:历史进程中的城市模式和城市意义》(伦敦:泰晤士&赫德逊出版社,1991),52页。

40 崔瑞德,《唐代统治阶级的组成》,52页。

新的城市范式

唐宋变革在中国社会、文化与经济发展史的许多方面都扮演着重要角色，同样它对中国城市史也至为关键。隋与初唐时期的城市是被控制的，高度自律，商业活动受到严格限制，这总让人想起六朝时期的都城，而北宋晚期的城市则建立了一种新的范式，即昼夜充满丰富街道活动的开放城市。这些城市反映了它们各自生成的社会土壤，即一种根植于等级森严的社会结构上的贵族强权统治，另一种则脱胎于由务实职业官僚管理的多元化商业社会。可以说，11世纪末城市新范式的出现，是中国城市史上最剧烈、最重要的变革之一。

　　在本书中，我们可以看到以各自都城及主要中心城市为缩影的隋唐初期与北宋末期城市之间存在着很大的不同。隋唐长安极具控制性，它被宽阔街道切割成一个个大型封闭里坊。夜间，这些被严密巡视的街道变成了巨大的"无人区"，居住在里坊内的长安百姓受到严格监管，宵禁时间里禁止离开。夜幕降临，街道通行被控制，坊角道路交叉口处驻扎在武侯铺里的兵士对此实施强制管理。商业活动也不会出现在城市主街上，它们都被限制在像堡垒一样的东西坊市中，而那里的交易也只允许在每天的固定时段进行。事实上，长安很像一座半自治的城墙城市，或是城市与"乡村"的集合体，在戒备森严的区域内被宽阔的道路所分隔。由于受到低密度、宽街道、泥土墙的弱化，城市的视觉线索可能与乡村的并没有太大区别，即便是在封闭里坊内也是如此。

　　11世纪末，开放城市的出现宣告了一种截然不同的城市形式产生。新的城市中心区道路纵横交错，街道旁林立着各类设施，包括店铺、摊贩、餐馆、作坊、娱乐设施、宗教场所、政府衙署与住宅，等等。城墙外的郊区在迅猛发展着，其内部过剩的人口及其高密度聚集迫使这些地方的建筑都紧邻建造，多层建筑因此变得十分普遍。店铺与娱乐设施都可以自由地选址，它们分布在城内外的桥梁与重要水陆交汇处，孕育出繁华的商业区，其中的商业活动通宵达旦。

　　正如我们所见，城市从一种形式转变为另外一种形式的过程漫长而曲折，同样，推动这一转变的原因也复杂多样。在宋代长时期的相对和平稳定里，中国及其中心城市的人口增长迅猛，这在一定程度上归结于农业技术的进步。早期占城稻新植株的栽种，使每年多季收获成为可能，农业技术的改进带来农产品数量的惊人增长。与此同时，剩余劳动力开始专业化，为不断增长的城市人口提供了充足的消费品。宋代中国经历着前所未有的经济增长，乡村市场发展为城镇，城镇又发展为城市。在本地人口自然增长与农村人口持续涌入的双重刺激下，这些中心城市很快变得拥挤不堪，于是城郊蓬勃发展起来。住宅与棚屋侵占了公共道路，与此同时，商业活动遍地开花。如果坊墙这时还在，那它应该也处于坍塌状态。店铺超越了里坊最后的边界，它们先是排列成行，而后再慢慢向城市大街小巷渗透。

　　尽管宋代经济扩张极大地推动了城市新范式的诞生，但唐宋变革中的社会转型同样对新城市结构的出现意义重大。唐朝帝王曾通过各种途径努力削弱统治贵族的力量，包括修订官方族谱与通过科举选拔政府官员等。755年，安禄山叛乱瓦解了唐朝的中央集权，后面的黄巢起义及随之而来的长达半个世纪的社会动荡终结了贵族的势力，并为新士绅官僚阶层的崛起与社会新秩序的出现铺平道路。隋与初唐行政体系的贵族化与集权特质最终被由务实的儒家职业官僚管理的宋朝政府所取代。以前严格的社会等级制度让位给更具流动性的社会结构。在日益多元化的宋代社会中，商业活动不再受到蔑视，而是在政府较少干预的状况下蓬勃发展。商人社会地位得到提升，有些人甚至成为官员。在丰厚经济利益的诱惑下，官绅阶层纷纷投入商业与地产活动中。自私与贪婪导致这一时期商业地产拥堵道路的状况频频发生，这使官方清除侵街建筑的举动变得步履维艰。市区土地被官员、士绅及富商囤积起来，用于建造供他们自己消费的城市。

与出现开放城市同样重要的是不知何种原因导致的城市政治管控的放松，这在安禄山叛乱之后再次成为关键。唐代后期里坊体系受到侵蚀，我相信这不是贸易与商业活动的增长直接导致的结果，虽然它们确实是人口增长的先决条件，但更直接的影响应该来自中央集权在农民起义造成的动荡中被逐步削弱。安禄山叛乱后不久，中国人口急剧下降，即便当时的条件无法进行精准的人口普查，但也不可否认，无论城市还是全国的人口数量都发生了大幅锐减。唐朝统治后期不断遭受各种内忧外患的困扰，9世纪中叶以后，当朝廷专注于镇压内部农民起义时，控制城市失序的努力就被完全放弃。在唐宋之间长达半个世纪的过渡期里，饱受战争蹂躏的政权更迭频繁，城市控制进一步放松，这为城市新形式的出现与繁荣奠定了基础。隋朝初期，政权管控严格，虽然活跃的贸易打破了开封原本僵化的城市结构，但隋文帝巡幸过后这座城市的秩序又重新得以加强。一旦中央强权确立，国家安全得到保障，城市恢复措施便随之而来。979年，宋朝统治者在政权巩固后也曾进行过同样的努力，他们试图在都城开封重新实施唐朝的城市秩序。

然而，面对蓬勃发展的经济与社会转型，加上儒家职业官僚的务实主义，长远来看宋朝帝王的努力注定是要失败的，因为隋朝帝王对其都城实施的强权专制统治已经被宋朝由务实士大夫组成的官僚政府所取代。曾被严格控制在封闭坊市中的贸易，当时主要为满足朝廷消费而存在，现在则普遍渗透到社会各阶层中。在宋朝政府的管理下，商业税与城市税成为朝廷收入的主要来源。商业控制松懈与城市管控放松两者齐头并进，侵街建筑虽被征税，却是可以被接受的。宋朝统治者的理性主义将城市问题转化成赚钱的机会，并接受了新的城市结构的诞生。

此外，与出现开放城市亦同样重要的是城市文化的开始。在政治松动、经济繁荣与快速城市化的推动下，宋代中国兴起了一种城市意识，形成了名副其实的城市文化。宗教观念、文学形式与内容、娱乐种类与生活方式都证明了城市在宋代民众整体世界观中的重要性，这种城市意识反过来又在多大程度上刺激了城市新形式的产生，目前尚不清楚，也难以估计。

不过，并非所有的城市都经历了同样的转型。在唐代，长江下游与南方等地区的繁荣城市初期肯定很少受到严格管控。这些城市形成时间相对较晚，远离都城，人口增长迅猛，并且贸易十分活跃，这一切都使它们从刚开始就处于更开放的状态。同样，并非所有的宋代城市都以同样的速度放松对城市的管制。北方边境城市由于时刻面临外敌入侵的威胁，因此控制与管理要更为严格。虽然变革的总体趋势是明确的，但想要确认究竟哪座城市或哪个时期是变革首次发生的地点与时间，只会适得其反，也必定徒劳无功。

在从隋到北宋末年的5个世纪里，许多王朝创建又消亡。11世纪末，开放城市出现的本身就是一个历时300余年的漫长过程，这个过程的发展并非线性，结果亦非必然。我无意暗示开放城市在11世纪的诞生是不可避免的。事实上，当北宋末期的开封已然是一座活跃的开放城市时，辽代燕京（即辽南京）仍然被划分为26座带坊墙与坊门的里坊，甚至在1122年金兵入侵时城内里坊的名字仍完好无损。[1]只有在新金统治下被重新命名为中都时，这座城市才因模仿已陷落的开封而使空间秩序变得有所松弛。城中的里坊不再是26座，而是超过62座，其中一些是由以前里坊一分为二形成的，这表明坊墙在当时可能已不再完整。

虽然本书用了大量篇幅详细探讨了唐宋城市，但正如之前章节中解释的那样，唐宋的界分只是方便的王朝指向，它们并不意味着城市发展——虽然一定程度上城市确实受到政治事件的影响——是与王朝史的清晰划分完全对应。那些推翻政权的政治巨变并不总是带来新的城市结构与形式，即便王朝创立时确实会偶尔进行新城建设与旧城改造。相反，正如我们所见，城市形式的演变所受到的影响不仅来自政治事件，也来自更广泛的社会、经济与文化背景。然而，无论涉及何种因素，城市结构的变化"若想实现永久制度化，就必须得到权威工具的认可"。[2]无论对城市做出何种决定，正如约瑟夫·里克沃特（Joseph Rykwert）在另一篇文章中所写的那样，"归根到底都是政治性的"，即便它可能被称为经济行为。[3]

甚至就在我写这篇文章时，中国又在经历一次巨大的城市变革，其重要程度或许并不亚于唐宋时期。改革开放以及1978年开始的"四个现代化建设"（农业、工业、科技、国防）都将中国经济引入了一条新的发展道路，对外国资本与技术所采取的开放政策为中国带来了近代史上前所未有的经济繁荣。正如宋代政治放松和经济扩张催生了新的城市结构一样，最高领导层对国家新的经济政策的支持，加上经济本身的飞速发展，再次引发中国城市变革。那些带有过去数十年社会主义烙印的城市，特别是沿海城市，正在更加开放的经济力量推动下快速转型。这场转型的结果目前尚不明朗，但可以肯定的是，仅凭经济力量是不足以塑造出新的城市形式的。毋庸置疑，政治决策仍为首要，就像后唐、后周与宋朝帝王颁布法令以规范他们各自都城的发展那样。为避免仅靠经济力量而将城市发展引入歧途，英明的政治指引与良好的行政引导对中国当前城市建设热潮能否取得良好成效就变得至关重要。

注释

1 于杰与于光度，《金中都》（北京：北京出版社，1989），11页。

2 保罗·惠特利，《四方之极》，318—319页。

3 约瑟夫·里克沃特，《街道：使用的历史》，载于《论街道》，斯坦福·安德森主编，15—27页。

参考文献

西文文献

[1] Al-Sirafi, Abu Zayd Hasan bin Yazid. Ancient Accounts of India and China by Two Mohammedan Travellers Who Went to those Parts in the 9th Century[M]. Translated from the Arabic by Eusebius RenaudoL. London: S. Harding, 1733.

[2] Ancient Chinese Architecture[M]. Beijing: China Architecture & Building Press, 1982.

[3] Aoyama, Sadao. The Newly Risen Bureaucrats in Fukien at the Five Dynasty-Sung Period, with Special Reference to their Genealogies[J]. Memoirs of the Research Department of Toyo Bunko 21, 1962: 1-48.

——Le développement des transports fluviaux sous les Sung[J]. Etudes Song (Paris), 1976(1): 281-296.

[4] Waley, Arthur. Chinese Poems[M]. London: Unwin Books, 1961.

[5] Bai, Shouyi. An Outline History of China[M]. Beijing: Foreign Language Press, 1982.

[6] Balazs, Etienne. Une Carte des Centres Commerciaux de la Chine à la Fin du XIe Siecle" (A Map of Commercial Centers of China at the End of the Eleventh Century)[J]. Annales: Economiés, Societés, Civilisations 12, 1957(10-11): 587-593.

—— Chinese Civilization and Bureaucracy[M]. New Haven, Conn.: Yale University Press, 1964.

[7] Benjamin E, Wallacker et al. Chinese Walled Cities: A Collection of Maps from Shina Jokaku no Gaiyo[M]. Hong Kong: The Chinese University Press, 1979.

[8] Bielenstein, Hans. The Census of China during the Period 2-747 A.D[J]. Bulletin of the Museum of Far Eastern Antiquities (Stockholm) 19, 1947:125-163.

—— Lo-yang in Later Han Times[J]. Bulletin of the Museum of Far Eastern Antiquities 48, 1976: 1-142.

[9] Bishop, John. Studies of Governmental Institutions in Chinese History[M]. Cambridge, Mass.: Harvard University Press, 1965.

[10] Borgen, Robert. San Tendai Godai san ki as a Source for the Study of Sung History[J]. Bulletin of Sung-Yuan Studies, 1987(19): 1-16.

[11] Boyd, Andrew. Chinese Architecture and Town Planning[M]. London: Tiranti Press, 1962.

[12] Bussagli, Mario.Translated by John Shepley. Oriental Architecture Vol. 2[M]. New York: Rizzoli, 1981.

[13] Cahill, James. Some Aspects of Tenth Century Painting as seen in Three Recently Published Works[C]. Paper presented at the International Conference on Sinology, Academia Sinica, Taipei. August, 1980.

[14] Ch'ü, T'ung-Tsu. edited by John K. Fairbank. Chinese Class Structure and its Ideology. In Chinese Thoughts and Institutions[M]. Chicago: University of Chicago Press, 1957:235-250.

　　　　　　—— Law and Society in Traditional China[M]. Paris: Mouton & Co, 1965.

[15] Chaffee, John. Through Thorny Gates of Learning in Sung China[M]. Cambridge, England: Cambridge University Press, 1985.

[16] Chang, Sen−dou. Some Aspects of the Urban Geography of the Chinese Hsien Capitals[J]. Annals of the American Association of Geographers 51, 1961(3): 23−45.

　　　　　　—— The Historical Trend of Chinese Urbanization[J]. Annals of the American Association of Geographers 53, 1963(6): 109−143.

　　　　　　—— Some Observations on the Morphology of Chinese Walled Cities[J]. Annals of the American Association of Geographers 60, 1970(3): 63−91.

[17] Chang, Kwang−chih, ed. Food in Chinese Culture[M]. New Haven: Yale University Press, 1977.

[18] Davis, Richard. Court and Family in Sung China, 960−1279: Bureaucratic Success and Kinship Fortunes for the Shih of Ming−Chou[M]. Durham: Duke University Press, 1986.

[19] Dawson, Raymond. The Legacy of China[M]. Oxford: Oxford University Press, 1964.

[20] Denis Grafflin. Social Order in the Early Southern Dynasties_D]. Ph.D. dissertation, Harvard University, 1980.

[21] Dien, Albert, ed. State and Society in Early Medieval China[M]. Stanford: Stanford University Press, 1990.

[22] Eberhard, Wolfram. Conquerors and Rulers: Social Forces in Medieval China[M], 2d rev ed. Leiden: EJ. Brill, 1970.

　　　　　　—— A History of China[M], 4th ed. Berkeley:University of California Press, 1977.

[23] Ebrey, Patricia. The Aristocratic Families of Early Imperial China[M]. Cambridge, England: Cambridge University Press, 1978.

[24] Elvin, Mark. The Pattern of the Chinese Past —A Social and Economic Interpretation[M]. Stanford: Stanford University Press, 1973.

　　　　　　—— Chinese Cities Since the Sung Dynasty[M]. In Towns in Societies, edited by Philip Abrams and E.A. Wrigley. Cambridge: Cambridge University Press, 1978: 79−89.

[25] Elvin, Mark, and William, Skinner, eds. The Chinese City Between Two Worlds[M]. Stanford: Stanford University Press, 1974.

[26] Fairbank, J. K., ed. Chinese Thought and Institutions[M]. Chicago: University of Chicago Press, 1957.

　　　　　　—— China: A New History[M]. Cambridge, Mass.: Harvard University Press, 1992.

[27] Fitzgerald, C. P. China: A Short Cultural History[M]. 3rd ed. New York: Holt, Rinehart and Winston, 1961.

　　　　　　—— The Empress Wu[M]. London: The Cresset Press, 1968.

[28] Gernet, Jacques. Daily Life in China on the Eve of the Mongol Invasion, 1250−1276[M]. Stanford: Stanford University Press, 1962.

　　　　　　—— Note sur les villes chinoises au moment de l'apogée islamique[M]. In The Islamic City, edited by A.M. Hourani and S. M. Stern. Philadelphia: University of Pennsylvania Press, 1970: 77−85.

　　　　　　—— A History of Chinese Civilization[M]. Translated by J.R. Foster. Cambridge, England:

Cambridge University Press, 1982.

[29] Golas, Peter. Rural China in the Sung[J]. Journal of Asian Studies 39, 1980(2): 291−325.

[30] Graham, A. G. Poems of the Late T'ang[M]. London: Penguin Books, 1965.

[31] Gutkind, E. A. Revolution of Environment[M]. London: Kegan Paul, Trench, Trubner & Co. Ltd., 1946.

[32] Haeger, John. Crisis and Prosperity in Sung China[M]. Tuscon: University of Arizona Press, 1975.

[33] Handlin, Oscar.The Historian and the City[M]. Cambridge, Mass.: Harvard University Press, 1963.

[34] Hargett, James.A Chronology of the Reigns and Reign−Periods of the Song Dynasty, 960−1279[J]. Bulletin of Sung−Yuan Studies, 1987(19): 26−34.

[35] Hartwell, Robert. A Revolution in the Chinese Iron and Coal Industries[J]. The Journal of Asian Studies 21, 1962(2): 153−162.

—— A Cycle of Economic Change in Imperial China: Coal and Iron in Northeast China, 750−1350[J]. Journal of the Economic and Social History of the Orient 10, 1967(7): 102−159.

—— Demographic, Political, and Social Transformations of China, 750−1550[J]. Harvard Journal of Asian Studies 42, 1982(11): 365−442.

—— New Approaches to the Study of Bureaucratic Factionalism in Sung China: A Hypothesis[J].The Bulletin of the Sung−Yuan Studies, 1986(18): 33−40.

[36] Heng, Chye Kiang. Kaifeng and Yangzhou: The Birth of the Commercial Street[M]. In Streets: Critical Perspectives on Public Space, edited by Zeynep Çelik, Diane Favro and Richard Ingersoll. Berkeley: University of California Press, 1994: 45−56.

—— A Contest of Wills in the Tang Market[J]. Journal of Southeast Asian Architecture 1, 1996(9): 92−104.

[37] Ho, P'ing−ti. Early Ripening Rice in Chinese History[J]. Economic History Review 9, 1956−57: 200−218.

—— Lo−yang, A.D. 495−534: A Study of Physical and Socio−Economic Planning of a Metropolitan Area[J]. Harvard Journal of Asiatic Studies 26, 1965−66: 52−101.

—— An Estimate of the Total Population of Sung−Chin China[J]. Etudes Song (Paris) 1, 1970(1):3−53.

[38] Hsu, I−tang. Social Relief During the Sung Dynasty[M]. In Chinese Social History: Translations of Selected Studies, edited by E−tu Zen Sun and John deFrancis. New York: Octagon Books, 1966: 207−215.

[39] Hymes, Robert. Statesmen and Gentlemen: The Elite of Fu−chou, Chiang−hsi, in Northern and Southern Sung[M]. Cambridge, England: Cambridge University Press, 1986.

[40] Idema, Wilt. and Stephen H.West. Chinese Theater 1100−1450: A Source Book[M]. Wiesbaden: Steiner Verlag, 1982.

[41] Jenner, W. J. F. Memories of Lo−yang, 495−534[M]. Oxford: Oxford University Press, 1981.

[42] Jo, Jung−pang. China as a Sea Power, 1127−1368[D]. Ph.D. dissertation, University of California, Berkeley, 1957.

[43] Johnson, David. The Medieval Chinese Oligarchy[M]. Boulder, Colorado: Westview Press, 1977.

—— The Last Years of a Great Clan: The Li Family of Chao Chün in Late T'ang and Early Sung[J]. Harvard Journal of Asian Studies 37, 1977(6): 40−102.

—— The City-god Cults of T'ang and Sung China[J]. Harvard Journal of Asian Studies 45, 1985(11): 363−457.

［44］ Jun, Wenren. and James M. Hargett. The Measures Li and Mou[J]. Bulletin of Sung Yuan Studies, 1989(21): 8−30.

［45］ Kato, Shigeshi. On the Hang or the Associations of Merchants in China, with Especial Reference to the Institution in the T'ang and Sung Periods[J]. Memoirs of the Research Department of the Toyo Bunko (Tokyo), 1936(8).

［46］ Kojiro, Yoshikawa. An Introduction to Sung Poetry. Translated by Burton Watson[M]. Cambridge, Mass.: Harvard University Press, 1967.

［47］ Kostof, Spiro. The City Shaped: Urban Patterns and Meanings Through History[M]. London:Thames and Hudson, 1991.

—— The City Assembled[M]. London: Thames and Hudson, 1992.

［48］ Kracke, E. A. Jr. Sung K'ai-feng: Pragmatic Metropolis and Formalistic Capital[M]. In Crisis and Prosperity in Sung China, edited by John W. Haeger. Tucson: The University of Arizona Press, 1975: 49−77.

—— The Expansion of Educational Opportunity in the Reign of Hui-tsung of Sung and Its Implications[J]. Sung Studies Newsletter, 1977(13): 6−30.

—— Sung Society: Change Within Tradition[J]. Far Eastern Quarterly 14, 1955(8): 479−488.

［49］ Liu, James. Reform in Sung China. Cambridge[M]. Mass.: Harvard University Press, 1959.

—— Traditional China[M]. New Jersey: Prentice-Hall, 1970.

—— Sung Emperors and Hall of Enlightenment[J]. Etudes Song (Paris) 2, 973(1): 45−58.

—— Polo and Cultural Change from T'ang to Sung China[J]. Harvard Journal of Asiatic Studies 45, 1985: 203−224.

—— China Turning Inward: Intellectual and Political Changes in the Early Twelfth Century[M]. Cambridge, Mass.: Council of East Asian Studies, Harvard University, 1988.

［50］ Liu, James, and Peter J.Golas, eds. Change in Sung China: Innovation or Renovation[M]. Boston: D. C. Heath and Co., 1969.

［51］ Loewe, Michael. Everyday Life in Early Imperial China[M]. New York: Harper & Rowe, 1968.

［52］ Ma, Laurence. Commercial Development and Urban Change in Sung China[D]. Ph.D.dissertation, University of Michigan, 1971.

［53］ Meyer, Jeffrey. Peking as a Sacred City[M]. Taipei: Orient Cultural Service, 1976.

［54］ Miyakawa, Hisayuki. An Outline of the Naitō Hypothesis and its Effects on Japanese Studies of China[J]. Far Eastern Quarterly14, 1955(8): 533−552.

［55］ Miyasaki, Ichisada. Les Villes en Chine à 1'epoque des Han (Cities in China during the Han Period) [J]. T'oung Pao 48, 1960(4−5): 376−392.

［56］ Mote, Frederick. Cities in North and South China[M]. In Symposium on Historical, Archaeological and Linguistic Studies on Southern China, Southeast Asia and the Hong Kong Region, edited by F.S.

Drake. Hong Kong: University of Hong Kong Press, 1967: 153−155.

—— The City in Traditional Chinese Civilisation[M]. In Traditional China, edited by James T.C. Liu and Wei−ming Tu. New York: Prentice Hall, 1970: 42−49.

—— A Millenium of Chinese Urban History: Form, Time, and Space Concepts in Soochow[J].Rice University Studies 59, 1974(4): 35−65.

[57] Moule, Arthur C. Hang−chou to Shang−tu A.D.1276[J]. T'oung Pao 16, 1915:393−419.

—— Marco Polo's Description of Quinsai[J]. T'oung Pao 33, 1937: 105−128.

[58] Ou−yang, Hsiu. Traite des fonctionnaires et Traite de l'armee. Bibliotheque de l'Institut des hautes etudes chinoises[M], vol.6. Leiden: E. J. Brill, 1947−48.

[59] Pirazzoli−T'serstevens, Michèle. Living Architecture: Chinese[M]. Translated by Robert Allen. New York: Grosset & Dunlap, 1971.

[60] Prusek, Jaroslav. The Beginnings of Popular Chinese Literature: Urban Centers—The Cradle of Popular Fiction[J]. Archive Orientalni 36, 1968(1): 67−121.

[61] Pulleybank, E.G.Background of the Rebellion of An Lushan[M]. Oxford: Oxford University Press, 1955.

[62] Reischauer, Edwin O. Ennin's Travels in T'ang China[M]. New York: Ronald Press, 1955.

—— trans. Ennin's Diary[M]. New York: Ronald Press, 1955.

[63] Reischauer, Edwin O., and John K.Fairbank.East Asia: The Great Tradition[M]. Boston: Houghton Wifflin Co., 1960.

[64] Rossabi, Morris, ed. China Among Equals: The Middle Kingdom and its Neighbors, 10th−14th Centuries[M]. Berkeley: University of California Press, 1983.

[65] Schafer, Edward.The Golden Peaches of Samarkand[M]. Berkeley:University of California Press, 1963.

—— The Last Years of Chang'an[J]. Oriens Extremus 10, 1963(2): 133−179.

—— The Vermilion Bird: T'ang Images of the South[M]. Berkeley: University of California Press.1966.

[66] Schinz, Alfred. Cities in China[M]. Berlin: Gebruder Bomtraeger, 1989.

[67] Shiba, Yoshinobu. Commerce and Society in Sung China[M]. Translated from Japanese by Mark Elvin. Ann Arbor, Mich.: Center for Chinese Studies, The University of Michigan, 1970.

—— Commercialization of Farm Production in the Sung[J].Acta Asiatica 19: 77−96.

—— Song Foreign Trade: Its Scope and Organization[M]. In China Among Equals, edited by M. Rossabi. Berkeley: University of California Press, 1983: 89−115.

[68] Sickman, Laurence, and Alexander Soper.The Art and Architecture of China[M]. 3rd ed. Harmondsworth: Penguin Books, 1971.

[69] Siren, Osvald.Tch'ang−ngan au temps des Souei et des T'ang[J]. Revue des Arts Asiatiques 4, 1927: 40−46, 89−104.

[70] Sjoberg, Gideon. The Pre−industrial City, Past and Present[M]. Glencoe, Ⅲ.: Free Press, 1960.

[71] Skinner, G.William, ed. The City in Late Imperial China[M]. Stanford: Stanford University Press, 1977.

[72] Soothill, William. The Hall of Light[M]. London: Lutterworth Press, 1951.

［73］ Soper, Alexander. A Vacation Glimpse of the T'ang Temples of Ch'ang-an:The Ssu-t'a chi by Tuan Ch'eng-shih[J]. Artibus Asiae 23, 1960(1): 15-40.

—— Hsiang-kuo-ssu, an Imperial Temple of Northern Sung[J]. Journal of the American Oriental Society 68, 1948(2-3): 19-45.

［74］ Stanford, Anderson, ed. On Streets[M]. Cambridge, Mass.: The MIT Press, 1986.

［75］ Steinhardt, Nancy S. Chinese Imperial City Planning[M]. Honolulu: University of Hawaii Press, 1990.

—— Why were Chang'an and Beijing So Different[J]. Journal of the Society of Architectural Historians 45, 1986(4): 339-357.

—— Chinese Imperial City Planning[M]. Honolulu: University of Hawaii Press, 1990.

［76］ Sun, E-tu Zen and John deFrancis, eds. Chinese Social History[M]. Washington, D.C.: American Council of Learned Societies, 1956.

［77］ Tanigawa, Michio.Medieval Chinese Society and the Local "Community" [M]. Berkeley: University of California Press, 1985.

［78］ Trewartha, Glenn. Chinese Cities: Origins and Functions[J]. Annals of the American Association of Geographers 42, 1952(3): 69-93.

［79］ Tuan, Yi-fu. A Preface to Chinese Cities[M]. In Urbanization and Its Problems, edited by R.P. Beckinsale and J. M. Houston. New York: Barnes and Noble, 1968: 218-253.

—— China[M]. Chicago: Aldine, 1969.

［80］ Twitchett, Denis. Monastic Estates in T'ang China[J]. Asia Major 5, 1956(2): 123-146.

—— Land Tenure and the Social Order in T'ang and Sung China[M]. London: School of Oriental and African Studies, 1961.

—— Financial Administration under the T'ang Dynasty[M]. Cambridge, England: Cambridge University Press, 1963.

—— The T'ang Market System[J]. Asia Major 12, 1966(2): 202-248.

—— Chinese Social History from the Seventh to the Tenth Century: The Tunhuang Documents and their Implications[J]. Past and Present 35, 1966(11): 28-53.

—— Merchant, Trade, and Government in Late T'ang[J]. Asia Major 14, 1968(1): 63-95.

—— Twitchett, Denis. Printing and Publishing in Medieval China[M]. New York: Beil, 1983.

［81］ Twitchett, Denis and John K. Fairbank, eds. The Cambridge History of China[M]. Vol. 3 of Sui and T'ang China, part 1.Cambridge, England: Cambridge University Press, 1979: 589-906.

［82］ Waley, Arthur. Three Ways of Thought in Ancient China[M]. Stanford:Stanford University Press, 1985.

［83］ Wang, Gungwu.The Structure of Power in North China during the Five Dynasties[M]. Stanford: Stanford University Press, 1967.

［84］ Wechsler, Howard. Offerings of Jade and Silk[M]. New Haven: Yale University Press, 1985.

［85］ West, Stephen.The Interpretation of a Dream: The Sources, Evaluation, and Influence of the Dongjing Meng Hua Lu[J]. T'oung Pao 71, 1985: 63-103.

—— Cilia, Scale, and Bristle: The Consumption of Fish and Shellfish in the Eastern Capital of the

Northern Song[J]. Harvard Journal of Asiatic Studies 47, 1987(2): 231-270.

[86] Wheatley, Paul. The Pivot of the Four Quarters[M]. Chicago: Aldine, 1972.

—— The Ancient Chinese City as a Cosmological Symbol[M]. Ekistics 39, 1975(3): 147-158.

[87] Whitfield, Roderick.Chang Tse-tuan's Ch'ing-ming shang-hot'u[D]. Ph. D. dissertation, Princeton University, 1965.

[88] Wright, Arthur. Buddhism in Chinese History[M]. Stanford: Stanford University Press, 1959.

—— Symbolism and Function: Reflections on Changan and other Great Cities[J]. The Journal of Asian Studies 24, 1965(8): 667-679.

—— The Sui Dynasty[M]. New York: Alfred A. Knopf, 1979.

[89] Wright, Arthur, and Denis Twitchett. Perspectives on the Tang[M]. New Haven, Conn.: Yale University Press, 1973.

[90] Wu, Nelson. Chinese and Indian Architecture[M]. New York: George Braziller, 1963.

[91] Wu Liangyong. A Brief History of Ancient Chinese City Planning[M]. Urbs et Regio 38.Kassel: Gesamthochschulbibliothek, 1986.

[92] Xiong Cunrui. Re-evaluation of the Naba-Chen Theory on the Exoticism of Daxingcheng, the First Sui Capital[C]. Papers on Far Eastern History 35, 1987(3): 135-166.

—— The Planning of Daxingcheng, The First Capital of the Sui Dynasty[C]. Papers on Far Eastern History 37, 1988(3): 43-80.

[93] Yang, Lien-sheng. Money and Credit in China[M]. Cambridge, Mass.: Harvard University Press, 1952.

[94] Yang Xuanzhi. A Record of Buddhist Monasteries of Lo-yang[M]. Translated by Yi-t'ung Wang. Princeton: Princeton University Press, 1984.

[95] Yule, Henry, ed. Cathay and the Way Thither[M]. London: The Hakluyt Society, 1914.

中文和日文文献

[1] 足立喜六. 长安史迹考 [M]. 杨鍊，译. 上海：商务印书馆，1935.

[2] 白行简. 李娃传 [M] //中国古典小说鉴赏词典. 北京：中国发展出版社，1989：289-295.

[3] 卞孝萱. 唐代扬州手工业与出土文物 [C]. 南京博物院集刊，1981（3）：125-138.

[4] 曹尔琴. 唐代长安城的里坊 [J]. 人文杂志，1981（2）：83-88.

[5] 陈久恒. 隋唐东都城址的勘查和发掘 [J]. 考古，1961（3）：127-135.

[6] 陈久恒. 隋唐东都的城址的勘察和发掘续记 [J]. 考古，1978（6）：361-378.

[7] 陈寅恪. 隋唐制度渊源略论稿 [M]. 台北：三联出版公司，1963.

[8] 戴静华. 关于宋代镇市的几个问题 [C] //宋史研究论文集. 郑州：河南人民出版社，1984：58-80.

[9] 邓之诚. 东京梦华录注 [M]. 北京：商务印书馆，1959.

[10] 董鉴泓. 中国城市建设史 [M]. 3版. 北京：中国建筑工业出版社，1987.

[11] 杜瑜. 从宋《平江图》看平江府城的规模和布局 [J]. 自然科学史研究，1989（1）：90-96.

[12] 范成大. 吴郡志 [M]. 南京：江苏古籍出版社，1986.

［13］丰家骅. 宋代的夜市［J］. 文史知识，1986（7）：75-78.

［14］傅崇兰. 中国运河城市发展史［M］. 成都：四川人民出版社，1985.

［15］傅熹年. 山西省繁峙县岩山寺南殿近代壁画中所绘建筑的初步分析［C］//建筑历史研究（第1卷），1982：119-151.

［16］傅熹年. 唐长安大明宫玄武门及重玄门复原研究［J］. 考古，1977（2）：131-158.

［17］傅熹年. 论几幅传为李思训画派金碧山水的绘制时代［J］. 文物，1983（11）：76-85.

［18］傅熹年. 唐长安明德门原状的探讨［J］. 考古，1977（6）：409-412.

［19］傅熹年. 唐长安大明宫含元殿原状的探讨［J］. 文物，1973（7）：30-48.

［20］傅宗文. 宋代的草市镇［J］. 社会科学战线，1982（1）：116-125.

［21］傅宗文. 宋代的草市镇与扩城建郊［J］. 社会科学战线，1984（4）：162-166.

［22］葛金芬. 唐宋之际土地所有制关系中的国家干预问题［J］. 中国史研究，1985（4）：45-49.

［23］灌圃耐德翁. 都城纪胜（四部合集）［M］. 北京：商务印书馆，1982.

［24］贺业钜. 考工记营国制度研究［M］. 北京：中国建筑工业出版社，1985.

［25］贺业钜. 中国古代城市规划史论丛［M］. 北京：中国建筑工业出版社，1986.

［26］贺业钜. 中国古代城市规划史［M］. 北京：中国建筑工业出版社，1996.

［27］平冈武夫. 长安与洛阳（地图）［M］. 杨励三，译. 西安：陕西人民出版社，1957.

［28］胡建华. 宋代城市房地产管理简论［J］. 中国史研究，1989（4）：24-31.

［29］纪仲庆. 扬州古城址变迁初探［C］. 南京博物院集刊，1981（3）：78-91.

［30］景定建康志［M］//宋元方志丛刊（第2卷），北京：中华书局，1990.

［31］佚名. 开封古州桥勘探试掘简报［J］. 开封文博，1990（12）：10-16.

［32］木田知生. 宋代の都市研究をめぐる诸问题［J］. 东洋史研究37，1975（9）：117-129.

［33］孔宪易. 孟元老其人［J］. 历史研究，1980（4）：143-148.

［34］孔宪易. 北宋东京城防考略［C］//宋史研究论文集，郑州：河南人民出版社，1984：346-369.

［35］孔宪易. 北宋东京城防考略（第二部分）［C］//宋史研究论文集，杭州：浙江人民出版社，1987：346-369.

［36］孔宪易. 繁塔管窥［C］//宋史研究论文集，石家庄：河北教育出版社，1989：322-333.

［37］李伯先. 唐代扬州的城市建设［J］. 南京工学院学报，1979（3）：55-62.

［38］李濂. 汴京遗迹志［M］. 北京：中华书局，1999.

［39］黎沛虹，纪万松. 北宋时期的汴河建设［J］. 史学月刊，1982（1）：24-30.

［40］李廷先. 唐代扬州史考［M］. 苏州：苏州古籍出版社，1992.

［41］李孝聪. 宋代开封的拐子城［J］. 史学月刊，1985（3）：26-28.

［42］李之勤. 西安古代户口数目评议［J］. 西北大学学报，1984（2）：45-51.

［43］廖奔. 宋元戏台遗迹［J］. 文物，1989（7）：82-95.

［44］林立平. 唐宋之际城市租赁业初探［J］. 中国史研究，1988（8）：61-69.

［45］林正秋. 五代十国时期的杭州［J］. 杭州师院学报，1979（1）：84-88.

［46］林正秋. 南宋定都临安原因初探［J］. 杭州师院学报，1982（1）：29-34.

［47］刘子健. 南宋中叶马球衰落和文化的变迁［J］. 历史研究，1980（2）：99-104.

［48］刘昫. 旧唐书［M］. 上海：中华书局，1975.

［49］刘渊临. 清明上河图之综合研究［M］. 台北：台北艺文印书馆，1969.

［50］刘致平，傅熹年. 麟德殿复原的初步研究［J］. 考古，1963（7）：385-402.

［51］刘致平. 中国居住建筑简史［M］. 北京：中国建筑工业出版社，1990.

［52］楼钥. 北行日录［M］. 攻媿集，上海：商务印书馆，1935.

［53］洛阳隋唐含嘉仓的发掘［J］. 文物，1973（3）：49-62.

［54］马崇鑫. 试论桂林宋代摩崖石刻《静江府城池图》在地图史上的意义［J］. 历史地理，1988（6）：251-257.

［55］马得志. 唐大明宫发掘简报［J］. 考古，1959（6）：296-301.

［56］马得志. 唐代长安与洛阳［J］. 考古，1982（6）：640-646.

［57］马得志，马洪路. 唐代长安宫廷史话［M］. 北京：新华书局，1994.

［58］马强. 论北宋定都汴京［J］. 中国史研究，1988（5）：34-43.

［59］孟元老. 东京梦华录（四部合集）［M］. 北京：商务印书馆，1982.

［60］宫崎市定. 汉代的里制与唐代的坊制［J］. 东洋史研究21，1962（3）：271-294.

［61］祁英涛. 怎样鉴定古建筑［M］. 北京：文物出版社，1981.

［62］钱仲联. 苏州名胜诗词选［M］. 苏州：苏州市文联，1985.

［63］乾道临安志［M］//宋元方志丛刊（第4卷），北京：中华书局，1990.

［64］丘刚. 北宋东京三城的营建和发展［J］. 中原文物，1990（4）：35-40.

［65］全汉昇. 中国庙市之史的观察［J］. 食货，1934（2）：28-33.

［66］全汉昇. 唐宋帝国与运河［M］. 上海：商务出版社，1936年.

［67］全汉昇. 中国经济史论丛1［M］. 香港：香港中文大学新亚研究所，1972.

［68］全汉昇. 宋代官吏之私营商业［M］. 中国经济史研究（第2卷），香港：香港中文大学新亚研究所，1976.

［69］彭定求. 全唐诗［M］. 北京：中华书局，1960.

［70］全唐诗稿本：影印本［M］. 台北：联经出版社，1979.

［71］尚民杰. 隋唐长安城的设计思想与隋唐政治［J］. 人文杂志，1991（1）：90-94.

［72］沈括. 梦溪笔谈［M］. 上海：上海出版公司，1956.

［73］沈既济. 任氏传［M］//中国古典小说鉴赏词典. 北京：中国展望出版社，1989：253-259.

［74］史念海. 西安历史地图集［M］. 西安：西安地图出版社，1996.

［75］司马光. 资治通鉴［M］. 北京：中华书局，2011.

［76］宋敏求. 长安志［M］. 西安：三秦出版社，2013.

［77］宋敏求. 春明退朝录［M］. 上海：上海古籍出版社，2012.

［78］陈规，汤璹著，林正才. 守城录注译［M］. 陈济康，译. 北京：解放军出版社，1990.

［79］苏健. 洛阳古都史［M］. 北京：文博书社，1989.

［80］宿白. 隋唐长安城和洛阳城［J］. 考古，1978（6）：409-425.

［81］宿白. 北魏洛阳城和北邙陵墓［J］. 文物，1978（7）：42-52.

［82］中国社会科学院考古研究所洛阳发掘队. 隋唐东都城址的勘察和发掘［R］. 考古，1961（3）：127-135.

［83］孙棨. 北里志［DB/OL］. ［2024-07-10］. https://www.zhonghuadiancang.com/wenxueyishu/beilizhi/.

［84］唐六典［DB/OL］. ［2024-07-10］. https://www.zhonghuadiancang.com/xueshuzaji/tangliudian/.

［85］唐代长安城安定坊发掘记［J］．考古，1989（4）：319-323．

［86］唐代长安城考古纪略［J］．考古，1963（11）：595-611．

［87］田凯．北宋开封皇城考辨［J］．中原文物，1990（4）：41-43．

［88］梅原郁．宋代の開封と都市制度［J］．鷹陵史学，1977（3-4）：47-74．

［89］王铎．唐宋洛阳私家园林的风格［C］//中国古都研究（第三辑），杭州：浙江人民出版社，1987：234-252．

［90］王谠．唐语林：注解版［M］．北京：中华书局，1987．

［91］王明清．挥麈录［M］．北京：中华书局，1964．

［92］王溥．唐会要［M］．上海：上海古籍出版社，1991．

［93］王溥．五代会要［M］．上海：商务出版社，1936．

［94］汪前进．《平江图》的地图学研究［J］．自然科学史研究，1989（4）：378-386．

［95］王士伦．皇城九里［M］．南宋京城杭州，杭州：浙江人民出版社，1988：14-29．

［96］王世仁．汉长安城南郊礼制建筑原状的推测［J］．考古，1963（9）：501-515．

［97］王煦柽，王庭槐．略论扬州历史地理［C］．南京博物院集刊，1981（3）：53-65．

［98］王曾瑜．宋朝的坊郭户［M］．宋辽金史论丛，北京：中华书局，1985：64-82．

［99］韦述，杜宝．两京新记辑校·大业杂记辑校［M］．辛德勇，辑校．西安：三秦出版社，2006．

［100］吴建国．唐代市场管理制度研究［J］．思想战线，1988（3）：72-79．

［101］吴庆洲．试论我国古城抗洪防涝的经验［C］//建筑史论文集（第8辑），1987：1-20．

［102］吴庆洲．中国古代城市防洪研究［M］．北京：中国建筑工业出版社，1995．

［103］吴自牧．梦粱录（四部合集）［M］．北京：商务印书馆，1982．

［104］咸淳临安志［M］//宋元方志丛刊（第4卷），北京：中华书局，1990．

［105］萧默．敦煌建筑研究［M］．北京：文物出版社，1989．

［106］西湖老人．西湖老人繁胜录（四部合集）［M］．北京：商务印书馆，1982．

［107］熊伯履．相国寺考［M］．郑州：中州古籍出版社，1985．

［108］徐伯勇．开封汴河与州桥［C］//中国古都研究（第二辑），杭州：浙江人民出版社，1986：134-143．

［109］徐吉军．宋代都城社会风尚初探［J］．浙江学报，1987（6）：102-109．

［110］徐苹芳．唐代两京的政治、经济和文化生活［J］．考古，1982（6）：647-656．

［111］徐松．唐两京城坊考：1848重印［M］．北京：中华书局，1985．

［112］李焘．续资治通鉴长编：影印本［M］．上海，1986．

［113］杨衒之．洛阳伽蓝记［M］．上海：古籍出版社，1958．

［114］佚名．扬州城考古工作简报［J］．考古，1990（1）：36-44．

［115］叶骁军．中国都城研究文献索引［M］．兰州：兰州大学出版社，1988．

［116］余扶危，贺官保．隋唐东都含嘉仓［M］．北京：文物出版社，1982．

［117］于杰，于光度．金中都［M］．北京：北京出版社，1989．

［118］张安治．张择端清明上河图研究［M］．北京：人民美术出版社，1962．

［119］张永禄．唐代长安城坊里管理制度［J］．人文杂志，1981（3）：85-88．

［120］张永禄．唐代长安词典［M］．西安：陕西人民出版社，1990．

［121］赵超. 也说唐代的坊［J］. 文史知识，1991（7）：52-58.

［122］赵立瀛. 论唐长安的规划思想及其历史评价［J］. 建筑师29，1988（7）：41-50.

［123］赵立瀛. 陕西古建筑［M］. 西安：陕西人民出版社，1992.

［124］郑金星. 江苏扬州五台山唐、五代、宋墓发掘简报［C］//南京博物院集刊，1981（3）：149-150.

［125］佚名. 中国古代度量衡论文集［M］. 郑州：中州古籍出版社，1990.

［126］中国科学院自然科学史研究所. 中国古代建筑技术史［M］. 北京：科学出版社，1985.

［127］周宝珠. 北宋时期中国各族在东京的经济文化交流［J］. 河南师大学报，1982（4）：17-26.

［128］周宝珠. 宋代城市行政管理制度初探［M］. 宋辽金史论丛，北京：中华书局，1985：152-167.

［129］周宝珠. 宋代东京研究［M］. 开封：河南大学出版社，1992.

［130］周城. 宋东京考：1762年重印［M］. 北京：中华书局，1988.

［131］周峰. 南宋京城杭州［M］. 杭州：浙江人民出版社，1988.

［132］周峰. 吴越首府杭州［M］. 杭州：浙江人民出版社，1988.

［133］周峰. 隋唐名郡杭州［M］. 杭州：浙江人民出版社，1990.

［134］周建明. 北宋漕运与东京人口［J］. 广西师范大学学报，1989（2）：59-66.

［135］周密. 武林旧事（四部合集）［M］. 北京：商务印书馆，1982.

［136］朱江. 唐扬州江阳县考［C］. 南京博物院集刊，1981（3）：29-32.

［137］朱江. 对扬州唐城遗址及有关问题的管见［J］. 文博通讯，1978（7）：41-44.

［138］朱瑞熙. 宋代商人的社会地位及其历史作用［J］. 历史研究，1986（2）：127-143.

［139］庄锦清. 唐长安西市遗址挖掘［J］. 考古，1961（5）：248-250.

译后记

本书探讨了6—12世纪中国城市景观变革的整体面貌与背后推力，是学界针对此类主题鲜有的大范围、长时段、多样本考察的外文著作。书中既有脉络框架，又有细节分析，可见物质层面变化，更可洞察其背后跌宕起伏的政治经济变革，内容之丰富与系统使其常被学界提及，更是欧美建筑院校了解中国古代城市的重要参考。

书中采用了建筑史、城市史、社会史、文化史相结合的方法，以大量历史文献做支撑，通过对唐宋时期官方法令与学者研究的耙梳研读，并与诸多现代汉学家著作相佐证，复现了6—12世纪中国城市变化的一般轨迹，并对其因何变化的社会、政治、经济演替等原因展开细致剖析。同时，书中挖掘了古代诗词、小说、图像作为物质环境信息呈现的可能，以现代考古数据为辅助，采取构想漫游线路的方式完成对古代城市景观由抽象文字描述向具象场所感知的转译。在扎实文献论证与多感场所体验的双路径探寻下，本书与同类主题其他研究相比显现出了特别重要之处，那就是"它从建筑史学家的角度，对诸如城市天际线、城市肌理、城市边缘、城市网络、郊区、街道和城市景观等提出了自己的观点，展示了其令人振奋的洞察力"(熊存瑞语)。另需强调的是，本书将6—12世纪中国城市景观演进视为一个有起源、有过渡、有结果的完整过程，在这一框架审视下，长安、洛阳、开封、杭州等城市相应获得谱系性定位，它们的某些景观要素得以呈现历史源头与地域流变，以及超越自身在中国城市演进中的结构意义，而这些是以个案为对象的城市史研究所无法获得的。

与本书的结缘可追溯至2017年在新加坡国立大学访学期间，实质性翻译工作起步于2019年，初步定稿则在2023年底。4年间几易译稿、数度校核，所难之处不仅在于力图对中英两种语言在文字转换与意蕴传达方面做到至臻完善，还在于对书中以英文呈现的大量文言文检校处理。先将诗词、小说、律令、职官等英文译为现代中文，再依中文查找对应历史文献的工作中，实质包含两项翻译的过程，对知识储备、时间精力都是极大的考验。虽尽力为之，但受限于个人专业知识的浅薄，一些历史细节的翻译在精准性上仍难称周全，遗憾之余敬请各界指正，希冀这本载附着唐宋城市景观变革多重信息的书籍能以最完善的面目示人。翻译过程得到了新加坡国立大学曹语芯、张威、冯立燊三位博士的帮助，是他们的无私扶持才使书中文字读起来不至于太过艰涩含混。此外，聂家荣、乔润泽两位博士对文中插图进行了细致的拷贝制作，感谢他们的付出！

翻译初期与校核中也曾得到浙江工业大学朱梓乐、倪统快、郑旭东、李响元、王琪泓、胡夏薇、胡译程等多位同学的帮助，在此一并致谢。

离开新加坡已有7年，谨以此书遥寄那年在坡的热带生活！

赵淑红

于杭州小和山下

2025年1月